现代农业学术经典书系

"十四五"时期国家重点出版物出版专项规划项目

厌氧真菌及其开发利用潜力

成艳芬 著

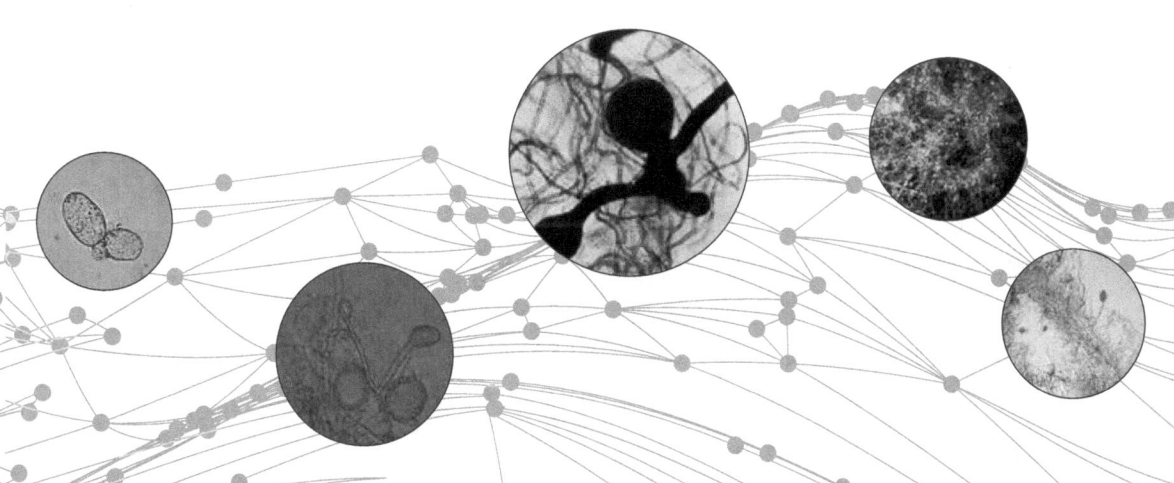

中国农业科学技术出版社

图书在版编目（CIP）数据

厌氧真菌及其开发利用潜力 / 成艳芬著 . -- 北京：中国农业科学技术出版社，2025.2. -- ISBN 978-7-5116-7305-3

Ⅰ．Q949.32

中国国家版本馆 CIP 数据核字第 2025G2U621 号

责任编辑	金　迪
责任校对	李向荣
责任印制	姜义伟　王思文

出 版 者　中国农业科学技术出版社
　　　　　北京市中关村南大街 12 号　邮编：100081
电　　话　（010）82106625（编辑室）（010）82106624（发行部）
　　　　　（010）82109709（读者服务部）
网　　址　https://castp.caas.cn
经 销 者　各地新华书店
印 刷 者　北京建宏印刷有限公司
开　　本　185 mm×260 mm　1/16
印　　张　11.5　彩插 6 面
字　　数　267 千字
版　　次　2025 年 2 月第 1 版　2025 年 2 月第 1 次印刷
定　　价　98.00 元

版权所有·侵权必究

前 言
PREFACE

在粮食安全与大食物观背景下，非常规饲料资源的开发与利用是我国畜牧业可持续发展亟须解决的问题。草食动物肠道微生物因其粗纤维降解能力强，在非常规饲料资源的开发和利用中受到广泛关注。本书聚焦草食动物肠道中的特有微生物——厌氧真菌，详细介绍了其分离与培养、分类与鉴定、代谢与纤维降解能力等内容，并在此基础上，展望了分子生物学技术推动厌氧真菌研究及厌氧真菌木质纤维素降解酶资源的开发利用潜力。

本书共九章，第一章对厌氧真菌进行了简单介绍；第二章至第四章介绍了厌氧真菌培养方法、分离鉴定与系统分类，并详细描述了现有22个厌氧真菌属的特征；第五章至第七章介绍了厌氧真菌的生长代谢及其分泌的木质纤维素降解酶，并介绍了分子生物学技术在厌氧真菌研究中的应用；第八章详细介绍了厌氧真菌木质纤维素降解酶及其开发与应用潜力，特别是纤维素酶、半纤维素酶和纤维小体的开发与应用潜力；第九章介绍了几个跟踪了解厌氧真菌最新研究进展的网站和信息来源。

本书中各类材料的归纳和整理是在南京农业大学动物消化道营养国际联合研究中心20多位老师和同学的共同努力下完成的，特别是李与琦、施其成、马菁、戴宏健、寇琳琳等在本书写作过程中的辛勤付出。本书的出版得到了国家自然科学基金、江苏省自然科学基金、国家重点研发计划等项目资金的资助。

该专著是著者对厌氧真菌最新研究的系统整理与归纳，内容涉及范围较广，书中如有不当和疏漏之处，恳请读者指出，便于今后修改完善。

著 者
2024年10月

目 录
CONTENTS

第一章 厌氧真菌概述 ·················· 1
  第一节 厌氧真菌简介 ·················· 1
  第二节 厌氧真菌在草食动物中的作用 ·················· 3
  第三节 日粮对厌氧真菌结构与功能的影响 ·················· 6
  第四节 厌氧真菌与其他肠道微生物间的关系 ·················· 8

第二章 厌氧真菌的分离培养 ·················· 15
  第一节 厌氧真菌分离来源的选择 ·················· 15
  第二节 厌氧真菌的分离培养技术 ·················· 21
  第三节 厌氧真菌的培养与传代 ·················· 23

第三章 厌氧真菌的鉴定与系统分类 ·················· 29
  第一节 厌氧真菌的形态学鉴定 ·················· 32
  第二节 厌氧真菌的分子学鉴定 ·················· 35
  第三节 厌氧真菌的系统分类标准 ·················· 38

第四章 厌氧真菌菌株特性描述 ·················· 43
  第一节 单中心、单鞭毛、丝状假根厌氧真菌的特征描述 ·················· 44
  第二节 单中心、多鞭毛、丝状假根厌氧真菌的特征描述 ·················· 63
  第三节 多中心、多鞭毛、丝状假根厌氧真菌的特征描述 ·················· 72
  第四节 多中心、单鞭毛、丝状假根厌氧真菌的特征描述 ·················· 76
  第五节 球状假根厌氧真菌的特征描述 ·················· 82

第五章 厌氧真菌的生长与代谢 ·················· 91
  第一节 厌氧真菌的生命周期 ·················· 91

第二节　厌氧真菌的代谢 ……………………………………………… 95

第六章　厌氧真菌碳水化合物活性酶 …………………………………… 99
　　第一节　厌氧真菌游离的模块化酶 …………………………………… 100
　　第二节　厌氧真菌的多酶复合体——纤维小体 ……………………… 111

第七章　分子生物学技术在厌氧真菌研究中的应用 …………………… 115
　　第一节　扩增子测序技术研究厌氧真菌菌群结构 …………………… 115
　　第二节　（宏）基因组学技术在厌氧真菌研究中的应用 …………… 117
　　第三节　（宏）转录组学技术在厌氧真菌研究中的应用 …………… 123

第八章　厌氧真菌纤维降解酶的开发与利用潜力 ……………………… 129
　　第一节　厌氧真菌菌株的开发与利用 ………………………………… 129
　　第二节　厌氧真菌次级代谢产物的开发与利用 ……………………… 135
　　第三节　厌氧真菌纤维降解酶的开发与利用 ………………………… 136

第九章　如何获取更多厌氧真菌的信息 ………………………………… 146

参考文献 …………………………………………………………………… 150

后　记 ……………………………………………………………………… 178

第一章

厌氧真菌概述

第一节 厌氧真菌简介

厌氧真菌是一种高效的生物质降解菌，不仅能够广泛地利用碳水化合物促进自身生长，还能分泌大量的植物细胞壁降解酶来降解植物生物质的主要成分（Couger 等，2015）。厌氧真菌是瘤胃内的正常寄居者，是唯一已知的生物圈中严格厌氧的真菌。在未发现厌氧真菌之前，这些厌氧真菌一直被微生物学家归类为原虫，随后直至20世纪70年代，基于英国科学家Orpin多年收集的重要证据，如厌氧真菌生命周期包含不同的生命阶段、几丁质是其细胞壁的主要结构性多糖等，并发现它们除了有活动阶段外还有一种非活动阶段（营养体），才被确定为厌氧真菌（Orpin，1975），打破了当时人们普遍认为的真菌在本质上是高度需氧且在缺氧条件下无法代谢碳水化合物的这一认知。

厌氧真菌不仅在瘤胃中被发现，也在其他大型草食动物（如骆驼、马、大象、犀牛等）的消化道中被发现（Orpin，1975，1981，1994；Bauchop，1979）。其实，厌氧真菌的单鞭毛游动孢子在1910年就被观察到了，只是当时被认为是单鞭毛原虫且被命名为 *Pirominas communis* 和 *Sphaeromonas communis*，尽管这种鞭毛原虫比从瘤胃中分离得到的鞭毛虫要小得多，后来人们认识到这些"鞭毛虫"代表了厌氧真菌的传播阶段即活动阶段（游动孢子）（Orpin，1977a）。1913年，Braune发现了一个多鞭毛的微生物并命名为 *Callimastix frontalis*。后来，对 *Callimastix* sp. 的超微结构研究发现，这种有机体不属于原虫而属于真菌，将其改名为一个新的种 *Neocallimastix*，并将其重新命名为 *Neocallimastix frontalis*。十年后，Orpin（1975）第一次成功地培养了这些生物体并确定了它们的生活周期，后来证明在其细胞壁中存在着几丁质（Orpin，1977b），因此断定 *Neocallimastix frontalis*、*Pirominas communis* 及 *Sphaeromonas communis* 均属于真菌界鞭毛菌亚门（Mastigomycotina）下的壶菌纲（Chytridiomycetes），随后，这个结论在对厌氧真菌进行18S rRNA基因序列分析时得到证实（Dore 和 Stahl，1991）。至此，真菌才被认为既有好氧菌也有厌氧菌，人们也开始使用真菌的研究方式来探索肠道厌氧真菌的奥秘。目前大多数前肠道发酵的哺乳动物的肠道或粪便中都发现了严格的厌氧真菌，包括反刍动物、骆驼属和大胚轴有袋动物，而且后肠道发酵的哺乳动物体内也发现了厌氧真菌，如马（包括驴和斑马）、大象、犀牛和啮齿类动物（Orpin，1981，1994）。然而，仅反刍动物和骆驼属有多鞭毛菌种 Neocallimastix，而多中心菌种仅在反刍动物中发现。当大多数草食动物采食较高纤维日粮时，厌氧真菌是其微生物区系的正常组成部分之一。

厌氧真菌最初被归类于壶菌纲（Chytridiomycetes）小壶菌目（Spizellomycetales），由于其独特的表型特征，如严格的厌氧生活方式、无线粒体、具氢化酶复合体和多鞭毛运动孢子等，在其他小壶菌目真菌中并未发现，因此研究者又创建了一个新的目——新美鞭菌目（Neocallimastigales），作为厌氧真菌的生物学分类群。21世纪初，James 等（2006）探究了真菌界的系统发育进化关系，极大地促进了真菌系统分类学的研究，基于该研究成果以及厌氧真菌独特的形态特征，研究者们将厌氧真菌归类为一个新的真菌门——新美鞭菌门（Neocallimastigomycota）。自 1975 年首次分离培养厌氧真菌至 21 世纪初的 40 年里，仅有 6 个属被人们鉴定与命名。近年来，随着厌氧真菌在植物细胞壁降解过程中的价值逐渐为人们所重视，以及厌氧分离培养技术的不断进步和分子生物学分析技术的发展，不断有新的厌氧真菌被鉴定与命名，且大多来源于野生反刍动物。

最近，Tedersoo 等（2018）基于分子发育学特性、分化时间等对真菌进行了分类学研究，结果表明，新美鞭菌门与壶菌门和单毛壶菌门（Monoblepharomycota）为姊妹菌群，作者还引入了更高的真菌分类水平——壶菌亚界（Chytridiomyceta），来安置上述 3 个菌门。另外，有研究显示新美鞭菌门是分化较早的一类真菌，大约在 6 600 万年前就已分化产生，这与预估的草食哺乳动物的进化时间相符，表明厌氧真菌可能相伴进化产生于草食动物胃肠道环境中（Wang 等，2019）。在纲、目、科水平上，各项研究的结果比较一致，均认为新美鞭菌门由新美鞭菌纲（Neocallimastigomycetes）、新美鞭菌目（Neocallimastigales）和新美鞭菌科（Neocallimastigaceae）构成（张亚伟等，2022）。在整合分析现有厌氧真菌基因序列后，Hanafy 等（2022）将厌氧真菌分为 4 个科，分别是 Caecomycetaceae、Piromycetaceae、Neocallimastigaceae 和 Anaeromycetaceae。与较高水平的系统发育分类有所不同，厌氧真菌内部的多样性最初主要是采用体外分离培养法，基于菌株的形态特征和代谢特性而进行区分。截至目前，共有 22 个属的厌氧真菌得以分离培养、鉴定和命名，而非培养学的分子微生物学研究表明，新美鞭菌门一共存在 34 个属水平分类簇和 119 个种水平分类簇（Paul 等，2018），表明目前尚有相当数量的厌氧真菌未得到分离鉴定。

随着学者们对厌氧真菌研究的深入，新美鞭菌门的成员已被证实广泛分布于草食性哺乳动物，尤其是大型哺乳动物的瘤胃和后肠内，是一类严格厌氧性真菌，它们凭借自身强大的纤维降解酶体系（Solomon 等，2016b），在纤维饲料消化过程中起关键作用，被认为是重要的瘤胃功能性微生物。在纤维饲料消化过程中，这些严格厌氧真菌最先定植在摄入的植物体上，它们的菌丝顶端具有高浓度的纤维素分解酶，能够作为"生物撬棍"分解纤维物质，从而增加其他纤维素分解微生物获取植物碳水化合物的途径。尽管厌氧真菌在宿主肠道微生物区系中仅占很小部分（7%～9%），但它们能释放日粮植物纤维中超过 50% 的可发酵糖（Theodorou 等，1996）。研究表明，驱除绵羊消化道内的厌氧真菌后，绵羊的饲料采食量大大降低（Gordon 和 Phillips，1993）。厌氧真菌这一强大的纤维降解特性，使其具有极高应用价值，在反刍动物营养研究中受到普遍关注，近年来在生物技术领域也得到了广泛的研究。

第二节 厌氧真菌在草食动物中的作用

草食动物能够将难以消化的植物纤维通过胃肠道发酵转化成可利用的能量，这与栖息于其瘤胃中数以万亿计的微生物密不可分。厌氧真菌广泛存在于草食哺乳动物的瘤胃及后肠道中，在纤维性饲料原料的消化过程中起至关重要的作用。虽然肠道厌氧真菌相比于细菌数量少得多，但其独特的粗纤维降解机制使得它们能够更加有效地降解植物纤维，所生成的产物对其他微生物的进一步降解有着十分重要的意义。厌氧真菌是动物摄食的植物性饲料原料降解过程中最早定植的微生物，其通过菌丝顶端的高活性纤维降解酶及生长过程中产生的机械穿透力来破坏纤维性饲料，进而增加其他类型的纤维降解微生物获得碳水化合物的途径和可能性。

一、厌氧真菌在反刍动物中的作用

与单胃动物相比，反刍动物对粗饲料的利用能力较强。而这种高利用能力主要与其瘤胃中特殊的微生物区系有关。瘤胃微生物区系主要由细菌、古菌、真菌、原虫及噬菌体组成。瘤胃中存在大量的各类真菌，厌氧真菌被认为是重要的瘤胃功能性微生物，这主要是由于它们是植物饲料高效的降解微生物，好氧真菌和兼性厌氧真菌可以通过动物采食进入瘤胃，但不能在瘤胃内定植，因此这些真菌对瘤胃功能的影响非常小。由此可见，瘤胃中最重要的真菌是厌氧真菌，这些厌氧真菌只在草食动物消化道（特别是瘤胃）中存在并发挥代谢作用，有效地降解不能被宿主动物本身消化的植物组织。厌氧真菌能够产生各种形式的水解酶作用于植物纤维，使得它们成为植物性饲料消化的发起者。目前已经分离鉴定的厌氧真菌都具有降解纤维素和半纤维素的能力，有的厌氧真菌还具有降解淀粉、蛋白质的能力。

（一）厌氧真菌对纤维素的降解作用

研究表明，厌氧真菌有很强的穿透能力和降解植物纤维的能力，能部分降解或削弱抗性组织，穿透牧草角质层屏障，因而可以降解一些无法被细菌和原虫降解的木质化纤维物质（Bauchop，1979）。Orpin（1984）发现，厌氧真菌首先分解木质化的纤维组织，从而为细菌利用与木质素结合的纤维物质创造条件。Akin（1994）比较了混合细菌和混合厌氧真菌在体外降解植物粗纤维的能力，结果发现混合厌氧真菌比细菌显著地降解了茎秆的结构性屏障。Joblin 和 Naylor（1989）指出，尽管咀嚼和反刍是饲料颗粒减小的主要原因，但厌氧真菌的穿透生长也降低了植物纤维组织的内部张力，使其变得疏松而易于被其他瘤胃微生物降解。因此，虽然细菌是瘤胃内主要分解纤维的微生物，但厌氧真菌却是首先深入到植物纤维组织内部的微生物，之后细菌发酵才得以进行。迄今为止，人们发现厌氧真菌可分泌多种降解纤维素的酶，其中主要有纤维素酶、木聚糖酶、酯酶等，这些酶在植物纤维素及半纤维素的降解中起着重要作用。

厌氧真菌分泌的纤维素酶是多组分的酶，主要包含三种酶，即 C_1 酶、C_x 酶和 β-葡萄糖苷酶。C_1 酶的主要作用是分解天然的晶体纤维；C_x 酶是水解酶，作用于可溶性纤维素衍生物；β-葡萄糖苷酶包含两种组分，即内切 β-1,4-葡萄糖苷酶和外切 β-1,4-葡萄糖苷酶。这些酶以协同有序的复合体系存在，共同作用于纤维素的降解；其中天然纤维素首先在 C_x 酶作用下分解为纤维二糖，然后在 β-葡萄糖苷酶作用下分解为葡萄糖。而晶体纤维素的初步酶解与天然纤维素相同，但其产物为非晶体纤维素，非晶体纤维素再经 C_x 酶作用水解生成葡萄糖（Chesson 和 Duncan，1997）。

纤维素酶在厌氧真菌胞内合成后，透过细胞膜以扩散作用经细胞壁分泌进入细胞外液。厌氧真菌纤维素酶活力受底物类型的影响，以可溶性糖类为底物时，厌氧真菌产生的纤维素酶的酶活远低于以纤维素为底物时的酶活（Mountfort 和 Asher，1985）。纤维素酶活力测定一般采用测胞外酶，即测培养上清液内酶活力的方法。当以羧甲基纤维素为底物时，所测酶为内切 β-1,4-葡萄糖苷酶，又称羧甲基纤维素酶；而以滤纸为底物用还原糖法所测得的酶活，则代表总的纤维素酶活力，该酶又称滤纸纤维素酶（沈赞明和韩正康，1995）。

（二）厌氧真菌对半纤维素的降解作用

半纤维素是植物细胞壁的主要成分，其主要由一种或数种单糖聚合的短链多糖组成，其中木聚糖是植物半纤维素的主要成分之一。木聚糖是具有高度分支的杂糖，其主链由 β-1,4-糖苷键连接的 D 型吡喃呋糖组成，侧链多由乙酰基、阿拉伯糖残基及葡萄糖苷残基组成。目前研究认为，降解木聚糖的酶主要有内切 β-1,4-木糖酶、β-木二糖酶、β-木聚糖苷酶及其他可断开侧链的酶。研究表明，厌氧真菌分泌的木聚糖酶主要包括 β-木糖酶、β-木聚糖苷酶及木聚二糖酶（Lowe 等，1987b，1987c）。厌氧真菌木聚糖酶活力受底物和自身浓度的影响，当真菌生长在各种可溶性糖类底物上时，木聚糖酶的活性很低（Lowe 等，1987b），而当以木质素为底物时活性显著增高，因此厌氧真菌木聚糖酶可能部分为自身合成，部分为诱导产生（Lowe 等，1987c）。

（三）厌氧真菌对木质素/半纤维素的解离作用

植物细胞壁中的酯或酯键与羧基或酚类物质反应可生成酚酸，包括 p-香豆酸及阿魏酸，这些酚类物质在半纤维素及木质素间起着相互交联的作用。研究表明，单中心及多中心厌氧真菌可产生酯酶，包括乙酰木聚糖酯酶、阿魏酸酯酶和 p-香豆酸酯酶，而现有理论认为，酯酶可打开酯键，使植物细胞壁中的半纤维素从木质素/半纤维素复合体中分离出来。Borneman 等（1989）报道，厌氧真菌在木质素/半纤维素解离中起着重要作用，在瘤胃中，厌氧真菌可能优先附着并解离木质素与半纤维素的连接键，从而有利于其他酶对半纤维素的进一步作用。

在瘤胃中，厌氧真菌不仅可通过丰富的假根体系附着并侵袭一些通常难以被降解的纤维组织，而且可通过其分泌的水解酶，由植物组织表面的损伤部位广泛地深入到植物组织的细胞间隙和细胞壁内，分解利用其中可溶性碳水化合物及结构性碳水化合物（纤维素、半纤维素和果胶等）。Akin（1994）报道，与瘤胃细菌相比，厌氧真菌能在较大程度上降解厚壁组织，真菌假根刺穿并深入角质层内，借助酶对细胞壁进行消化，从而达到对厚壁组织的完全降解；而附着在细胞壁上的瘤胃细菌仅可降解植物的外周部分，对植物细胞壁进行轻度的降解。

（四）厌氧真菌对淀粉的降解作用

Wallace 和 Joblin（1985）发现，许多厌氧真菌可利用淀粉和麦芽糖，这表明厌氧真菌能分泌淀粉酶。McAllister 等（1993）研究表明，*Orpinomyces joyhonil*、*Neocallimastix patriciarum* 及 *Piromyces communis* 皆有降解淀粉的能力，且多种厌氧真菌共存时降解淀粉的能力比单一真菌强。然而有关厌氧真菌的淀粉降解酶，目前还有许多争论。据 Williams 和 Orpin（1987）报道，在无低聚葡萄糖苷酶时，从 *Neocallimastix frontalis* 培养上清液中提取的粗酶可部分降解淀粉，产生葡萄糖，并由此认为真菌对淀粉的降解主要是通过其分泌产生的淀粉葡萄糖苷酶起作用。而 Mountfort 和 Asher（1983）发现，*Neocallimastix frontalis* 对淀粉的降解主要是通过其分泌的 α- 淀粉酶起作用，降解产物为麦芽糖、麦芽三糖和长链低聚糖，而非葡萄糖。目前，人们已从 *Neocallimastix frontalis* 中提取出这两种酶，并检测出其中 α- 淀粉酶在体外降解底物的最适 pH 值为 5.3，最适温度为 55 ℃，最有效的底物为淀粉和麦芽糖。类似于纤维素酶和木聚糖酶，淀粉酶也是部分由自身合成，部分为诱导产生。

（五）厌氧真菌对蛋白的降解作用

与大多纤维分解细菌相比，厌氧真菌除具有高活性纤维降解能力外，还具有较强的蛋白降解能力。Wallace 和 Joblin（1985）报道，厌氧真菌 *Neocallimastix frontalis* 能合成金属蛋白酶，并在生长后期分泌到胞外，其水解酪蛋白和青草粉蛋白的酶活力与瘤胃细菌相似。Michel 等（1993）发现 7 种厌氧真菌（分属于 4 个属：*Caecomyces*、*Neocallimastix*、*Orpinomyces* 和 *Piromyces*）可分泌蛋白酶，这 7 种厌氧真菌分泌的蛋白酶皆有氨基酶活性，其中两种还具有肽链内切酶活性，但无羧肽酶活性。蛋白酶抑制剂如 EDTA、1,10- 邻二氮菲等可抑制这些蛋白酶的活性，抑制程度可达 50% ～ 70%。Asao 等（1993）认为厌氧真菌蛋白酶的作用可能有以下几点：①为真菌自身生长提供所需氨基酸；②在植物细胞壁的降解中起着一定作用；③改变其他胞外酶的活性并参与日粮蛋白质的降解过程。

（六）厌氧真菌在瘤胃生态环境中的作用

在瘤胃中除厌氧真菌外还有细菌、原虫和古菌，它们之间既有协同作用又有竞争作用。Lee 等（2000b）在体外用物理和化学方法分离得到瘤胃原虫、厌氧真菌和细菌，并把它们单一培养和两两混合培养，96 h 后测定其对纤维素的降解率，发现单一培养真菌

＞细菌＞原虫，而共培养比单一培养的降解率低，在细菌与真菌共培养中出现协同作用，而原虫则抑制真菌对纤维素的降解。Marvin-Sikkema 等（1990）研究了厌氧真菌 *Neocallimastix*、*Piromyces* 和 *Caecomyces* 分别单一培养及与产甲烷菌 *Methanobacterium arboriphilus*、*Methanobacterium bryantii* 和 *Methanobrevibacter smithii* 共培养时 H_2、甲烷等气体的产量及纤维素的降解量，结果发现厌氧真菌中加入 *Methanobacterium bryantii* 或 *Methanobrevibacter smithii* 时纤维素的降解量增加了 15%～25%；当厌氧真菌单一培养时会有一定量的 H_2 产生，而加入产甲烷菌后则转化为甲烷，二者相互作用促进瘤胃 H_2 的平衡。Joblin 和 Naylor（1994）认为瘤胃细菌的发酵产物如 H_2、甲酸、乳酸和乙醇是很强的抑制剂，可以抑制厌氧真菌的生长。在体外共培养瘤胃细菌和真菌 24 h，真菌几乎全部消失，而细菌则增长 100 倍以上。

二、厌氧真菌在后肠发酵草食动物中的作用

根据食草动物发酵部位的不同，动物对食物的消化方式一般分为前肠发酵和后肠发酵，这些动物分别称为前肠发酵动物和后肠发酵动物。大型后肠发酵动物（体重＞25 kg）的主要发酵部位是前结肠，Hume 和 Warner（1980）称之为"结肠发酵动物"，如马、大象等；小型后肠发酵动物（体重＜10 kg）的主要发酵部位是盲肠，称之为"盲肠发酵动物"，如兔子等。研究发现，在后肠发酵动物粪便中的厌氧真菌组成明显有别于前肠发酵类型，在黑犀牛粪便中 99.9% 的真菌源自 *Piromyces* 属，斑马粪便中 99.9% 的真菌源自 NG1 属，小型驴 NG3 属占 98.8%，索马里野驴中 *Neocallimastix* 属、*Caecomyces* 属、NG1 和 NG3 分别占 44.9%、15%、4.7% 和 34.7%。在前胃发酵动物粪便中 *Neocallimastix* 属、*Piromyces* 属和 *Caecomyces* 属是优势真菌属，但同一科的不同动物间也存在丰度差异（王佳堃和文风，2018）。

目前，厌氧真菌对反刍动物的益处已经得到了充分的证明，但关于厌氧真菌对后肠发酵草食动物的作用还有待进一步的研究。厌氧真菌通过分泌纤维素分解酶分解植物纤维来获取能量，主要是碳水化合物活性酶（Carbohydrate-active Enzymes，CAZymes）家族。在马肠道厌氧真菌中发现的 CAZymes 的功能十分多样，远远超过目前用于生物技术的降解纤维素的复合酶种（Seppala 等，2017）。

最早发现的厌氧真菌就是在马的盲肠中分离出来的，尽管它们的浓度很低，但厌氧真菌有可能在马后肠纤维降解中发挥重要作用。1981 年，Orpin（1981）分离出 2 种能够降解植物纤维素和半纤维素的盲肠厌氧真菌（1 种后来被归类为 *Piromyces equi*），并指出这两种菌在宿主动物营养中发挥的作用需要进一步研究。马后肠真菌的特征及其在纤维降解中的意义仍需要进一步评估。

第三节　日粮对厌氧真菌结构与功能的影响

日粮是影响动物肠道微生物最重要的因素。大量研究通过日粮干预动物胃肠道内微

生物区系变化来改善胃肠道相关功能，从而调节动物健康和生产性能。给反刍动物饲喂饲草还可以降低饲料成本，避免人畜争粮。更重要的是，牛奶的乳脂组成与日粮中的鲜草比例存在显著的线性关系（Couvreur等，2006）。因此，在所有日粮干预的研究中，关于日粮精粗比的研究最多。不同精粗比日粮对奶牛厌氧真菌菌群具有显著影响。随着日粮中精料水平的增加，奶牛瘤胃中真菌总数降低，但真菌多样性提高，同时，高精料日粮奶牛瘤胃中纤维物质的降解效率降低，以糖为碳源的酵母菌属增长，瘤胃内菌群结构发生改变，从而影响瘤胃的发酵模式和发酵性能，在一定程度上降低日粮的转化效率，从而影响奶牛生产性能。

一、不同类型日粮对厌氧真菌的影响

在反刍动物采食的牧草中添加谷物是提高日粮能量浓度和可利用碳水化合物的常用手段，但是日粮中添加易发酵的含淀粉的精料对厌氧真菌的影响效果不同。添加谷物后瘤胃厌氧真菌数量略微降低（Orpin，1977c），在干草日粮中添加主要为谷物的精料可显著提高绵羊瘤胃内真菌游动孢子的数量（大于20倍），但是真菌生物量仅提高了1～2倍（Faichney等，1997）。这些表观差异可能由于仅 *Neocallimastix*、*Piromyces*、*Orpinomyces* 3个菌属的部分厌氧真菌能够产生淀粉酶，因而具有发酵淀粉的能力（Mountfort，1994）。McAllister等（1993）记录了具有淀粉分解能力的厌氧真菌对谷物的降解过程，其结果发现瘤胃微生物中似乎发生了复杂的交互作用。目前，没有关于对厌氧真菌菌群影响的普遍结论。

饲喂游离脂质对反刍动物瘤胃发酵不利，会延缓瘤胃纤维降解，鉴于目前含油脂的油籽粕使用越来越多，这是一个需要考虑的重要因素。厌氧真菌作为瘤胃微生物群体中的重要成员，日粮中添加脂质对厌氧真菌同样有不利的影响。Elliott等（1987）发现，大麦秸秆日粮中补充葵花籽粕导致绵羊厌氧真菌数量减少到可检测水平以下；当日粮中添加棉籽粕时，绵羊厌氧真菌的游动孢子数量减少到可检测水平以下，并且无法检测到真菌的DNA。Ushida等（1991）研究表明，饲喂中链脂肪酸钙（C_{6-12}）能减少绵羊厌氧真菌游动孢子的数量，而长链脂肪酸盐（C_{12-14}）对厌氧真菌没有影响，表明至少可以通过化学预处理缓解油籽粕长链脂肪酸的抑制作用。

二、厌氧真菌对不同类型日粮的偏好性

徐晓锋等（2020）的研究表明在门水平上，与低精料日粮相比，高精料日粮组奶牛瘤胃中子囊菌门（Ascomycotina）、担子菌门（Basidiomycota）和新美鞭菌门3种优势真菌门丰度增加；在属水平上，日粮精料水平的增加促进发酵糖的酵母菌丰度增加；提高了部分与纤维降解有关的 *Neocallimastix* 和菌生格孢菌属（*Pleospora*）的相对丰度，但降低了瘤胃中优势真菌属 *Orpinomyces* 的相对丰度；提高了与半纤维素降解有关的瘤胃壶菌属（*Chytridium*）的相对丰度。

薛义涵（2022）的研究表明，日粮为饲草的草食动物厌氧真菌多样性高，而日粮为配合饲料的草食动物厌氧真菌多样性低。图1-1为饲喂不同日粮的草食动物体内厌氧真

菌组成，其中日粮为饲草和配合饲料的草食动物体内相对丰度较高的前两个厌氧真菌属均为 *Neocallimastix* 和 *Orpinomyces*。同时，随着草食动物日粮的改变，LEfSe 分析结果进一步表明，相同种类的厌氧真菌在饲草组草食动物体内占比更高（$P < 0.05$，$LDA > 2.0$），表明食用饲草有助于提高草食动物体内厌氧真菌的相对丰度，对于草食动物体内的厌氧真菌多样性具有重要意义。

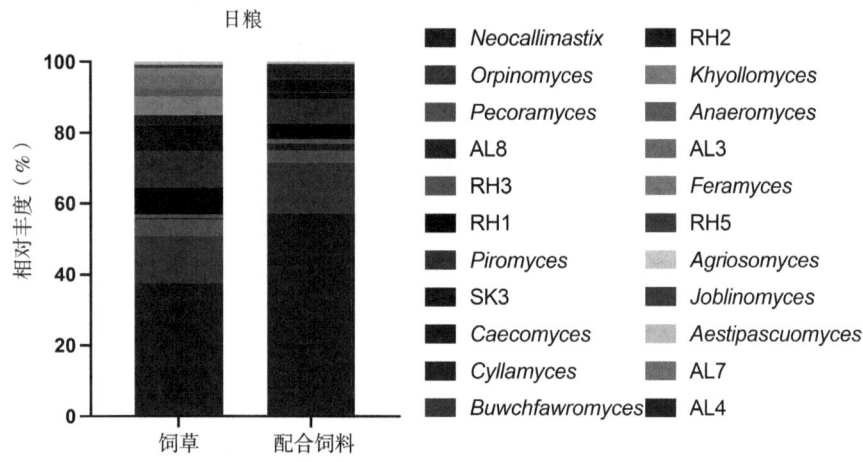

图 1-1　不同日粮条件下草食动物肠道厌氧真菌的相对丰度（薛义涵，2022）（彩图 1）

第四节　厌氧真菌与其他肠道微生物间的关系

反刍动物的瘤胃作为天然的厌氧发酵系统，里面含有厌氧真菌、细菌和原虫等各种大量微生物。经过长时间进化后，瘤胃中的各种微生物之间以及与宿主和饲料之间形成一种稳定的平衡关系。这种关系的稳定性对于反刍动物的营养和代谢具有重要意义，同时也使瘤胃成为自然界中降解木质纤维素最有效的生态系统之一。在这个系统中，不同的微生物群落有效合作，将饲料中的难降解木质纤维素降解为小分子化合物（Mao 等，2016）。

瘤胃中的细菌由于在数量上占主导地位，并具有多种代谢途径，在降解纤维素中发挥优势作用（Wang 等，2008）。瘤胃真菌由于可产生具有高活性的酶系且优先附着于植物细胞壁上，在大颗粒和大片段植物纤维的降解过程中发挥重要作用，对纤维素的降解作用比其他微生物更强。原虫的作用是调节真菌和细菌的种类和数量。瘤胃中的真菌、细菌和原虫缺失任何一个都将降低瘤胃对纤维性物质的降解能力。目前研究表明，厌氧真菌和产甲烷古菌共培养可显著提高植物纤维降解酶活性，这可能是产甲烷古菌影响了厌氧真菌分解纤维素的活性，改变了发酵产物，趋向于产生更多的乙酸、甲烷和 CO_2。而当厌氧真菌与非产甲烷菌如反刍兽新月形单胞菌、溶糊精琥珀酸弧菌等共同培养时，厌氧真菌对纤维素和木质素的降解速率和降解率皆显著增加。但也有瘤胃细菌抑制真菌降解纤维的报道，Akin（1994）发现，厌氧真菌及瘤胃细菌混合培养液中使用抗生素后，附着在饲草上的真菌数增加。除此之外，Orpin（1984）报道，瘤胃原虫的运动可增强真菌种群的活性，同时，原虫也可吞噬真菌游离孢子，在日粮的降解中调节厌氧真菌各种群的数量。厌氧真菌、细菌和原虫在消化和发酵植物纤维的过程中释放氢，然而，氢的积累可抑制饲料的发酵（Ungerfeld，2015）。产甲烷菌是瘤胃中有效的氢利用菌，可以利用其他微生物产生的氢将 CO_2 转化为甲烷，从而维持瘤胃中较低的氢浓度，提高瘤胃的工作效率（Janssen 和 Kirs，2008）。因此，产甲烷菌与产氢微生物（包括厌氧真菌和细菌）之间存在着共生关系。

一、厌氧真菌与产甲烷菌的相互作用

目前，研究最多的是厌氧真菌与产甲烷菌的相互作用。尚无瘤胃厌氧真菌与产甲烷菌在动物体内的代谢关系的报道，现有研究大多都使用体外培养法比较纯培养和共培养之间的代谢差异，了解瘤胃厌氧真菌与产甲烷菌的关系。因为厌氧真菌产氢较高，它们可以和产甲烷菌形成稳定的共培养体系（Bauchop 和 Mountfort，1981；Mountfort 和 Asher，1983）。已有报道显示，真菌与产甲烷菌共培养时提高了真菌的生长（Joblin 等，1990；Bernalier 等，1991），且显著增加了真菌胞外酶的活性，这是由于与产甲烷菌共培养时抑制了蛋白质的分解作用。在与产甲烷菌的共培养中，真菌对纤维素（Marvin-Sikkema 等，1990）或木聚糖（Joblin 等，1990）的降解显著增强，但对植物组织例如大麦秸秆的降解增加不显著，尽管在共培养时降解细胞壁的特异性酶活显著增加。瘤胃厌氧真菌与产甲烷菌相互利用，相互共生，存在紧密的种间氢转移关系，主要表现为保持菌种活性及提高菌种之间的传代速率、改变瘤胃代谢类型和提高瘤胃纤维降解能力等。

（一）保持菌种活性及提高传代速率

Bauchop 和 Mountfort（1981）研究表明，天然厌氧真菌和产甲烷菌可以稳定共培养，通过每 6 天传代 1 次，在含纤维素的液体培养基中可以生存 1 年以上，且没有任何纤维分解活性和产甲烷活性的降低。Li 等（2016）经过多年的培养，发现共培养的纤维素分解活性和产甲烷活性均保持稳定，未发生任何损失。Cheng 等（2006）的研究也发现，共培养的瘤胃厌氧真菌和产甲烷菌均生长旺盛，可以长期保存。瘤胃厌氧真菌与产甲烷菌之间的相互作用是一种稳定的关系，没有瘤胃厌氧真菌会对产甲烷菌的生长产生不利影响的报道，这表明，瘤胃厌氧真菌可能为产甲烷菌的生长提供了未知生长因子（Cheng 等，2009），因为产甲烷菌在单独培养时生长比较缓慢，一般需要 2～3 周才能传代，但当它与瘤胃厌氧真菌共培养时，传代时间大大缩短。瘤胃厌氧真菌与产甲烷菌之间可能存在一些更加紧密的代谢关系未被发现，需要进一步的研究。瘤胃厌氧真菌与产甲烷菌共培养不仅使产甲烷菌的生长速度提高，同时也对瘤胃厌氧真菌的生长有明显影响，使厌氧真菌的产气量大大提高（Bernalier 等，1991）。甲酸、乳酸、乙醇和 H_2 等物质对瘤胃厌氧真菌的生长会产生不利影响，而与产甲烷菌共培养时这些产物大大减少，降低了这些物质对瘤胃厌氧真菌的不利影响（Bauchop 和 Mountfort，1981）。

（二）改变瘤胃代谢类型

在瘤胃厌氧真菌与产甲烷菌的共培养体系中，由于跨物种间的氢转移，瘤胃厌氧真菌的代谢途径发生变化，代谢产物由甲酸、乙酸、乳酸、乙醇、CO_2 及 H_2 转变为乙酸、甲烷和乳酸（Cheng 等，2009）。在纯培养中，甲酸是主要的最终产物；而在共培养中，甲酸被产甲烷菌完全消耗，用来生成甲烷（Cheng 等，2009；Li 等，2016）。代谢产物发生变化的可能原因是甲烷、乳酸和乙醇的生成反应均需消耗 NADH，而乙酸的生成不需要 NADH 的参与（Wang 等，2018）。因此，甲烷生成途径竞争性抑制乳酸和乙醇的生成，并促进乙酸的生成。

与产甲烷菌共培养会降低瘤胃厌氧真菌胞浆中丙酮酸产生乳酸的能力，并提高瘤胃厌氧真菌氢化酶体的代谢。根据 Boxma 等（2004）的研究，共培养中通过氢化酶体转化的碳水化合物量远高于纯培养。在共培养中，氢化酶体的代谢增加，而胞质内的代谢减少，这意味着在共培养中产生更多的能量（Li 等，2016）。因此，共培养产甲烷菌可促进碳水化合物进入氢化酶体，进而促进氢化酶体产生更多的能量。

瘤胃 pH 值对反刍动物的生产、瘤胃的正常运行有着至关重要的影响。瘤胃厌氧真菌与产甲烷菌共培养可以提高瘤胃的 pH 值。在共培养后期瘤胃厌氧真菌的底物不足以产生足够的 H_2，产甲烷菌就会利用甲酸生成甲烷，增加培养的 pH 值（Cheng 等，2009；Li 等，2016）。

（三）提高纤维降解能力

厌氧真菌与产甲烷菌可以形成稳定的共培体系（Marvin-Sikkema 等，1990；Bauchop 和 Mountfort，1981）。产甲烷菌的存在可提高厌氧真菌的纤维素酶活性，促进对纤维物质的分解（Cheng 等，2009）。与真菌纯培养相比，厌氧真菌与产甲烷菌共培养降解木质纤维素的时间更早，降解速度更快，降解率增加 10%～30%（Bauchop 和 Mountfort，1981；Cheng 等，2009）。此外，在共培养中，羧甲基纤维素酶和外葡聚糖酶的活性显著增强（Mountfort 和 Asher，1985），细胞外木聚糖酶、α-L-阿拉伯糖苷酶和 β-D-木糖苷酶的特异性活性较纯培养增加 5～7 倍（Joblin 等，1990）。葡萄糖对木质纤维素的降解具有抑制作用（Mountfort 和 Asher，1983），木糖对厌氧真菌木聚糖酶的产生具有抑制作用（Mountfort 和 Asher，1985）。木聚糖酶的增加与共培养中木质纤维素降解的提高有关（Marvin-Sikkema 等，1990）。产甲烷作用对降低氢含量和促进木聚糖酶的产生具有重要影响（Bagi 等，2007）。因此，产甲烷菌的存在调节了厌氧真菌降解多糖的第一步，可见厌氧真菌与产甲烷菌在菌株或种群关系上的深入研究具有重要意义。

二、厌氧真菌与细菌的相互作用

在瘤胃中，大多数真菌可能与参与植物细胞壁降解的纤维降解细菌关系紧密，并且与利用细胞壁降解产物和其他瘤胃微生物代谢产物的细菌也有一定的相互关系。在这种情况下存在着多种相互作用，在体外研究中，真菌和细菌的共培养表明细菌能够刺激或抑制真菌的生长或对真菌的生长没有影响（Joblin，1990；Williams等，1994）。细菌与真菌在降解纤维物质的过程中存在协同作用。瘤胃细菌附着在饲料颗粒表面，通过侵蚀方式逐渐降解植物细胞壁，而厌氧真菌则是通过其假根穿透植物细胞壁侵袭植物组织，因此，两类菌群可能存在一个互补的作用，厌氧真菌能把大片段植物颗粒降解成小片段，为瘤胃细菌及其酶系提供更多的降解位点。吴宏忠等（2003）研究瘤胃微生物单一种群对纤维类物质降解能力的结果表明，在瘤胃细菌存在的条件下，秸秆能达到一定程度的降解，在仅有厌氧真菌时，虽然秸秆也能降解，但降解幅度非常小。瘤胃细菌和真菌被全部抑制时，秸秆几乎不被降解。

（一）真菌与其他氢营养细菌的相互作用

其他的氢营养细菌也与真菌有相互作用，有时是协同作用。瘤胃产乙酸菌，例如 *Eubacterium limosum* 和 *Acetitomaculum ruminis*，可以以氢、CO_2 或糖为底物生长（Greening 和 Leedle，1989）。它们可以利用真菌产生的氢生长，对真菌的影响类似于产甲烷菌，但是通常影响要小得多。以纤维素为底物时，*Acetitomaculum ruminis* 能稳定利用 *Neocallimastix frontalis* 产生的氢，从而增加纤维素的利用率（Morvan 等，1996）。当 *Acetitomaculum ruminis* 与 *Neocallimastix patriciarum* 或 *Neocallimastix sp.* L2 以葡萄糖为底物共培养时，尽管发酵产物向着乙酸发酵，但是真菌产的氢仅有约 50% 被利用（Rees 等，1995）。

Bernalier 等（1993）发现 *Eubacterium limosum* 对 *Neocallimastix frontalis*，*Piromyces communis* 或 *Caecomyces communis* 的纤维降解没有影响，对真菌产生的氢也利用很少，这可能与纤维降解过程中释放的糖浓度高有关，因为 *Eubacterium limosum* 对氢的利用受到葡萄糖的抑制（Sharak-Genthner 和 Bryant，1987）。当 *Eubacterium limosum* 与 *Orpinomyces joyonii* 共培养时，纤维素的降解增加（Hodrova 和 Kopecny，1996）。当加入硫酸还原菌 *Desulphovibrio sp.* 后，*Neocallimastix frontalis* 的纤维降解作用停止，而且产生的硫化物抑制了真菌的生长（Morvan 等，1996）。

Selenomonas ruminantium，一种发酵糖消耗氢的细菌，也在体外与真菌有相互作用。Richardson 和 Stewart（1990）研究表明，*Neocallimastix frontalis* 产生的乳酸含量在与不能利用乳酸的 *Selenomonas ruminantium* 共培养时显著下降，由此表明在两品种间存在着氢的转移。然而，*Selenomonas ruminantium* 与真菌共培养对纤维降解的影响报道不一，*Selenomonas ruminantium* 与 *Neocallimastix frontalis* 共培养时降低了其纤维降解能力，而有的报道则对纤维素降解没有影响（Joblin，1990），有的报道其与一株 *Neocallimastix sp.* 共培养时增加了纤维的降解作用。Bernalier 等（1991）报道 *Selenomonas ruminantium* 与 *Caecomyces communis* 共培养提高了纤维的降解而与 *Piromyces communis* 共培养则抑制了纤维的降解。造成这些不同影响的原因还不清楚，但是可能与 *Selenomonas ruminantium* 的菌株不同从而导致了它们对真菌释放的糖或发酵产物的利用不同，如乳酸、琥珀酸和氢（Chen 和 Wolin，1977）。研究表明如没有糖、氢和乳酸（Joblin 和

Naylor,1994)则不会抑制真菌的纤维降解。当真菌与一种瘤胃内重要的利用乳酸的细菌 *Megasphaera elsdenii* 共培养时，真菌水解的抑制将消失。然而，*Megasphaera elsdenii* 和另外一种乳酸利用菌 *Veillonella parvula* 对真菌的促进作用经常随菌株的不同而变化（Williams 等，1994）。

（二）真菌与非氢营养菌的相互作用

瘤胃非氢营养菌对真菌降解与利用木质素的影响也有相应报道。当真菌 *Piromyces communis* 与 *Prevotella ruminicola* 或 *Succinivibrio dextrinosolvens* 共培养时木质素降解率和降解程度增强（Williams 等，1994），而 *Streptococcus bovis* 或 *Veillonella parvula* 不能促进真菌的木聚糖水解。在所有的共培养体系中，异养细菌对真菌细胞外木聚糖酶或 β-木糖苷酶活性影响较小，相反在与产甲烷菌共培养时则显著增加。对于 *Neocallimastix frontalis*，在木糖利用过程中，它与 *Prevotella ruminicola*、*Succinivibrio dextrinosolvens* 和 *S. ruminantium* 等乳糖裂解和非乳糖裂解菌种有协同作用（Williams 等，1991），而与 *Lachnospira multipara* 或 *Streptococcus bovis* 共培养时降低了木糖的利用。

纤维降解细菌与真菌在植物组织的降解中发挥互补或竞争作用。目前对纤维细菌与真菌的共培养研究表明 *Ruminococcus albus*、*Ruminococcus flavefaciens* 或 *Butyrivibrio fibrisolvens* 会抑制真菌的活性，而 *Fibrobacter succingenes* 对真菌几乎没有影响。纤维细菌和真菌没有出现明显的内部协同作用。早期报道表明，*Ruminococcus albus* 和 *Ruminococcus flavefaciens* 抑制了 *Neocallimastix frontalis* 对大麦秸秆的降解能力，抑制了 *Piromyces comunis* 和 *Neocallimastix frontalis* 的纤维素和半纤维素的降解能力。其他研究发现，当 9 株分离纯化的真菌与 *Ruminococcus albus* 或 *Ruminococcus flavefaciens* 在纤维素上共培养时，*Ruminococcus albus* 抑制了 8 株真菌对纤维的水解，对 1 株没有影响；*Ruminococcus flavefaciens* 抑制了 1 株的纤维降解能力，对 7 株没有影响，对 1 株有促进作用（Joblin 和 Naylor，1994）。

最近研究也表明真菌对 *Ruminococcus flavefaciens* 的反应有一定的范围。Irvine 和 Stewart（1991）发现，1 株 *Ruminocuccus flavefaciens* 和另外 2 株 *Ruminococcus albus* 细菌抑制了真菌对大麦秸秆的降解。当 *Neocallimastix frontalis*、*Neocallimastix patriciarum* 和 *Piromyces communis* 与产甲烷菌混合培养时，*Fibrobacter succinogenes* 的 2 个菌株都不能抑制真菌共培养的活性。在以纤维素为底物的共培养中，Bernalier 等（1991）研究表明 *Ruminococcus flavefaciens* 与 *Caecomyces communis* 没有拮抗作用，但抑制了 *Piromyces communis* 和 *Neocallimastix frontalis* 的纤维水解；相反，在以玉米秸秆为底物时，Roger 等（1992）发现 *Ruminococcus flavefaciens*（或 *Fibrobacter succinogenes*）对 *Piromyces communis* 和 *Caecomyces communis* 没有抑制。在另一个研究中，相同的研究者发现 *Ruminococcus flavefaciens* 抑制了 *Neocallimastix frontalis* 对小麦秸秆和玉米秸秆的降解，抑制了多中心真菌 *Orpinomyces joyonii* 对小麦秸秆的降解，但没有抑制玉米秸秆的降解（Roger 等，1993）。

真菌对 *Ruminococcus* 属的反应变化原因还不清楚，可能受菌株和底物的影响。

Ruminococcs 属的抑制是细胞外抑制，不仅影响了真菌纤维酶的活性，而且影响了真菌与底物的连接，但没有直接的证据表明其有抗真菌活性。*Ruminococcus albus* 和 *Ruminococcus flavefaciens* 的无细胞上清液抑制了 *Neocallimastix frontalis* 对纤维的降解，但是不影响其在葡萄糖上的生长（Stewart 等，1992）。Bernalier 等（1993）在研究 *Ruminococcus flavefaciens* 对 *Neocallimastix frontalis* 的抑制时也发现抑制剂是细胞外的，热不稳定的和类似蛋白质的，并不影响真菌的生长，但抑制羧甲基纤维素酶的活性。

另外，一种从瘤胃中分离出来的几丁质分解细菌，*Clostridium tertium* 也能抑制真菌对纤维素的降解，这暗示具有几丁质水解活性的瘤胃细菌也能抑制真菌的活性（Hodrova 和 Kopecny，1996）。在瘤胃细菌对 *Neocallimastix frontalis* 纤维降解影响的研究中，Joblin（1990）表明水解果胶的 *Lachnospira multipara* 和水解木聚糖的 *Prevotella ruminicola* 对真菌纤维降解没有抑制作用，但是 1 株降解木聚糖的 *Butyrivibrio fibrisolvens* 抑制了 *Neocallimastix frontalis* 在纤维素或植物组织上的生长。当以纤维素为底物，11 种分离出的属于 *Neocallimastix*、*Piromyces* 和 *Caecomuces* 的真菌与 *Butyrivibrio fibrisolvens* 共培养时，*Butyrivibrio fibrisolvens* 极显著地抑制了其中的 6 种，对 1 种没有影响，对 4 种纤维降解具有促进效果，这些结果表明真菌和 *Butyrivibrio fibrisolvens* 的相互作用也是非常复杂的，抑制现象可能与真菌的种有关，同时，部分真菌可能有能力抵制细菌的抑制。研究表明，由 *Neocallimastix frontalis* 和 *Piromyces communis* 产生的细胞外复合物能抑制 *Ruminococcus flavefaciens* 的木聚糖降解，但对 *Ruminococcus albus* 没有影响（Joblin 和 Naylor，1994；Joblin 等，2002）。

综上所述，由于某些细菌的抑制作用，真菌在瘤胃内似乎没有发挥其潜在的纤维降解能力。Joblin（1990）发现真菌在纯培养时降解纤维的能力比那些利用抗生素驱除细菌后得到的真菌降解纤维的能力更强，此项结果表明可能还有其他的抑制真菌的微生物没有被发现。

三、厌氧真菌与原虫的相互作用

纤毛原虫由许多种属组成，是瘤胃微生态中重要的一部分。原虫可以消化细菌并影响细菌种群，并且其中一些原虫可捕食另外的原虫（Williams 和 Coleman，1992）。原虫在瘤胃中的存在增加了饲料在瘤胃中的滞留时间，稳定了瘤胃中的生化环境，这两者都有利于真菌生长。真菌与原虫都参与纤维降解，且都黏附于植物片段破损的组织位点（Orpin，1984）。在瘤胃内容物样品上，观察到内毛虫位于成熟的真菌孢子囊上（Joblin，1990）。

目前研究表明这些瘤胃真核生物之间有相互捕食和代谢的作用（Williams 等，1993）。真菌的游动孢子大小类似于细菌，因此预测原虫可能吞食厌氧真菌的游动孢子，已有间接证据表明原虫在体外与真菌共培养时吞食了真菌的游动孢子（Morgavi 等，1994），并且在体内也观察到原虫位于成熟孢子囊附近，表明原虫能摄食释放的游动孢子。尽管很多研究表明驱除原虫不影响游动孢子数量（Williams 等，1991），但是也有研究报道驱逐原虫导致了游动孢子密度的增加（Orpin，1984），体外研究也证实了原虫的捕食作用（Joblin，1990）。扫描电镜清楚地显示出 *Polyplastron multivesiculatum*、*Eudiplodiniummaggii* 和 *Entodinium* spp. 能摄取真菌假根，偶尔也摄取孢子囊，其他研究也有类似发现（Williams 和 Coleman，1992）。用 ^{14}C 标记的 *Piromonas communis* 与瘤胃原虫共培养发现 ^{14}C 被广泛溶解，证明了真菌会被原虫消化（Williams 等，1993），消化后释放出葡萄糖胺和氨基酸，说明原虫有几丁质水解活性，并且参与了真菌蛋白的周转（Morgavi 等，1994），而驱原虫后真菌蛋白的周转下降（Newbold 和 Hillman，1990）。因此，瘤胃原虫能摄食真菌及真菌组织的可溶性物质。

瘤胃原虫和真菌都能降解纤维物质。当这两种种群在植物片段上附着后，潜在的相互作用就产生了。体内共培养研究表明这种相互作用因菌株而异。全毛虫不影响 *Neocallimastix frontalis* 的纤维水解，也不影响木聚糖水解，而内毛虫则影响 *Neocallimastix frontalis* 和 *Piromyces* sp. 的水解（Joblin，1990；Williams 等，1993；Morgavi 等，1994）。真菌与一些内毛虫共培养增加了木聚糖水解，也有些共培养抑制了真菌的纤维水解（Williams 等，1993），但不影响干物质的损失。纤毛虫对完整植物组织的发酵代谢有显著影响（Morgavi 等，1994）。

原虫与真菌的共培养对真菌酶活的影响还不清楚。瘤胃原虫降低了 *Neocallimastix patriciarum* 的 CMCase 活性，而 *Piromyces* sp. 在瘤胃原虫存在的情况下，每单位生物量的纤维水解活性增加（Morgavi 等，1994）。*Neocallimastix frontalis* 的无细胞裂解物和单一原虫共培养增加了半纤维素的水解酶活性，但纤维酶的水解活性下降了（Williams 等，1993）。这种纤维素水解的抑制部分是由于瘤胃原虫中含有内毛虫。关于瘤胃原虫和真菌之间的关系研究得很少，需要进一步详细研究。

总之，目前研究表明尽管原虫对真菌菌群有显著影响，但在瘤胃中不占主导地位。对草食动物去原虫的研究结果的不一致，可能由于体内检测真菌方法的不成熟，或者与原虫对细菌种群的影响变化有关，特别是细菌种群对真菌的抑制。像瘤胃这样复杂的微生态区系，其相互作用不可能是简单的。当基于 18S rRNA 基因的探针技术用于检测瘤胃内真菌和原虫菌群结构时，那么对于不同日粮条件和去原虫前后体内原虫与真菌的关系可能会更清楚。

第二章

厌氧真菌的分离培养

尽管近年来微生物的高通量测序技术、基因组、转录组、代谢组及蛋白质组的分析已经精细到在种水平上对微生物进行物种和功能注释，但对于环境中低丰度微生物如厌氧真菌而言，传统的体外富集培养对研究其形态结构及生物学特征仍十分必要。源于草食动物胃肠道中的厌氧真菌由于长期生存在一种严格的厌氧环境中，已经进化出完全适应无氧条件下生长与代谢的功能，从而对氧气极不耐受，这也使得其体外的分离培养工作缓慢且艰难。

厌氧真菌的来源主要是草食动物的胃肠道，一般有两种存在形式，即新鲜肠道内容物中的游动孢子——孢子囊循环态和风干粪样中的抗性休眠态（Davies 等，1993a，1993b）。在厌氧真菌分离培养前需要选择合适的培养基及底物，一般培养基需要通入CO_2去除氧气，且需要加入一些广谱抗生素防止细菌的污染，底物一般是富含粗纤维的草木及农作物秸秆，也可以用可溶性的淀粉及各种糖类物质作为碳源（金巍，2009）。在分菌过程中，需要保证厌氧及无菌，有条件的可以使用智能化厌氧工作站进行操作。一般来说需经过至少10代的传代富集才有可能分离到稳定且高活性的厌氧真菌菌株，其间需要仔细观察菌株的生长状态。分离到的厌氧真菌经过显微鉴定形态结构后就可以进行 DNA 测序，确定该厌氧真菌的属种分类。鉴定完的厌氧真菌需要长期保存以便随时复苏，一般实验室里会保留原型菌株，同时也可以送往国家级微生物资源保藏中心进行报备和保存。

厌氧真菌的分离及培养关乎其进一步的科学研究，尽管过程漫长且烦琐，但其意义非凡。目前已经分离鉴定出来的厌氧真菌不过 22 个属，由此可见其分离培养的难度之大。即使如此，仍然有大量爱好厌氧真菌的科研工作者正前仆后继地将厌氧真菌的生物信息图谱不断完善。

第一节　厌氧真菌分离来源的选择

目前已报道的厌氧真菌可分离来源主要包括草食动物新鲜瘤胃液、内容物和其排泄的粪便，目前已分离出的 22 个厌氧真菌属及其分离来源可见表 2-1（Li 等，2021）。研究发现从不同样品来源中分离到的厌氧真菌在形态结构、氧耐受力、体外存活能力以及粗纤维降解特性都存在明显差异。瘤胃液、内容物和粪便来源中分离到的厌氧真菌近乎对半分,对于反刍家畜而言主要以瘤胃为主,而对于单胃草食动物来说,由于其纤维发酵能力集中在后肠,则主要是以粪样为主。此外不同草食动物来源分离出的厌氧真菌会存在种属水平上的差别,尤其是野生稀有类草食动物更有可能分离出未知属的厌氧真菌。

表 2-1 22 个厌氧真菌属及其分离来源

厌氧真菌属	分离来源	参考文献
Aestipascuomyces	奥达德羊瘤胃内容物和羊驼粪便	Stabel 等,2020
Agriosomyces	摩弗伦羊粪便	Hanafy 等,2020b
Aklioshbomyces	白尾鹿粪便	Hanafy 等,2020b
Anaeromyces	奶牛瘤胃液	Breton 等,1990
Astrotestudinimyces	陆龟粪便	Pratt 等,2023
Buwchfawromyces	水牛粪便	Callaghan 等,2015
Caecomyces	马盲肠内容物	Gold 等,1988
Capellomyces	波尔山羊粪便	Hanafy 等,2020b
Cyllamyces	奶牛粪便	Ozkose 等,2001
Feramyces	大角野绵羊瘤胃液和粪便	Hanafy 等,2018
Ghazallomyces	轴鹿粪便	Hanafy 等,2020b
Joblinomyces	山羊粪便	Hanafy 等,2020b
Khoyollomyces	格雷维斑马粪便	Hanafy 等,2020b
Liebetanzomyces	山羊瘤胃内容物	Joshi 等,2018
Neocallimastix	绵羊瘤胃内容物	Heath 等,1983
Oontomyces	印度骆驼胃内容物	Dagar 等,2015
Orpinomyces	荷斯坦阉公牛瘤胃液	Barr 等,1989
Paucimyces	印度野生黑羚羊粪便	Hanafy 等,2021
Pecoramyces	绵羊粪便	Hanafy 等,2017
Piromyces	荷斯坦阉公牛瘤胃液	Barr 等,1989
Tahromyces	尼尔吉里塔尔羊	Hanafy 等,2020b
Testudinimyces	陆龟粪便	Pratt 等,2023

一、从瘤胃液/内容物中分离厌氧真菌

(一)材料准备

选择一个较大容量的保温桶并在 39 ℃水浴预热 1 h,将里面通满 CO_2 气体并拧紧保温盖。配制厌氧稀释液、含 1%(W/V)秸秆(秸秆的尺寸一般在 1 mm 左右,其类型可依据实验室条件和真菌的偏好性进行选择)的分离培养基,以及用于纯化菌株的含 2%

（W/V）琼脂糖的纤维二糖培养基，在 115 ℃ 高压蒸汽灭 15 min 备用。厌氧稀释液的配制成分详见表 2-2。实际操作中，厌氧稀释液的各个成分溶解到去离子水中后需要加热 10 min 以除氧，开始颜色为紫红色。随后需要向里面连续通入 CO_2 气体（约 2 h），此时颜色会变成浅蓝色，直至加入还原剂后彻底变成无色透明溶液。厌氧稀释液需要以 9 mL 体积分装在若干滚管中，这是为了后面培养液稀释起来方便考虑，一般来说可以多分量准备，置于室温阴凉处可以存放数月，这样就不用频繁配制。含 1%（W/V）粉碎秸秆分离培养是在基础培养基中加入秸秆作为底物，纤维二糖培养则是在基础培养基中加入 5%（W/V）的纤维二糖，基础培养基的成分详见本章第三节内容。

表 2-2　厌氧稀释液的配方（mL/L）（成艳芬，2008）

溶液组成	体积/质量	化学成分
缓冲液 A	150 mL	K_2HPO_4（0.3 g/100 mL），4 ℃ 保存
缓冲液 B	150 mL	KH_2PO_4（0.3 g/100 mL），$(NH_4)_2SO_4$（0.6 g/100 mL），$MgSO_4 \cdot 7H_2O$（0.06 g/100 mL），4 ℃ 保存
缓冲液 C	150 mL	$CaCl_2 \cdot 2H_2O$（0.06 g/100 mL），NaCl（0.6 g/100 mL），4 ℃ 保存
8% Na_2CO_3 溶液	37.5 mL	8 g Na_2CO_3 溶于 100 mL 去离子水中
氧化还原指示剂	1.0 mL	刃天青（0.1%，W/V）
去离子水	加至 1 L	
还原剂	1.0 g	L- 半胱氨酸盐酸盐

注：还原剂 L- 半胱氨酸盐酸盐用于去除溶液中残留的氧气，但实际用量可能要更大些，加入后需要检测 pH 值的变化以确保不影响厌氧真菌的生长。

（二）分菌流程

将准备好的物品尽快地带到样品采集处，将刚屠宰后取出的瘤胃内容物或者从口腔新鲜采集的瘤胃液直接装进预热的保温桶里，盖紧并迅速带回实验室（如果样品采集处距离实验室有较远路程需考虑样品带回路途中长期保温或者将分菌的材料直接带到样品采集处就地分菌）。取 5 mL 新鲜瘤胃液/内容物，加到经 39 ℃ 预热的装有 45 mL 厌氧稀释液的血清瓶中，混匀后，从中再吸取 5 mL 加到另一个含 45 mL 厌氧稀释液的血清瓶中。依次逐步做 10 倍梯度稀释直到 10^{-5}，在不同稀释梯度的培养液中，同时快速抽取 10 mL 注入装有分离培养基且含有抗生素（1 600 U/mL 青霉素和 2 000 U/mL 链霉素）的滚管中。每个稀释梯度做 3 个重复，一同放进 39 ℃ 恒温培养箱中静置培养 3 天，其间注意观察秸秆底物有无浮起情况，最终选择底物明显浮起的滚管进行连续的传代培养。连续传完 10 代后，此时滚管中培养液已基本透明澄清。再次挑选底物明显浮起的滚管，使用 Hungate 厌氧滚管技术对菌株进一步分离纯化，纯化好的厌氧真菌需要在显微镜下鉴定形态学结构并提取 DNA 进行测序分析（金巍，2009）。

（三）具备的优势

草食动物可分为单胃草食动物和反刍动物（复胃动物），单胃草食动物包括马、象、犀牛、河马等哺乳类动物及兔、竹鼠、水豚等啮齿类动物（Cabral 等，2022；Sakaguchi，2003）。反刍动物一般具有瘤胃、网胃、瓣胃、皱胃四个胃，能高效地降解结构复杂的粗饲料，这主要依靠最大的瘤胃来发挥粗纤维降解功能（Wang 等，2020）。因此，瘤胃液/内容物中含有的厌氧真菌占据更高的丰度且具有更强的粗纤维降解能力，易于被分离培养，具体的优势包括以下几点。

1. 样品容易获得

人工养殖的家畜如牛羊都是具有瘤胃的反刍动物。我国是养殖业大国，拥有很多的反刍家畜养殖场，这些养殖场通常分布在全国的各个县市区，实验人员如果想采集新鲜的瘤胃液/内容物只需提前和厂家联系，基本实现随用随取。此外实验人员还可以去附近集市上的屠宰场，直接使用刚扔弃的瘤胃，取出其中的内容物直接分菌，减少了一定的成本。即使是稀有反刍动物如骆驼和鹿类，也只需到我国的特定省份，花点时间和路费成本即可。再者，这些动物性格温顺、不主动攻击人，采集样品时安全性也有很大的保证。

2. 样品新鲜度有保证

微生物分离样品的新鲜程度直接关系到最终的分离培养结果，厌氧真菌更是需要新鲜度极高的样品来进行多菌株的高度富集培养。由于严格厌氧，厌氧真菌不能在空气中暴露太长时间。尽管有研究显示生长在柳枝为底物的液体培养基中，厌氧真菌能够暴露于空气中最长存活 168 h，但其生物学活性却发生了显著的下降（Struchtemeyer 等，2014）。瘤胃液/内容物可以对活体反刍动物现杀现取，基本可以满足分菌所需的样品量。当然也可以在不伤害动物生命的前提下，使用人工口腔采集或者通过在体瘘管直接取用。这些都极大缩短了样品在空气中暴露的时间，保证了样品的新鲜程度和质量，有利于分离到多株不同属的厌氧真菌。

3. 有助于分离到丰度高且活性强的菌株

反刍动物源的厌氧真菌主要集中在瘤胃中，具有极高的底物趋化性，在动物进食的几分钟后便能黏附到饲料颗粒表面发挥消化功能（Theodorou 等，2005）。研究表明，瘤胃中的厌氧真菌丰度可达 10^6 个/g 瘤胃内容物（Mao 等，2016）。往后胃及后肠段部位，厌氧真菌的相对丰度逐渐减少，直到被动物排泄到体外的粪便中，厌氧真菌的数量急剧下降（Trinci 等，1994）。这样看来，瘤胃液/内容物是分离厌氧真菌的首选样品。值得一提的是，从瘤胃液/内容物中分离的厌氧真菌具有较高的生物学活性且粗纤维的降解能力突出，对未预处理秸秆的降解率可达 50% 以上（Cheng 等，2018）。Xue 等（2022）从新疆双峰驼的瘤胃内容物中分离到 21 株属于 *Oontomyces* 的厌氧真菌，其中 *Oontomyces* sp. CR2 菌株对芦苇秸秆中的纤维素降解率为 40%。

（四）存在的局限性

尽管利用瘤胃液及内容物作为厌氧真菌分离来源有着诸多优势，但也存在一些不足之处。

1. 样品可存放的时间有限

研究发现干燥的瘤胃内容物无法分离出厌氧真菌，所以瘤胃液/内容物一旦取出需要立即进行稀释并接种，不然会极大地影响里面厌氧真菌的存活率（金巍，2009）。这就使得样品的可存放时间减少，而且样品不可以低温冷冻保存，用作后期的分菌操作。这意味着，如果实验人员一次采集很多瘤胃液/内容物样品去分菌，需要以最短的时间将所有的样品都处理完，其工作量是相当巨大的。

2. 样品中厌氧真菌的耐氧性较差

Orpin（1975）首次在绵羊瘤胃液中发现了厌氧真菌的存在，并了解到这是一种专性厌氧微生物，只能在体外无氧的条件下分离培养。受瘤胃的封闭环境影响，里面的厌氧真菌进化出了无氧条件下的代谢途径，通过氢体提供能量（Ma等，2022）。这要求分菌者必须在无氧条件下进行操作，条件要求极为严苛。正是由于对氧的耐受力极差，操作过程中如果一不小心进了点氧气，就会导致最终分不到任何的厌氧真菌菌株，就需要从头来过，耗时又耗力。

二、从粪便中分离厌氧真菌

（一）材料准备

除了不需要准备39℃水浴预热的保温桶外，其他试验材料与从瘤胃液/内容物中分菌的相同。一般来说，草食动物消化秸秆粗饲料后排泄出的粪便会长时间地暴露在空气中，此时里面的厌氧真菌为了保护自身会形成一种叫作休眠体的抗性结构（Davies等，1993b）。这种抗性结构可以有效地帮助厌氧真菌适应暴露空气的环境，在室温条件下最长可以存活数月之久（成艳芬，2008）。因此采集草食动物的粪便样品只需要用灭菌的离心管即可，且不需要考虑运输途中的保温细节。

（二）分菌流程

粪便样品的厌氧真菌分离与培养可以不必像瘤胃液/内容物那样随取随分，样品采到后如果一时抽不开时间操作，可以直接放在阴凉干燥的室温条件下保存一段时间，后面再进行分菌操作也是可行的。粪样在用厌氧稀释液进行稀释时，需要大幅度地摇晃以使得样品充分溶解并均匀地分布在稀释液里，随后做同样的梯度稀释。研究表明粪样中的厌氧真菌在复苏时，延滞期较长，利用营养物质的速度较慢（成艳芬，2008）。因此在接种不同梯度稀释的培养液时，可以将含1%（W/V）粉碎秸秆的分离培养基中的底物换成容易利用的纤维二糖或葡萄糖。等待厌氧真菌形成肉眼可见的丰富菌体时，再改用秸秆为底物的分离培养基进行后续的传代及纯化工作。

（三）具备的优势

目前有关厌氧真菌分离培养的报道有很大一部分是从草食动物的粪便中所得到的，可见粪便样品是分离厌氧真菌的一个至关重要来源（Li等，2021）。这是因为使用粪便分离厌氧真菌菌株可操作性强、在厌氧条件控制方面比起前者有着一定的容错空间，并且分离的菌株抗性较强，生命力也比较顽强，可以长期保留，总结起来一共有这几点优势。

1. 样品容易获得

和瘤胃液/内容物一样，粪便样品更加容易获得，因为几乎没有金钱的成本，只需花费一点时间成本。此外粪便样品不需要保证其新鲜度，采集的时候可操作性更高。

2. 样品可存放的时间较长

相比于瘤胃液/内容物，粪便尤其是风干后的样品将里面的微生物紧密地包裹起来，可以免受环境的胁迫。加之厌氧真菌在粪便里面长期休眠会形成抗性结构从而具备一定的抵抗能力，对氧气也具有一定耐受力（Davies等，1993a；成艳芬，2008）。这样取回的粪便可以不用立即进行分菌操作，可在室温条件下保存一段时间。这也意味着，如果实验人员一次采集很多样品，就不需要以最短的时间处理完，可以有效减轻工作量。

3. 样品来源更广泛

瘤胃液/内容物样品的采集主要是针对驯化的反刍家畜如牛和羊，以及性格温顺的骆驼和鹿等动物。但是对于性格暴躁和体型庞大的草食动物，如牦牛、大象和犀牛等来说，采集肠道内容物就十分困难甚至无从下手。这样一来采集它们的粪便就可以避免和动物直接接触，极大提高了安全性，也使得样品的动物来源更加多样化。

（四）存在的局限性

使用草食动物的粪便样品作为分离厌氧真菌来源也会存在一些不足之处，主要包括以下两点。

1. 样品中能够分离到的菌株多样性有限

尽管研究表明，粪便中厌氧真菌的数量和瘤胃中相差无几（$10^4 \sim 10^5$ 个/g 粪样），但粪便中的真菌多样性会显著减少，这是由于厌氧真菌经过动物狭长的消化道腔室后，一些抵抗力弱势的真菌就会被截留，最后被排出体外的都是那些抗性强的菌株，这也是为什么粪便中分离的厌氧真菌基本就那几个相同的属。

2. 培养延滞期过长

粪便中存活下来的厌氧真菌虽然抗性增强，但接种到新的培养基复苏时却需花费比瘤胃液/内容物更久的时间。研究发现粪便中的厌氧真菌会形成 2～4 个分室的孢子，其长期不传代的培养液再次接种后虽然可以再次生长，但延滞期会明显变长（Brookman等，2000a）。这样就使得在厌氧真菌分离传代过程中花费更多的时间，其间需要密切关注菌株的生长状况，以便做出调整。

三、从其他来源中分离厌氧真菌

草食动物的瘤胃及其粪便作为主要的厌氧真菌分离来源，在许多研究中已经被证实。但也有一些自然环境甚至极端环境中被报道可能存在厌氧真菌，主要包括淡水湖泊、垃圾填埋场以及深海水域（Ivarsson等，2016）。淡水湖泊的底部淤泥也是近乎厌氧的环境，加上淤泥中存在许多腐烂的植物残渣，这样使得厌氧真菌长期生存变得可能。McDonald 等（2012）从垃圾填埋场的深层土壤中发现了厌氧真菌的存在，其具有较高的纤维素降解活性。此外，深海中的极度缺氧环境和富含藻类植物也为厌氧真菌的定植提供了可能。当然这些还需要进一步的研究来证实，如果深海中确实存在，这必然会打破厌氧真菌主要来自草食动物这一重要认知，并有可能进一步拓宽厌氧真菌多样性图谱，有利于发现具备极端条件生存能力的厌氧真菌，如耐盐碱等，其中的探索空间十分广阔。

第二节　厌氧真菌的分离培养技术

对于微生物的分离富集，好的技术方法是关键，特别是厌氧真菌的成功富集需要更加严格的厌氧无菌技术加以支撑。目前针对厌氧真菌的有效分离技术主要包括 Hungate 厌氧滚管技术、液滴微流控技术以及使用特殊厌氧操作工具等（承磊等，2021）。

一、Hungate 厌氧滚管技术

（一）材料准备

需提前制备装有 4.5 mL 含 2%（W/V）琼脂糖的固体培养基滚管，滚管中还需要加入 5%（W/V）的纤维二糖作为底物，并加入抗生素（1 600 U/mL 青霉素和 2 000 U/mL 链霉素）。最后，还要准备 9 mL 分装的厌氧稀释液滚管和装有碎冰的泡沫盒。

（二）操作流程

操作流程主要参考 Ozkose 等（2001）的描述方法，具体步骤为：将生长好的厌氧真菌培养液轻微摇匀后抽取 1 mL 注入含 9 mL 厌氧稀释液的滚管中，依次 10 倍稀释到 10^{-2} 和 10^{-3}，抽取 0.5 mL 这两个梯度的培养液接入 4.5 mL 含 2%（W/V）琼脂糖的固体培养基滚管中（需要提前在开水中煮沸，然后冷却至 50 ℃备用）。轻微混匀后，平放滚管小心地旋转将液体均匀地铺在管壁四周，随即在平整的冰面上快速滚动管子，直至里面的培养基凝固且均匀地分布在管壁上。将滚管放在 39 ℃恒温培养箱中静置培养，其间需不定时查看管壁的菌落生长情况。等到形成明显的菌落时，挑选单个、大尺寸的厌氧真菌菌落到新鲜的液体培养基中，图 2-1 清楚地展示了厌氧真菌在滚管中形成单个菌落以及接种到液体培养基中的生长情况（Hanafy 等，2018）。真菌稳定生长出来后需重复之前的操作，整个过程至少重复 3 次，直至镜检出所有滚管中菌落形态基本一致时为止（孙美洲等，2014）。

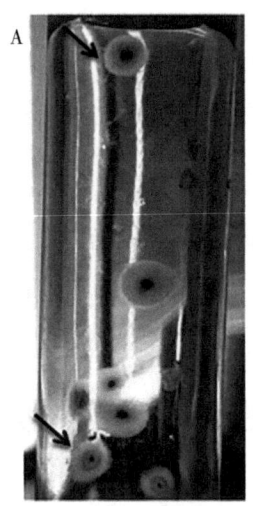
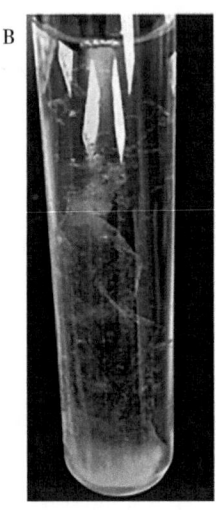

图 2-1　厌氧真菌在滚管壁上形成的单菌落（A）以及在液体培养基中长成的菌体（B）（彩图 2）

注：顶端黑色箭头是培养 3 天形成的菌落，底端黑色箭头是培养 2 天形成的菌落。

（三）存在的优势

Hungate 厌氧滚管技术是美国微生物学家 Robert E. Hungate 提出的专门用于分离厌氧微生物的一种经典方法，后面又不断完善形成了现在的滚管技术，也是目前分离厌氧真菌最主要的方法（Hungate，1969）。该方法用于厌氧真菌的分离培养及纯化是十分合适的，理由有四点：①滚管的管口很狭小，通入 CO_2 气体并加盖橡胶塞后能够保证里面的厌氧环境；②在管口吹 CO_2 气体就可以对管内的厌氧微生物进行转接并重新培养，操作比较简单；③滚管壁上的薄层培养基有利于单个菌落的形成，便于挑选以进行后续菌的分离纯化（承磊等，2021）；④容易制备，价格低廉。

（四）存在的不足

该方法虽然经典但也存在几点缺陷：①分离的厌氧微生物具有随机性，很难挑到更多数量级的单菌落，容易在操作过程中遗漏一些关键性厌氧菌；②具有盲目性，不能控制微生物的种属类别，依靠一定的运气；③需要反复操作，前后花费的时间较长，工作量巨大。

二、液滴微流控技术

随着培养组学和高通量检测技术的发展，将单个或少数几个微生物细胞分散到单孔中，就可以实现微生物的"先分离后富集"。通过降低"培养瓶"的容积，从而提高微生物的分离效率，这样的方法称之为液滴微流控技术（承磊等，2021）。目前科学家利用 96 微孔板或 384 微孔板，将培养体积降低到 100～200 μL，相应的，"培养瓶"的数量能提高到数千个量级，就能分离到更多的微生物，显著提高分菌效率（Colin 等，2015；Yang 等，2016）。目前这种方法主要应用在动物肠道中厌氧细菌的分离上，用于分离厌氧真菌的报道鲜有，但从技术角度来说是可行的。一旦成功使用，将打破传统的微生物"先富集后分离"这一思想，可以有目的地筛选出目标微生物，提高菌株筛选的多样性及工作效率。但这样的技术对于厌氧真菌的分离培养来说，成本上花费就很高，不适宜大规模地使用。

三、特殊厌氧操作工具

特殊的厌氧操作工具可以排出里面的氧气，营造一个适应的厌氧环境，从而实现厌氧微生物的直接分离操作，使得分菌工作更加方便。一般使用的厌氧操作工具包括厌氧工作站、厌氧培养箱和厌氧手套箱（承磊等，2021）。实验室中配备厌氧工作站较多，一般使用 N_2、CO_2 和 H_2 混合体作为厌氧环境的填充气，工作站内可调节气体流通的速率和温度，可用来分离厌氧细菌、古菌以及厌氧真菌等严格厌氧微生物。厌氧工作站每次使用前后都需要严格消毒，放进去操作的工具同样提用酒精消毒避免外来微生物的污染。同厌氧工作站一样，厌氧手套箱也是通过排出氧气的方式来分离厌氧微生物，只是在控制氧含量上比厌氧工作站稍微差一些。厌氧培养箱则是在分菌操作后，更好地让厌氧微生物生长。但对于密闭性能很好的滚管来说，置于一般的恒温培养箱中也是可行的。这些厌氧操作工具的唯一缺点就是造价都比较昂贵，使用维护的成本很高，需要根据实际条件来考虑使用。

第三节　厌氧真菌的培养与传代

厌氧真菌在成功分离后，最关键的环节就是其培养与传代工作，这关乎厌氧真菌的菌群多样性、生物活性以及纤维降解能力的变化。尤其是做厌氧真菌的体外发酵试验，需要时刻保证有活的厌氧真菌可作为发酵接种液。如果培养和传代出了问题，不仅会影响试验进度，还会让前面辛苦的分菌工作前功尽弃。

一、厌氧真菌培养基组分与配制

厌氧真菌的培养及传代核心部分就是培养基，这直接关系到真菌的生长与代谢活动。目前，用于厌氧真菌培养和传代的培养基主要有复合培养基和完全培养基两种，一般根据试验目的来选择使用哪一种培养基（李袁飞，2017）。

（一）复合培养基

复合培养基以基础培养基为氮源，另外还要加入无细胞瘤胃液，以维持厌氧真菌的正常生长。该培养基通常以不溶性的植物片段如秸秆作为底物，有利于厌氧真菌附着，用来研究厌氧真菌对粗纤维的黏附及降解规律。其配制过程较为简单，室温下可存放的时间较长，其配制过程包括以下几个步骤。

1. 材料准备

器材包括 180 mL 的血清瓶和 20 mL 的玻璃管若干，标有刻度的细颈瓶，以及异丁基橡胶塞和铝盖。无细胞瘤胃液：采集新鲜的瘤胃内容物，经 4 层棉纱布初次过滤，将滤液带回实验室进行高速离心（10 000×g，20 min，4 ℃），重复两次获得清澈的无细胞瘤胃液，小体积分装保存于 −20 ℃冰箱，使用前在沸水浴中解冻。秸秆：尺寸粉碎至 0.5～1 mm，称取 1 g 至 180 mL 的血清瓶中，称取 0.1 g 至 20 mL 玻璃管中。

2. 配制培养基

根据需要量和培养基成分表计算各成分需要量，并称量到细颈瓶中，复合培养基成分见表 2-3。待培养基各成分都加好后，将装有培养基的细颈瓶放入微波炉中加热 10 min，可以除去部分氧气，此时培养基颜色为血红色。随后需要向里面连续通入 CO_2 气体（2 h 以上），此时颜色会稍作变化，血红色变成如西瓜汁的红色一般。加入还原剂以彻底消除培养基中的氧气，此时颜色变成黄色。一边低流速往血清瓶或者玻璃管中通入 CO_2，一边分装培养基，结束后放在 115 ℃高压蒸汽灭菌 15 min 后备用。

表 2-3 复合培养基配方（mL/L）（李袁飞，2017）

溶液	体积	化学成分
缓冲液 A	150 mL	K_2HPO_4（0.3 g/100 mL），4 ℃保存
缓冲液 B	150 mL	KH_2PO_4（0.3 g/100 mL），$(NH_4)_2SO_4$（0.6 g/100 mL），$MgSO_4 \cdot 7H_2O$（0.06 g/100 mL），4 ℃保存
缓冲液 C	150 mL	$CaCl_2 \cdot 2H_2O$（0.06 g/100 mL），NaCl（0.6 g/100 mL），4 ℃保存
基础培养基		$NaHCO_3$（6.0 g），胰蛋白胨（10.0 g），酵母膏（2.5 g）
无细胞瘤胃液	150 mL	
氧化还原指示剂	1.0 mL	刃天青（0.1%，W/V）
去离子水	加至 1 L	
还原剂	1.0 g	L-半胱氨酸盐酸盐

（二）完全培养基

完全培养基一般以可溶性的单糖或者寡糖如葡萄糖和纤维二糖作为底物，有利于厌氧真菌形成大量肉眼可见的菌体，以便提取其 DNA 和 RNA 研究厌氧真菌利用糖类物质的分子机理。其配制过程较为复杂，室温下可存放的时间较短，其配制过程包括以下几个步骤：

1. 材料准备

除了不需要准备无细胞瘤胃液外，其他操作器材同复合培养基。可溶性糖类：称取 1 g 至 180 mL 的血清瓶中，称取 0.1 g 至 20 mL 玻璃管中。

2. 配制培养基

根据需要量和培养基成分表计算各成分需要量，并称量到细颈瓶中，完全培养基依据 Teunissen 等（1991）的配制方法修改而成，具体的成分和用量如下（李袁飞，

2017):

基础培养基 B（810 mL）：胰蛋白胨, 0.5 g；KCl, 0.6 g；NaCl, 0.6 g；NH_4Cl, 0.54 g；PIPES buffer, 1.5 g；$MgSO_4 \cdot 7H_2O$, 0.5 g；$CaCl_2 \cdot 2H_2O$, 0.2 g；10 mL 辅酶 M 溶液；10 mL 脂肪酸溶液；10 mL 微量矿物元素溶液；10 mL 维生素溶液；10 mL 氯高铁血红素溶液；1 mL 刃天青（0.1%, W/V）。

辅酶 M 溶液：将 4 g 2-巯乙基磺酸钠溶于去离子水中，定容至 1 L，4 ℃保存。

微量矿物元素溶液：称量 $MnCl_2 \cdot 4H_2O$（250 mg）、$FeSO_4 \cdot 7H_2O$（200 mg）、$ZnCl_2$（25 mg）、$CuCl_2 \cdot 2H_2O$（25 mg）、$CoCl_2 \cdot 6H_2O$（50 mg）、SeO_2（50 mg）、$NiCl_2 \cdot 6H_2O$（250 mg）、$Na_2MoO_4 \cdot 2H_2O$（250 mg）、$NaVO_4 \cdot 4H_2O$（50 mg）和 H_3BO_3（250 mg），用少量 0.2 mol/L HCl 溶解，转移至 1 L 容量瓶后加去离子水定容，4 ℃保存备用。

脂肪酸溶液：取 700 mL 0.2 mol/L NaOH 于烧杯中，加入乙酸（6.85 mL）、丙酸（3.00 mL）、丁酸（1.84 mL）、2-甲基丁酸（0.55 mL）、异丁酸（0.55 mL）、丁酸（0.55 mL）、戊酸（0.55 mL）、异戊酸（0.55 mL），用 0.2 mol/L NaOH 定容至 1 L，4 ℃保存。

维生素溶液：称取 1.19 g HEPES，配制成 5 mmol/L 的 HEPES 溶液；将 1,4-萘醌（250 mg）（先溶于 10 mL 乙醇中）、生物素（25 mg）、叶酸（25 mg）、D-泛酸钙（200 mg）、烟酸（200 mg）、核黄素（200 mg）、盐酸硫胺素（200 mg）、盐酸吡哆醇（200 mg）、对氨基苯甲酸（25 mg）和维生素 B_{12}（25 mg）加入 900 mL 5 mmol/L 的 HEPES 溶解，再转移到 1 L 容量瓶后定容，使用前用 0.22 μm 滤膜过滤至灭菌的血清瓶中。

氯高铁血红素溶液：称取 0.1 g 氯高铁血红素，用少量 0.05 mol/L NaOH 溶解，转移至 1 L 容量瓶后定容，4 ℃保存备用。

完全培养基的配制：称 0.68 g KH_2PO_4、0.25 g 酵母膏和 4 g Na_2CO_3 溶于基础培养基 B（810 mL），加去离子水至 1 L，加热 10 min 后通 CO_2 以去氧，等培养基基本澄清时，加入 L-半胱氨酸盐酸盐（1 g/L）。约 1 h 后（此时培养基为浅黄色无氧状态）将培养基分装至已充满 CO_2 的血清瓶中，并立即加盖异丁基橡胶塞，以铝盖密封灭菌（121 ℃，15 min）后备用。

底物：将可溶性糖溶于去离子水中，用 0.22 μm 滤膜过滤到灭菌的含 CO_2 的血清瓶中，4 ℃保存备用。使用时，直接按量注射进装有完全培养基的血清瓶或是玻璃管中。

二、厌氧真菌的培养与传代

厌氧真菌的培养及传代是维持厌氧真菌长期体外生长的重要手段，研究发现较长时间传代对厌氧真菌的增殖与代谢有明显的负面影响，而提高传代频率有利于厌氧真菌的快速生长，缩短其延滞期（成艳芬，2008）。

（一）厌氧真菌的培养

厌氧真菌的培养是继其从样品中分离后又一个重要的环节，关系到后续的试验研究。在厌氧真菌培养的过程中，有诸多细节和问题需考虑和解决，包括以下几点：

1. 温度

厌氧真菌是一种对环境温度极其敏感的微生物，其适宜的生长温度和瘤胃内的温度保持一致（温度范围是 38~41℃，平均温度 39℃）。因此，实验室里培养厌氧真菌，通常会将培养箱的温度调成 39℃。当温度低于室温时，厌氧真菌的生长就会放缓，温度继续下降会使厌氧真菌的增殖开始停止，直到休眠（成艳芬，2008）。一般在厌氧真菌的首次复苏时，菌株可以置于室温或者 39℃快速解冻，以便尽快接种到新的培养基中，提高厌氧真菌的复活率。用于接种厌氧真菌的新鲜培养基也需要提前 39℃预热，这样也能提高其存活率。

2. pH 值

同温度一样，厌氧真菌对生长环境中的 pH 值也是十分敏感，总结本实验室前期大量的厌氧真菌培养实操经验，发现配制其培养基的适宜 pH 值为 6.3~6.7，略微偏酸性的环境也还可以让厌氧真菌继续生长。但是 pH 值高于 6.8 以上时，厌氧真菌就不能发酵底物产生气体，更加观察不到秸秆底物浮起或是形成菌体。由此可见，厌氧真菌偏好弱酸性环境，对中碱性都不能耐受。

3. 静置培养

厌氧真菌与细菌截然不同，放在恒温箱里培养时，不能高速振荡混匀去促进其生长。这是由厌氧真菌的底物趋化作用导致的，厌氧真菌在培养初期是一种具有鞭毛结构的游动孢子，可以在溶液中自由游动，一旦附着到秸秆底物表面，随即开始生长营养体并脱落其鞭毛（成艳芬，2008；金巍，2009）。摇晃混匀反而会导致厌氧真菌从底物上脱落，影响其进一步的生长和代谢活动。

4. 确保无菌和厌氧

厌氧和无菌是所有厌氧微生物培养的必要条件，对于厌氧真菌来说这种必要程度还要更高，稍有偏差都会影响真菌的生长和活力。因此，实验室里培养厌氧真菌使用的培养基都要彻底除氧。用于密封的橡胶塞需要保证气密性完好。操作过程中注意严格厌氧，特别是使用注射器抽取厌氧真菌培养液转移至新的培养基中时，动作要敏捷，尽量减少在空气中的停留时间，有条件的实验室可以在厌氧工作站里面操作。同样要做到无菌，每次的培养都要加入抗生素以防止细菌污染，操作台需要认真消毒灭菌后才可使用。

（二）厌氧真菌的传代

厌氧真菌在特定培养环境中生长代谢一段时间后，会消耗掉底物中的大部分营养物质，产生各种代谢产物，一旦累积就会负反馈抑制厌氧真菌的继续增殖和生长（Cheng 等，2013）。及时传代到新的培养基中，可以避免这些抑制作用，使得厌氧真菌可以一直在体外存活。此外连续的传代还有利于厌氧真菌菌群结构重塑，使优势菌丰度增加，提高菌群的稳定性和生物活性（Cheng 等，2009）。

1. 传代过程中的注意事项

厌氧真菌的传代操作同样需要注意厌氧和无菌两个关键条件，每次传代前需要仔细观察厌氧真菌的生长状况，如培养基中气泡数量、底物浮起情况及菌体形态。选择生长良好的厌氧真菌培养液，一般厌氧真菌生长 2～3 天达到最佳生长状态，此时也是进行传代的合适时机（李袁飞，2017；施其成，2020）。传代时要轻摇培养液使厌氧真菌尽量均匀分布，再使用宽直径的针头抽取，尽量吸取一些底物和菌体混合物到新的培养基中，可以让其长得更快。传代的时间间隔不宜过短也不宜过长，一般来说间隔 2～3 天传代一次。如果时间间隔过长，厌氧真菌的活性就会显著下降，很可能后面无法生长。

2. 传代次数对厌氧真菌的影响

厌氧真菌的分离纯化正是通过一次次的传代所带来的累积效应，改变菌群结构，提高优势菌群的相对丰度，淘汰那些生命力差的菌群。随着传代次数的增加，厌氧真菌的多样性降低，菌群更加稳定（Cheng 等，2009）。最终得到的厌氧真菌菌株不仅数量上占优势，且各种生物活性和抵抗力都显著提高，是最优势的菌株。最优势的菌株正是我们想要分离的菌株，这样就可以进一步研究该菌株的特性和功能，开发菌株本身潜在的价值。

三、厌氧真菌的长期保存

一旦厌氧真菌成功分离培养并经过多次传代得到目的菌株后，需要考虑将菌株永久性保存。一方面是为了后面进一步对该菌株进行研究，另一方面为了保证该分离出来的菌株能够长期存活，还要将菌株送至微生物菌种保藏中心保存。厌氧真菌的长期保存需要注意的事项很多且会影响后续菌株的复苏，是一项富有挑战性的工作。

（一）保存的方法

研究发现超低温保存可以让菌株最大限度地处于休眠态，使其代谢活动降至最低点，极大地保护了菌株的各种生物学活性，并可以随时复活菌株，使得菌株的长期保存成为可能。对于厌氧真菌而言，有研究表明在 –70 ℃的超低温冰箱中以甘油作为冷冻保护剂和在 –196 ℃液氮中以二甲基亚砜（DMSO）作为冷冻保护剂都可以让厌氧真菌存活超过 90 天（Nagpal 等，2012）。目前实验室里厌氧真菌常用的超低温长期保存方法就是置于 –196 ℃液氮中，并以二甲基亚砜（DMSO）作为冷冻保护剂，该方法已经被成熟应用于厌氧真菌的低温保存中（成艳芬，2008；金巍，2009；孙美洲，2014）。

（二）保存菌株的操作过程

由于以可溶性糖类作为底物的培养基长出来肉眼可见的菌体无法直接冻存，所以尽量选择以秸秆为底物培养的厌氧真菌培养液。取以 1 g 秸秆为底物（可以多做几种不同的秸秆）在含有 100 mL 培养了 3 天的厌氧真菌培养液的 180 mL 血清瓶，小心打开瓶盖，从瓶口缓缓吹着 CO_2 气体。注意不要剧烈晃动，以免使菌体从底物上脱落，只需轻摇一下秸秆自己就会沉入瓶底。将上清液倒掉，只留取瓶底一点厌氧真菌培养液与底物的混合物，加入提前准备好的含 5% 二甲基亚砜的纤维二糖培养基 20 mL。使用 1 mL 移液枪（枪头已经过高压蒸汽灭菌处理），将枪头尖处剪掉一部分，使其可以吸取固液混合物。移液枪深入血清瓶底部，吸取约 1 mL 厌氧真菌培养液与秸秆底物的混合物（由于厌氧真菌趋向附着在秸秆表面，因此尽量多夹杂一些秸秆底物），注入 1.5 mL 灭菌的冻存管中，立即盖紧盖子并放在冰沙里，保持冰浴 5～10 min。随后将所有冻存管样品放进 –70 ℃冰箱中过夜，待第二天再放进 –196 ℃液氮罐中进行长期保存。

（三）保存菌株的注意事项

注意事项中摆在首位的还是厌氧和无菌两个重要条件，保存菌株的所有工具都需要消毒灭菌处理，操作台面需要仔细消毒，注意控制适当的 CO_2 通入流速。另外选择保存培养液时要选择秸秆底物还处于浮起状态的，底物已自然下沉的不要选，以免影响后期菌株的复苏。每种不同秸秆底物长成的培养液，在做菌株保存时要至少保存 10 管的量，以免复苏时由于一些偶然性的错误导致没有更多的菌株可用。冻存时先 –70 ℃过夜再 –196 ℃保存，是为了减少温度急剧下降过程中的冷应激对菌体的破坏作用，提高菌株的保存效果。

第三章

厌氧真菌的鉴定与系统分类

厌氧真菌是一类在瘤胃中生长并参与反刍动物消化的真菌。对于这一类微生物的分类和研究，已经有近一个世纪的历史。在20世纪初期，瘤胃液中的这些鞭毛微生物被首次描述。尽管这些微生物比瘤胃液中培养的真正鞭毛原虫要小（Jensen和Hammond，1964），它们仍然被归类为原虫。当时，人们还没有认识到这些微生物的真正身份。直到1975年，英国的科学家Orpin描述了厌氧真菌的生命周期阶段，并发现几丁质是这些微生物细胞壁的主要结构多糖。通过这些研究，Orpin成功地将这些微生物重新分类为厌氧真菌（Orpin，1975；1976）。值得一提的是，在那个时代，真菌学的教科书中描述的观点一直认为真菌在自然界中具有高度的氧化性，在缺氧的情况下无法代谢碳水化合物，这与Orpin对真菌的重新分类相矛盾。此后，随着技术的不断进步和科学的不断发展，对厌氧真菌的研究也取得了长足的进展。研究人员通过各种手段，包括分子学、形态学、生理学等方法，对这些微生物进行了深入的研究和分析，进一步揭示了它们的生命周期和分类学特征。总的来说，厌氧真菌及其分类学体系的研究历史持续了近一个世纪。随着科技的不断进步和科学的不断发展，对厌氧真菌的研究也在不断深入，这为我们更好地理解这些微生物在反刍动物消化中的作用提供了更多的依据和支持。

在1980年，厌氧真菌被归为壶菌纲（Chytridiomycetes）小壶菌目（Spizellomycetales）（Barr，1980）。后来，通过对其18S rRNA基因序列的分析，进一步证实了这一归属（Dore和Stahl，1991；Bowman等，1992；Li和Heath，1992）。虽然有分子证据支持这一分类，但厌氧真菌独特的表型特征，例如，严格的厌氧生长条件、缺乏线粒体、存在氢体和多鞭毛游动孢子，却在其他小壶菌目（Spizellomycetales）中并未被发现，这引发了对Barr分类体系的质疑。这种分歧导致壶菌纲出现一个新的目，即新美鞭菌目（Neocallimastigales）。在新美鞭菌目中，仅有一个科——新美鞭菌科（Neocallimastigaceae），该科仅包含厌氧真菌，这一类真菌的存在方式和特征均与其他真菌有所不同（Li等，1993）。"组装真菌生命树"项目采用多基因方法破译了真菌界成员间的进化发育关系，在真菌系统学方面取得了重大进展（James等，2006）。"六基因系统发育"的组合包括4个来自rRNA操纵子（即18S rRNA，28S rRNA，ITS）的基因和两个蛋白编码基因（即EF1α，RNA聚合酶Ⅱ最大亚基RPB1，和其第二大亚基RPB2）。"六基因系统发育"的组合与厌氧真菌独特的形态特征最终导致厌氧真菌从壶菌门（Chytridiomycota）中分离，形成一个新的菌门，即新美鞭菌门（Neocallimastigomycota）。该菌门在纲、目、科水平上分别由新美鞭菌纲（Neocallimastigomycetes）、新美鞭菌目（Neocallimastigales）、新美鞭菌科（Neocallimastigaceae）组成（Hibbett 等，2007）。与"六基因系统发育"相比，基于三个细胞核核糖体区域（即 ITS，LSU 和 SSU）和一个蛋白编码基因区域（即 RPB1）的分类（Schoch 等，2012），以及基于 46 个缓慢进化和 107 个中速进化的直系同源蛋白编码基因的系统发育学分类均表明具有游动孢子的含几丁质真菌是单系起源的（Ebersberger 等，2012）。Tedersoo 等（2018）充分证明了厌氧真菌是真菌界的一个独立的菌门，并且在更高的分类水平上提出了命名的变化，从而将它们引入到真菌亚界（表3-1）。基于分子系统发育、分化时间和单系准则，Tedersoo 等（2018）提出了新亚界 Chytridiomyceta，其中包含三个门，分别名为壶菌门（Chytridiomycota）、单毛壶菌门（Monoblepharomycota）和新美鞭菌门（Neocallimastigomycota）。

表 3-1 厌氧真菌的系统分类（成艳芬，2024）

系统分类	分类方法		
	Tedersoo 等（2018）	Hibbett 等（2007）	NCBI 分类法
界	Fungi	Fungi	Fungi
亚界	Chytridiomyceta[a]	—	—
门	Neocallimastigomycota[b]	Neocallimastigomycota[b]	Chytridiomycota[c]
亚门	Neocallimastigomycotina[d]		
纲	Neocallimastigomycetes[e]	Neocallimastigomycetes[e]	Neocallimastigomycetes[e]
目	Neocallimastigales[f]	Neocallimastigales[f]	Neocallimastigales[f]
科	*Neocallimastigaceae*[g]	*Neocallimastigaceae*[g]	*Neocallimastigaceae*[g]

[a] 亚界：Chytridiomycota Tedersoo et al. subkgd. nov.（Tedersoo 等，2018）。
[b] 门：Neocallimastigomycota M. J. Powell, phylum nov.（Hibbett 等，2007）。
[c] 门：Chytridiomycota（Barr，2001）。
[d] 亚门：Neocallimastigomycotina Tedersoo et al. subphyl. nov.（Tedersoo 等，2018）。
[e] 纲：Neocallimastigomycetes M. J. Powell, class. nov.（Hibbett 等，2007）。
[f] 目：Neocallimastigales（Li 等，1993）。
[g] 科：*Neocallimastigaceae*（Li 等，1993）。

目前已经描述了 22 个厌氧真菌属，但基于分子生态学的研究表明至少存在 34 个厌氧真菌属。由于厌氧真菌分类具有挑战性，因此被描述的菌种数量有限，仅为 31~41 种。考虑到厌氧真菌的准确分类是一个具有挑战性的问题，并且一些已被描述的物种存在重复的可能，因此应该尽可能地确保数据的准确性。我们相信随着更加先进的分离和培养方法的发展，以及特异性针对厌氧真菌的新分子技术的发展，未来厌氧真菌的分类将会更加精确。

厌氧真菌的形态特征是分类的关键。其菌属的定义基于单中心或多中心菌体的形成、丝状或球状的假根、孢子囊的形状以及是否形成单鞭毛或多鞭毛的游动孢子。然而，厌氧真菌的形态学分类存在着许多困难。这些困难主要表现在形态学变异广泛、孢子囊和假根结构多样、单中心属和单鞭毛属的形态特征相似,以及一些多中心真菌无法产生游动孢子等。表3-2总结了厌氧真菌属的关键形态学特征。

表3-2 已分离培养厌氧真菌的主要形态学特征(成艳芬,2024;Pratt 等,2023)

属(参考文献)	游动孢子/菌体形态	其他特点
Aestipascuomyces（Stabel 等,2020）	多鞭毛/单中心,丝状	无核根状菌丝,菌丝有大量分枝,内源性和外源性游动孢子囊发育,孢子囊的长度不同,游动孢子的释放可通过顶孔也可以通过孢子囊壁破裂
Agriosomyces（Hanafy 等,2020b）	单鞭毛/单中心,丝状	内源性和外源性游动孢子囊发育,膨大的假根在紧缩的孢子囊颈部以下,孢子囊膨大
Aklioshbomyces（Hanafy 等,2020b）	单鞭毛/单中心,丝状	双或三鞭毛状游动孢子,内源性和外源性游动孢子囊发育,乳头状孢子囊,偶有假间隔的内源孢子囊,不分枝的孢子囊柄
Anaeromyces（Breton 等,1990）	单鞭毛/多中心,丝状	孢子囊具有尖形（短尖）的顶端,可以位于直立的、单独的、不分枝的孢子囊柄上,菌丝高度分枝,通常由许多缢缩（香肠状外观）,有时有根状外观
Astrotestudinimyces（Pratt 等,2023）	单鞭毛/多中心,丝状	具有多个孢子囊,具有宽和狭窄菌丝、大量高度分枝的假根系统,孢子囊主要呈杯状,游动孢子通过顶孔释放
Buwchfawromyces（Callaghan 等,2015）	单鞭毛/单中心,丝状	具有扭曲的大量假根系统,孢子囊顶端无突出物,隔膜可见,细胞核位于孢子囊,但是在孢子囊柄或假根中未观察到细胞核
Caecomyces（Gold 等,1988）	单鞭毛/单中心,球状	双或四鞭毛状游动孢子,营养阶段无发达的分枝假根系统,由球形或卵球形主体（附着器官或吸附器官）,管状孢子囊柄和球茎状假根,细胞核通常存在于孢子囊和营养细胞中
Capellomyces（Hanafy 等,2020b）	单鞭毛/单中心,丝状	内源性和外源性游动孢子囊发育,不分枝的孢子囊表现出囊下膨大,游动孢子通过顶孔释放
Cyllamyces（Ozkose 等,2001）	单鞭毛/多中心,球状	双或三鞭毛游动孢子,具多个孢子囊的无假根球茎附着器官,它可以生在一个伸长或分枝的孢子囊柄上,细胞核存在于球茎的附着器官和孢子囊柄
Feramyces（Hanafy 等,2018）	多鞭毛/单中心,丝状	具有宽和狭窄菌丝、大量高度分枝的假根系统,宽菌丝在不规则的间隔处缢缩,每个菌体有单个的顶生孢子囊,偶有假间隔孢子囊形成,孢子囊通常卷曲或宽而扁平,内源性和外源性游动孢子囊发育过程中,游动孢子通常在孢子囊柄下方形成一个突出的,或者卵杯状的膨大,游动孢子通过孢子囊顶孔释放,释放的同时孢子囊壁保持完整或整个孢子囊脱离
Ghazallomyces（Hanafy 等,2020b）	多鞭毛/单中心,丝状	内源性和外源性游动孢子囊发育,高度分枝的假根,不分枝的孢子囊,具隔膜的多形性孢子囊,孢子囊颈部狭窄,游动孢子通过顶孔释放
Joblinomyces（Hanafy 等,2020b）	单鞭毛/单中心,丝状	双鞭毛游动孢子,内源性和外源性游动孢子囊发育,孢子囊的长度不同,游动孢子通过宽大的顶孔释放,形成空杯状孢子囊
Khoyollomyces（Hanafy 等,2020b）	单鞭毛/单中心,丝状	内源性和外源性游动孢子囊发育,高度分枝的假根,宽菌丝间膨大,多孢子囊菌体,分枝的孢子囊柄具有2~4个孢子囊,游动孢子通过宽大的顶孔释放

续表

属（参考文献）	游动孢子/菌体形态	其他特点
Liebetanzomyces（Joshi 等，2018）	单鞭毛/单中心，丝状	内源性和外源性游动孢子囊发育，没有缢缩的大量无核假根系统，单个顶生孢子囊，孢子囊在长短不等的孢子囊柄上有隔膜，有时在孢子囊下方形成卵杯状结构或者表现为囊肿状结构。孢子囊和假根结构在不同底物具有典型的多形性
Neocallimastix（Heath 等，1983）	多鞭毛/单中心，丝状	管状或者膨大的假根在孢子囊颈以下，孢子囊位于不分枝的或者分枝的孢子囊柄上
Oontomyces（Dagar 等，2015）	单鞭毛/单中心，丝状	中间假根膨大，孢子囊在末端不形成短尖，长孢子囊柄可以通过明显的缢缩与假根菌丝体分离
Orpinomyces（Barr 等，1989）	多鞭毛/多中心，丝状	多核根状菌丝，菌丝有大量分枝，较宽的菌丝在近距离有紧密缢缩的点（串珠状或香肠状外观）
Paucimyces（Hanafy 等，2021）	单鞭毛/多中心，丝状	菌丝尖端形成球状囊泡，有核根状菌丝，菌丝有大量分枝
Pecoramyces（Hanafy 等，2017）	单鞭毛/单中心，丝状	双鞭毛游动孢子，内源性和外源性游动孢子囊发育，单个末端孢子囊，孢子囊不分枝，孢子囊下通常形成隆起或者卵杯状膨大。大量无核假根系统缺乏假根膨大或缢缩
Piromyces（Gold 等，1989）	单鞭毛/单中心，丝状	双或者四鞭毛游动孢子，兼备内源性和外源性游动孢子囊发育，假根有/无孢子囊下膨大，成熟孢子囊通常有隔膜
Tahromyces（Hanafy 等，2020b）	单鞭毛/单中心，丝状	双或三鞭毛状游动孢子，内源性和外源性游动孢子囊发育，分枝的假根，短而膨大的孢子囊柄，孢子囊具有隔膜，孢子囊颈部缢缩
Testudinimyces（Pratt 等，2023）	单鞭毛/多中心，丝状	具有狭窄菌丝，不分枝的假根，孢子囊被大量假根包裹，孢子囊大多为球形、亚球形和卵圆形，游动孢子通过顶孔释放

第一节　厌氧真菌的形态学鉴定

一、单中心属的形态学特征

单中心的厌氧真菌，包括单鞭毛的（如 *Piromyces*，*Oontomyces*，*Buwchfawromyces*，*Pecoramyces*，*Liebetanzomyces*，*Aklioshbomyces*，*Agriosomyces*，*Capellomyces*，*Joblinomyces*，*Khoyollomyces*，*Tahromyces*，*Caecomyces*），以及多鞭毛的（如 *Neocallimastix*，*Feramyces*，*Ghazallomyces*，*Aestipascuomyces*）球形到宽椭球形（直径 4～13 μm）游动孢子，它们可以内源性或者外源性发芽。形成双鞭毛游动孢子是偶发性的（6%～9%）（Hanafy 等，2017，2018），对于 *Piromyces* 甚至可以观察到 4 根鞭毛（Barr 等，1989）。多鞭毛游动孢子能携带 7～17 根鞭毛。鞭毛长度为 15～37 μm，与原孢囊细胞分离。单中心属在营养阶段无核，高度分枝，孢子囊为球形、卵球形、椭圆形、棒状、

三角形、梨形、心形、卵形、近圆柱形或者不规则形状（长 40～185 μm，宽 20～100 μm）。主要假根可以呈管状，或者在孢子囊以下膨大。在 *Oontomyces*（Dagar 等，2015）和 *Khoyollomyces*（Hanafy 等，2020b）可以观察到卵球形到亚卵球形间假根膨胀。宽大的菌丝可展现出不规则的多重缢缩。孢子囊可位于不分枝或者分枝的孢子囊柄上。孢子囊柄长度不同（15～600 μm），通常是卷曲或者宽而扁平，经常在孢子囊下方形成突起或卵杯状膨胀（Hanafy 等，2017，2018；Joshi 等，2018）。在成熟的游动孢子囊中，通常可以看到分隔游动孢子囊和孢子囊柄的隔膜（Heath 等，1983；Callaghan 等，2015；Joshi 等，2018）。孢子囊和假根结构在不同底物上具有典型的多形性（Joshi 等，2018）。

二、多中心属的形态学特征

多中心菌体的真菌具有不同形状的游动孢子，包括单鞭毛（如 *Anaeromyces*，*Paucimyces*，*Testudinimyces*，*Astrotestudinimyces*）或多鞭毛（如 *Orpinomyces*）游动孢子，它们通常呈球形或椭圆形（直径 8～16 μm）。相比之下，营养段的多中心菌体的菌丝比单中心菌种更为密集且普遍分支。此外，因为这些菌丝高度分支、很大、通常有大量的缢缩，所以呈串珠状或香肠状的外观（图 3-1）（Barr 等，1989；Breton 等，1990）。*Anaeromyces* 的菌丝具有根状的外观，并且易受损。多中心菌体的孢子囊形状多样，包括球形、近球形、椭球形或不规则形状（长 30～120 μm，宽 8～80 μm）。*Anaeromyces* 的孢子囊具有典型的尖形（短尖形）顶端（Breton 等，1990），而 *Orpinomyces* 的孢子囊是远端的，能够形成于单个或分枝的孢子囊柄复合体的顶端，或作为菌丝间隔中的较小膨胀，或作为菌丝的侧枝生长（Li 等，1991）。*Anaeromyces* 的孢子囊可位于直立的、孤立的、不分枝的孢子囊柄（长 5～100 μm）上，孢子囊柄从菌丝的侧面或者远端产生（Breton 等，1990）。在某些情况下，某些培养物无法产生成熟的孢子囊，游动孢子也很少（Ho 和 Bauchop，1991）。总之，多中心菌体的真菌具有不同形状的孢子囊和游动孢子，以及密集的多核假根状菌丝。它们的生长形态和形态学特征与单中心菌种有所不同，但却很难通过形态学手段进行分类。

三、球状属的形态学特征

球根形态的真菌的典型代表是单中心的 *Caecomyces* 和多中心的 *Cyllamyces*。它们的典型特征是都具有球形、椭圆形、椭球体或变形虫（*Caecomyces*）形状（直径 7～9 μm；图 3-1）的单鞭毛游动孢子。虽然大多数菌体只有单个中心，但有些属于多中心菌体，其中 *Cyllamyces* 是一个代表性的例子。*Caecomyces* 的游动孢子通常只有 1 根鞭毛，但偶尔会有 2～3 根鞭毛（长 20～30 μm），而 *Caecomyces sympodialis* 的游动孢子则可以有 4 根鞭毛（Chen 等，2007）。*Caecomyces* 的营养阶段由球形或卵球体、管状孢子囊柄和球根状假根组成，没有发达的分枝假根系统。细胞核通常存在于孢子囊（直径 22～33 μm）和营养细胞中，而菌体发育可能在单孢子囊或多孢子囊阶段终止（Gold 等，1988）。*Cyllamyces* 的营养阶段包括球根状吸附器官（直径 30～50 μm），不含假根，有多个球形或卵球形孢子囊（直径 12～15 μm），孢子囊可生于单个伸长的或分枝的孢子囊柄（长 85 μm）。虽然 Cyllamyces 属于多中心菌体，但其菌体发育被认为是单中心 - 多孢子囊的，因为细胞核存在于菌体的营养部分（球根状吸附器官和孢子囊柄），并且不断产生大量的孢子囊（Ozkose 等，2001）。

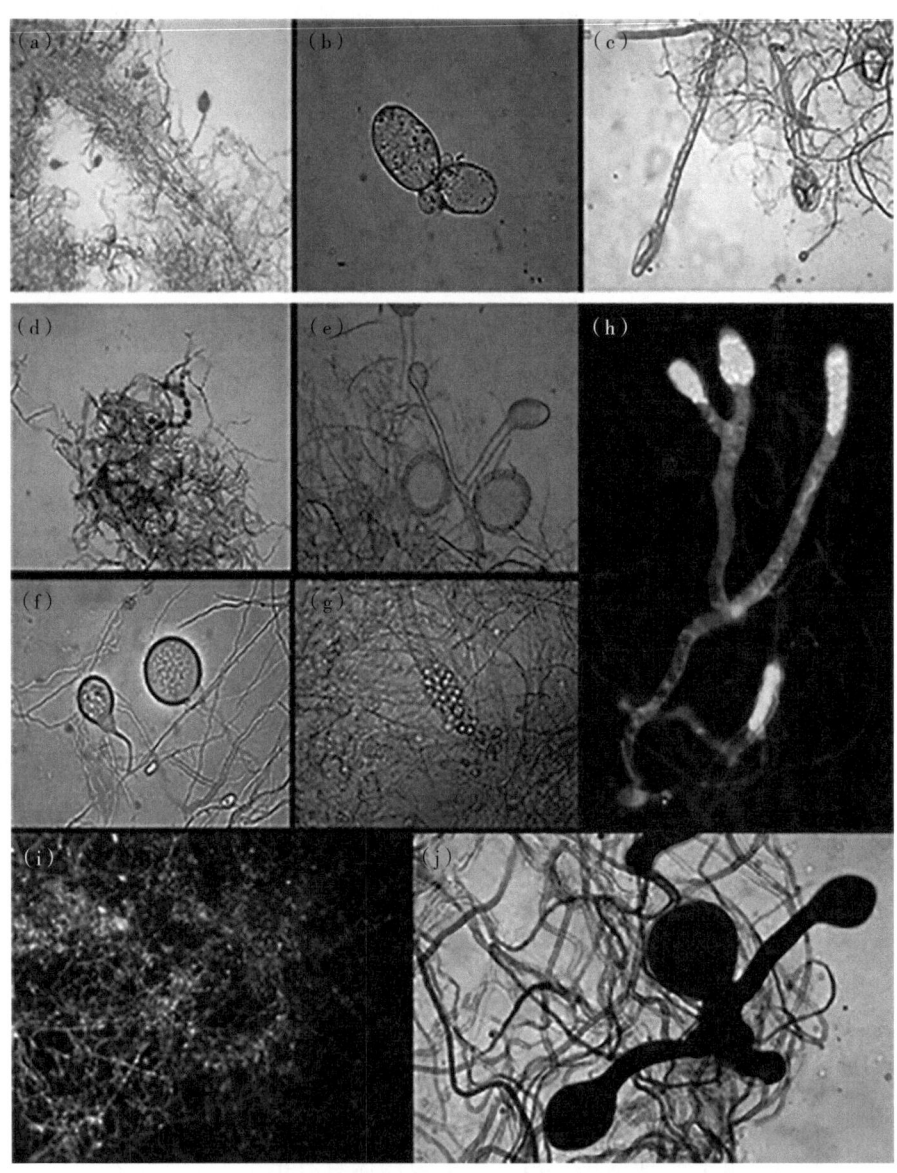

图 3-1 光镜下厌氧真菌的形态特征（成艳芬，2024）（彩图 3）

（a）*Anaeromyces*：位于不分枝孢子囊柄的孢子囊具尖形（短尖形）的顶端。（b）*Caecomyces*：球根状的假根。（c）*Piromyces*：长的、无分枝的孢子囊柄。（d）*Anaeromyces*：具有大量缢缩的菌丝，呈香肠状或串珠状外观。（e）*Piromyces*：分叉的孢子囊柄。（f）*Piromyces*：在孢子囊下方的孢子囊柄形成一个卵杯状膨胀。（g）*Piromyces*：游动孢子从孢子囊释放。（h）*Piromyces*：分枝的孢子囊柄，细胞核集中在顶端（DAPI 染色）。（i）*Orpinomyces*：普遍分枝的菌丝上存在密集的多核根状菌丝体（DAPI 染色）。（j）*Piromyces*：孢子囊形状不规则（卢戈氏染色）。

第二节 厌氧真菌的分子学鉴定

一、基于 ITS 区域的分子鉴定

ITS（Internal Transcribed Spacer）序列是一种用于分子生态学、生物多样性、系统发育和分类学研究的核糖体 DNA（rDNA）片段。ITS 序列的高度可变性、相对容易扩增和测序，以及与物种间变异的相关性，使其成为微生物鉴定的一种常用方法（Schoch 等，2012）。ITS 序列的扩增和测序技术已经成为厌氧真菌分子鉴定的主要方法之一。其中，ITS1 和 ITS2 两个区域在分子鉴定中均有广泛应用。ITS1 区域长度通常在 150～250 bp，与 16S rRNA 基因 V1～V2 区域长度相似；ITS2 区域长度通常在 200～300 bp，与 16S rRNA 基因 V3～V4 区域长度相似（Marrelli 等，2006）。ITS 序列的应用可以帮助鉴定并描述厌氧真菌的多样性、分布、生态功能和分类地位。

ITS 序列是一种广泛应用于厌氧真菌鉴定的分子标记。在厌氧真菌鉴定中，ITS 序列具有适用范围广、分辨率高、数据库资源丰富、可重复性强和高通量等优势。首先，ITS 序列的高度可变性和保守性使其适用于各种厌氧真菌的鉴定（Schoch 等，2012）。其次，ITS 序列的长度和内部转录间隔区域可以提供足够的变异信息，对于不同物种之间的差异具有较高的分辨率。再次，ITS 序列的数据库资源已经相对丰富，可以提供比较和参考，提高物种鉴定的准确性和可靠性。而且，ITS 序列的扩增和测序方法已经得到标准化和优化，可以在不同实验室之间进行比较和重复性验证（Kittelmann 等，2012）。最后，随着高通量测序技术的发展，ITS 序列鉴定可以应用于更大规模的物种和群落分析，提高物种鉴定和群落结构分析的速度和效率。然而，ITS 序列在厌氧真菌鉴定中也存在一些劣势。首先，ITS 序列的一些片段具有较高的变异率，导致序列比对和物种鉴定的困难（Callaghan 等，2015）。其次，ITS 序列的长度和内部结构也可能受到菌株间的变异和多态性的影响，导致物种鉴定结果不一致（Edwards 等，2008）。最后，一些厌氧真菌的 ITS 序列可能存在缺失、插入或重复等现象，影响鉴定的准确性和可靠性（Belila 等，2017）。因此，使用 ITS 序列进行厌氧真菌鉴定时，需要结合其他分子标记和形态学特征，进行综合分析和鉴定。

在未来的研究中，可以进一步优化 ITS 序列鉴定方法，以提高其准确性和可靠性。例如，可以应用高通量测序技术对多个片段进行扩增和测序，提高物种鉴定的精度和覆盖率。此外，可以开发新的分子标记或结合其他多样性分析方法，如微生物组学、蛋白质组学等，以揭示厌氧真菌的多样性和进化关系。同时，对厌氧真菌的生态学和环境适应性研究也具有重要意义。

二、基于 28S rDNA 区域的分子鉴定

28S rDNA 区域是指真核生物的大亚基核糖体 RNA 基因中的一段区域，也称为大

亚基核糖体 RNA 区域，通常包括 3 000～3 500 个碱基对。这个区域在生物进化中高度保守，因此被广泛用于分子系统学和生物分类学研究中。在微生物领域中，28S rDNA 区域也常被用于微生物物种的鉴定和分类。与 ITS 序列不同，28S rDNA 区域长度相对较长，包含了更多的碱基对，因此具有更高的变异位点数目，能够提供更高的分辨率（Dietrich 等，2001）。同时，28S rDNA 区域的变异度相对较低，能够在一些相对接近的物种之间提供较高的鉴定准确性。此外，28S rDNA 区域在不同真菌之间的序列差异较大，能够有效区分不同的真菌物种（Campbell 等，1994）。

在厌氧真菌鉴定中，28S rDNA 区域也具有一些优势和劣势。28S rDNA 序列在厌氧真菌鉴定中具有高度保守性。相比之下，ITS 序列具有高度可变性，可能存在一些无法对鉴定造成影响的变异。28S rDNA 区域的保守性使其在一些相对接近的物种之间具有较高的鉴定准确性（Whiting 等，1997）。此外，28S rDNA 序列长度相对较长，包含了足够的变异位点信息，因此具有较高的鉴定分辨率。在鉴定物种的过程中，28S rDNA 区域与其他分子标记或形态学特征结合使用，可以更准确地识别物种。然而，28S rDNA 区域在厌氧真菌鉴定中也存在一些劣势。首先，28S rDNA 区域比 ITS 序列长度更长，这意味着需要更长的序列来鉴定物种。其次，28S rDNA 区域在不同菌株之间的变异度相对较低，这可能导致难以区分某些相似的物种或菌株。最后，28S rDNA 区域在数据库资源方面相对较少，这可能限制了鉴定物种的准确性和可靠性。综上所述，28S rDNA 区域在厌氧真菌鉴定中具有一定的优势和劣势。在使用 28S rDNA 序列进行物种鉴定时，需要结合其他分子标记或形态学特征进行综合分析。同时，随着高通量测序技术的不断发展，可以更加准确地测定 28S rDNA 区域，以提高物种鉴定的精度和准确性。此外，可以利用人工智能和机器学习等技术，对大规模的 28S rDNA 序列进行比对和分析，以提高物种鉴定的效率和可靠性。

三、基于 LSU 区域的分子鉴定

LSU 是一种用于真菌分类和鉴定的分子标记，其长度约为 1.6 kb。LSU rDNA 通常由 D1～D2 区域和 D3～D5 区域组成，其中 D1～D2 区域具有更高的变异率和信息量，常被用于真菌分类和鉴定（Fell 等，2000；Dagar 等，2011；Schoch 等，2012；Detheridge 等，2016）。此外，侧翼区域非常保守，因此可以设计通用的真菌或特异性的引物（Detheridge 等，2016；Dollhofer 等，2016）。迄今为止，大多数培养试验和非培养试验使用基于 ITS 的序列。近期研究已证实，在多个厌氧真菌属的种群鉴定中，内部转录间隔（ITS）序列分析不如基于核糖体大亚基（LSU）的序列分析，但是目前用于比较的 LSU 序列筛选的数量仍然有限。因此，与形态学无关的基于 DNA 分析的分子方法代表了一个非常强大的工具，能够阐明其他烦琐的分类系统，以及厌氧真菌个体间的分化和关系。近期，Hanafy 等（2020a）进行了 LSU 序列的系统发育分析，并将目前已知的 18 个厌氧真菌属的进化关系进行可视化展示（图 3-2）。

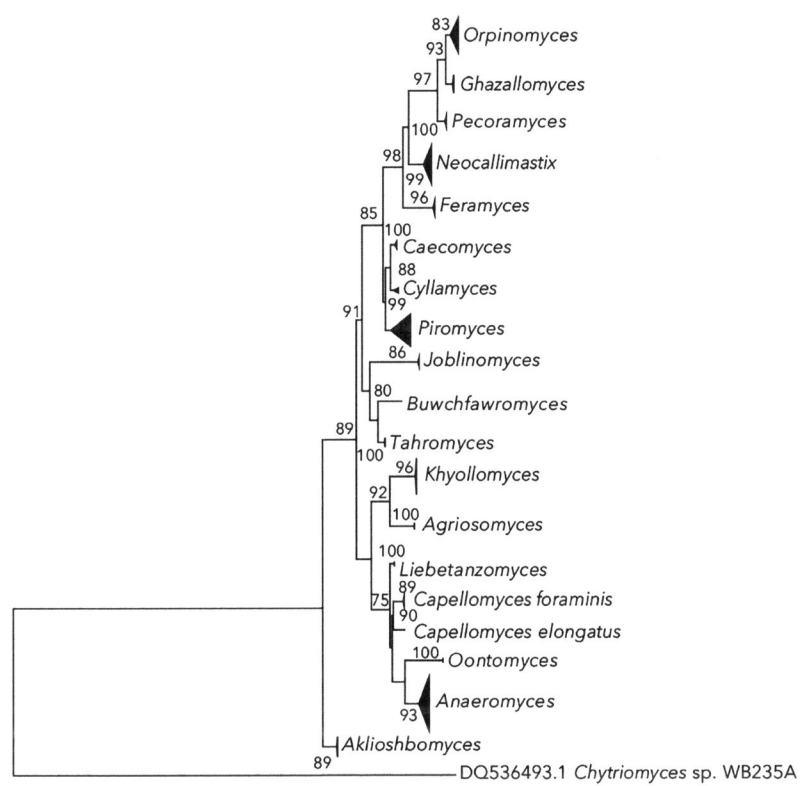

图 3-2 基于 LSU 序列所有已知瘤胃厌氧真菌的进化关系（成艳芬，2024）

Fliegerova 等（2006）使用通用真菌引物 NL1/NL4 成功地扩增出了仅跨越厌氧真菌 LSU 的 D1/D2 区域的较小扩增子。后来，同样的区域和方法被证明能够区分两种密切相关的厌氧真菌物种，这一结果表明它作为厌氧真菌条形码位点的潜在价值（Dagar 等，2011）。Callaghan 等（2015）通过 LSU 和 ITS1 区域的系统发育比较，对厌氧真菌 *Buwchfawromyces* 属进行了分类，结果显示，所包含的属和种均可解析。Dollhofer 等（2016）整合了 Genbank 序列和环境克隆序列，使用厌氧真菌特异性引物，扩增 LSU D1/D2 的 447 bp 区域，构建了一个进化树，结果显示，该扩增子片段（与 NL1/NL4 相比）仍然足以将序列解析到属和种水平，是未来厌氧真菌分类研究的良好候选区域。最近一项研究比较了所有基于 ITS1 和 LSU 的系统发育的文章，得出如下结论：尽管基于 LSU 和 ITS1 的系统发育显示出高度相似性，但 LSU 的序列比 ITS1 更容易对齐并且更适合区分厌氧真菌的不同属。然而，来自 *Caecomyces* 和 *Cyllamyces* 的可用 LSU 序列数量有限，尚不清楚 LSU 是否可以解析这些球状假根属（Wang 等，2017）。

LSU 在厌氧真菌鉴定中具有序列长度适中、保守性较高、进化信息丰富且可与 ITS 序列结合使用的优点。首先，LSU rDNA 的长度约为 1.6 kb，适中的序列长度可以提供较高的分辨率和鉴定准确性，有助于区分不同物种之间的差异。其次，相对于 ITS 序列，LSU rDNA 的变异率较低，保守性相对较高，可以提供较高的物种鉴定准确性，适用于较为保守的物种分类。最后，LSU rDNA 的进化速率比 16S rDNA 慢，比 ITS 和

SSU rDNA快，但在进化分析中，LSU rDNA序列比16S rDNA更具有分辨率和信息量。因此，LSU rDNA可以用于更深层次的分类和系统发育研究。最后，LSU rDNA与ITS序列结合使用，可以提高厌氧真菌鉴定的准确性和可靠性。当ITS序列鉴定存在争议的情况下，LSU rDNA的测序可以提供更可靠的物种鉴定结果。然而，LSU序列在某些情况下也存在一些局限性和劣势。首先，LSU序列的长度相对较长，导致在PCR扩增和测序中存在较高的错误率。其次，与ITS序列相比，LSU rDNA的变异率较低，不能提供足够的分辨率和鉴定准确性，适用于较为保守的物种分类。在一些情况下，LSU rDNA序列也存在重复序列和嵌合体的问题，这可能会导致鉴定的不准确性。最后，一些厌氧真菌LSU rDNA的序列间差异较小，也可能造成物种鉴定上的困难。

综上所述，LSU rDNA是厌氧真菌鉴定中有价值的分子标记。虽然ITS序列在一定程度上优于LSU，但是对于某些厌氧真菌物种，LSU序列可以提供更可靠的分类信息。LSU序列在分子进化分析中显示出很好的变异性和信息含量，这使得其可以在系统发育树构建中发挥重要作用。与ITS序列不同，LSU序列相对较长，有助于提高物种鉴定的准确性和可靠性。此外，LSU序列在进行样品的物种多样性研究中也具有潜在的应用价值。因此，尽管LSU序列在厌氧真菌鉴定中具有许多优势，但在应用过程中仍需要谨慎选择适当的分析方法和引物，以克服其存在的局限性，并确保获得准确和可靠的分类结果。同时，与其他分子标记相结合使用，可以进一步提高物种鉴定的精度和可靠性。

第三节　厌氧真菌的系统分类标准

迄今为止，虽然已经描述了多种新的厌氧真菌属和种，但对于新美鞭菌门中的单个菌株的特征化和系统分类标准尚未制定。因此，在2022年，全球厌氧真菌研究学者合作对厌氧真菌的系统分类标准进行了详细的描述。该分类标准是目前厌氧真菌系统分类的金标准，内容包含形态学、分子学、显微结构和表型等，方便后续研究者在表征新的新美鞭毛菌分离株时进行评估和记录。这一工作对于厌氧真菌尤为重要，因为它们的分离、维护和长期储存存在困难。该标准建议我们在进行详细的表征工作之前，应该首先确保所获得分离菌株的纯度。在分离和传代过程中，厌氧真菌可能被细菌污染或者和产甲烷菌共同被分离。因此，在分离过程中获得的厌氧真菌极可能是混合培养物。为确保纯度，分离株应来自单个菌落，而不是通过不断地稀释传代获得。我们建议对培养物进行多轮稀释、滚管和单个菌落挑选。通常使用各种抗生素来防止细菌污染，并通过显微镜观察评估污染。最后，可以对已知表现出最小菌株变异性的基因进行扩增测序或直接测序，获得的测序数据的质量可以用来进一步确定样品的纯度。

一、厌氧真菌菌株鉴定标准

Elshahed与全球同行厌氧真菌研究者（2022）通过深入讨论和归纳，总结了过去40

年里关于厌氧真菌分类的文献及综述，提出了厌氧真菌菌株的鉴定标准。表 3-3 中详细描述了厌氧真菌菌株的形态学、显微结构、表型和系统发育标准。这些信息是全面和详细的，以便对新分离的厌氧真菌进行一致的评估，还可以为未来的厌氧真菌的比较研究保留尽可能多的信息。这些标准不是限制性标准，可以对菌株进行更多的特征描述，例如，记录以前未报道的独特的微观结构、独特的生长表型，关于各种位点的基因拷贝数的信息，以及酶活性水平等。表 3-3 中的标准分为两类：对于准确评估所获得菌株的特征和分类必不可少的标准，以及推荐用于完整描述新分离菌株的标准。表 3-4 提供了前人研究中报道的附加标准。对于厌氧真菌的表征，这些标准虽然不是必需的，也不是推荐的，但有助于厌氧真菌分离株的完整描述。

表 3-3 厌氧真菌菌株鉴定标准（Elshahed 等，2022）

指标	提供的信息
准确评估的必须标准	
Ⅰ 形态学 / 显微标准 *	
1. 菌落形态	形状、大小、颜色和边缘中心差异
2. 液体生长模式	薄 / 重生物膜、粉状 / 沙状、棉状、球状或絮状，附着在容器的玻璃表面，颜色
3. 游动孢子 *	游动孢子鞭毛模式：单鞭毛（$n = 1 \sim 4$）或多鞭毛（$n > 4$）；游动孢子大小；鞭毛长度
4. 菌体发育模式	单中心或多中心
5. 孢子发育†	单中心类群中的内生、假居间内生和 / 或外生；多中心类群的终端和 / 或居间
6. 孢子囊†	孢子囊尺寸（长度、宽度）、分枝（分枝、无分枝）、形状（蛋杯形、宽扁平）和大小（宽、窄） 孢子囊下肿胀的发生
7. 孢子囊	孢子囊形状（例如，球形、中间有或没有收缩的椭圆形、卵形、保龄球瓶形、蛋形、梨形、心形、三角形、尖尖的短尖、细长、菱形）、大小和排列 孢子囊均匀性或多形性，各种类型的孢子囊之间的形状差异（例如，外源与内源与居间） 孢子囊颈（孢子囊和孢子囊柄或孢子囊和假根之间的点）（例如，紧缩的、宽的）和颈口（窄的或宽的） 出现特定的孢子囊结构，例如乳突
8. 根状生长方式	丝状或球根状 对于丝状生长：出现窄和宽的菌丝、分枝和扭曲的程度、收缩模式（规则或不规则的间隔）以及根状肿胀的存在 对于球茎生长：固定模式（单个、多个）、每个固定的孢子囊数量和孢子囊数量
Ⅱ 系统发育标准	
1. 内部转录间隔子 1（ITS1）‡	需要至少 12 个克隆的序列。或者，可以使用来自 12 个不同拷贝的序列，这些拷贝对应于来自已测序基因组的扩增片段 记录菌株变异性、系统发育位置以及与当前描述的分类群的关系
2. 核糖体大亚基的 D1/D2 可变区（D1/D2 LSU）§	需要至少 12 个克隆的序列。或者，可以使用来自 12 个不同拷贝的序列，这些拷贝对应于来自已测序基因组的扩增片段 记录菌株变异性、系统发育位置以及与当前描述的分类群的关系

指标	提供的信息
完整描述的推荐标准	
Ⅰ 形态/显微标准	
1. 游动孢子释放机制	游动孢子是如何释放的：通过顶孔，通过孢子囊壁的破裂，或两者的结合 孢子囊命运：孢子释放后溶解、分离和/或保持完整
2. 附加结构	在生命周期中形成额外的特定结构，例如菌丝螺旋、休眠阶段（特别是在旧培养物中）
3. 关键性状的稳定性	检查在不同条件、基质以及不同生长阶段生长的培养物，以检查性状一致性以及与不同生长阶段或培养条件的关联
Ⅱ 系统发育标准	
1. 核糖体 RNA 操纵子 ¶,#	覆盖 ITS1–5.8S rRNA–ITS2–D1/D2 LSU 的区域

注：* 确定某些孢子上鞭毛的数量可能具有挑战性，在游泳过程中，单个运动细胞器中多根鞭毛的可视化角度和聚集会导致计数不确定。建议尽可能观察和计数来自多个（例如 > 50）游动孢子的鞭毛，并报告多鞭毛类群的平均数量，以及"单"鞭毛类群中寡（双、三和四）鞭毛的频率。

† 已在多个属 [如 *Feramyces*（Hanafy 等，2018）和 *Liebetanzomyces*（Joshi 等，2018）] 中观察到孢子囊和孢子囊的多形性，并且在使用不同的培养基成分时可能更加明显 [如（Hanafy 等，2022）中的图 S1]。这可以通过使用完全培养基 [例如 Calkins 等（2016）中使用的基于纤维二糖的培养基] 来避免。

‡ 推荐使用的引物：仅适用于 ITS1 区域，引物 MN100（TCCTACCCTTGTGTGAATTTG）和 MNGM2（CTGCGTTCTTCATCGTTGCG）（Nicholson 等，2010）。如可能出现错配，如之前观察到的 *Buwchfawromyces*（Callaghan 等，2015），也可以使用引物 Neo 18S For（AATCCTTCGGATTGGCT）和 Neo 5.8S Rev（CGAGAACCAAGAGATCCA）扩增部分 18S rRNA 基因，从而扩增更长的区域并通过生物信息学提取完整的 ITS1 区域和部分 5.8S rRNA 基因（Edwards 等，2008），或 ITS1F（TCCGTAGGTGAACCTGCGG）和 ITS4R（TCCTCCGCTTATTGATATGC），用于扩增包含 ITS1–5.8S rRNA–ITS2 的整个 ITS 区域（Fliegerova 等，2006）。

§ 推荐用于扩增 LSU rRNA 内 D1/D2 结构域的引物是通用真菌引物 NL1F（GCATATCAATAAGCGGAGGAAAAG）和 NL4R（GGTCCGTGTTTCAAGACGG）（Dagar 等，2011），或将通用真菌正向引物 NL1F 与厌氧真菌特异性反向配对引物 GGNL4（TCAACATCCTAAGCGTAGGTA）。

¶ 推荐使用的引物是 ITS1F–NL4R。

\# 克隆和测序整个操纵子和生物信息学提取 ITS1 和 LSU 区域进行系统发育分析可以替代上述单个 ITS1 和 LSU 扩增和测序。对于单个 ITS1 和 D1/D2 LSU 扩增子，应观察到相同的最小克隆数量（Hanafy 等，2018）。

基于多基因组的系统发育学（James 等，2006）、系统基因组学（Wang 等，2019）、全基因组同线性（Ke 等，2020）和氨基酸同一性评估分析（Wibberg 等，2021）为厌氧真菌系统分类提供了有价值的信息和阈值。然而，针对厌氧真菌的此类研究进展落后于其他真菌谱系。目前，代表性菌属缺乏足够的基因组/转录组信息，多个历史菌株也已经丢失无法复活。比较组学方法提供的结论是可靠的，但厌氧真菌研究者们不建议将此类证据作为厌氧真菌系统分类描述的硬性要求。

表 3-4 已有报道的其他标准

范围	提供的信息
孢子超微结构	鞭毛横截面和纵截面的 TEM 照片 通过游动孢子体的截面显示细胞器（例如细胞核、核糖体样颗粒、氢化酶体、微管） 通过菌体和孢子囊的切片
底物利用方式	能够在广泛的糖单体、二聚体、低聚物和植物多糖（例如淀粉、纤维素、木聚糖、果胶/聚半乳糖醛酸）上生长 能够在蛋白质、复杂培养基和/或脂肪酸上生长
氧气敏感性	在不同时间间隔（例如 0.5 h、1 h、3 h、12 h 或 24 h）挑战大气后的生存能力
发酵终产物	挥发性脂肪酸、二羧酸、乙醇、H_2、CO_2 和其他代谢终产物的生产和定量 在不同底物上生长时产品性质/比例的变化
生物地理学和生态分布	搜索密切相关菌株和物种，新分离株是否代表以前报告的尚未培养的谱系，以及可能的宿主偏好和生物地理模式

二、厌氧真菌新种的提出和鉴定

已有相关研究表明，厌氧真菌新菌种的提出与鉴定标准差异很大，其中一些可能是实验室间变异性和/或培养基成分的影响，例如，*Caecomyces communis* 和 *Caecomyces equi*（Gold 等，1988）、*Piromyces communis* 和 *Piromyces dumbonicus*（Li 等，1990）、*Neocallimastix frontalis* 和 *Neocallimastix hurleyensis*（Webb 和 Theodorou，1991）。此外，还有许多研究根据特定微观特征的鉴定提出了新物种，但这些特征可能在最近分类群描述文章中被忽视了。最近的研究描述了仅基于序列差异但形态相同菌株的新物种，例如 *Pecoramyces irregularis*（Ariyawansa 等，2015）。相比之下，一些研究在分类鉴定方面极为保守，尽管有明显的差异证明这是一个新的属，例如 *Neocallimastix joyonii*（Breton 等，1989）。此外，早期的研究完全依赖于微观数据，而较新的分类鉴定文献中则报道了微观和分子数据（例如 ITS1、D1/D2 位点）。最近的比较研究使用了更广泛的全基因组系统发育学方法进行厌氧真菌分类研究（Wang 等，2019）。然而，如上所述，这些方法虽然非常具有应用前景，但需要基因组和转录组数据。此外，初步研究表明，通过全基因组序列分析获得的系统发育树的拓扑结构与 D1/D2 LSU 序列分析获得的系统发育树的拓扑结构没有差异。因此，在制定新美鞭菌门内新分离株的分类标准时，全基因组或转录组数据的生成和评估并不是必需的。

综上所述，厌氧真菌的分类标准缺乏一致性，为了进行标准的统一和完善，最新的标准结合了微观特征和系统发育分析。总体而言，该标准遵循以下原则：

（1）属定义标准包括：①游动孢子鞭毛模式（单鞭毛或多鞭毛）；②菌体发育模式（单中心或多中心，由活体培养物的 DAPI 染色确定，并通过荧光显微镜）；③菌根生长模式（丝状或球茎状）。在这三个标准方面，一个属内的所有物种都应该表现出相同的表型。

（2）新的属和物种名称需要明确记录 ITS1 和 D1/D2 LSU 序列及其系统发育新颖性，记录与最近描述的菌种在宏观和/或微观特征方面的差异。

具体来说，该标准建议对形成单系进化分支的新分离株赋予一个新的属名称，该分支与 D1/D2 LSU 和 ITS1 系统发育树中先前描述的所有属不同，在孢子鞭毛、菌体发育和菌根生长模式的三个基本标准中的一个或多个方面，与它们最接近的系统发育菌株表现出明确的形态差异。观察到此类标准中的差异足以认为这是一个新的属，即使它们在序列上与已知的菌株差异很小。在没有观察到这种差异的情况下；只有在 D1/D2 LSU 和 ITS1 序列显示出较高的序列差异，从而证明为新属而不是物种的适应性产生的突变。序列差异值依赖比对区域、比对方法（成对与多序列比对）和所用设置（例如缺口开放和缺口延伸罚分）的函数。最小 D1/D2 LSU 序列差异阈值为 3%，距离最近的物种、有效描述的菌株建议用于属级划分（使用相对计算 BLAST n，默认参数 gap existence cost，5；间隙扩展成本，2；比赛得分，2；错配分数，–3）。最近一项研究应用此阈值与参数分析了现有菌属的系统进化，结果与预期一致，但有两个例外：*Piromyces* 属，其中 D1/D2-LSU 区域的属内序列差异值介于 0～5.7%；*Liebetanzomyces-Capellomyces-Oontomyces* 进化分支上，序列差异为 1.8%～2.5%。对于已培养的、有效描述的菌群，建议将 ITS1 序列与最近的菌株（使用上面概述的默认参数进行 blastn 计算）差异大于 5% 用于属水平划分。该阈值基于属间序列差异评估获得（Koetschan 等，2014；Edwards 等，2019），随后被用于菌群多样性分析（Edwards 等，2020a）。

在现有属中使用一个新的种名，以容纳在 D1/D2 LSU 和 ITS1 系统发育树中形成与属内其他种不同的单系分支的培养物，应该检查来自菌株的多个 ITS1 和 D1/D2 LSU 序列。由于菌株内（即基因组内）ITS1 序列的广泛差异（Hanafy 等，2020a），来自新种的一个或多个 ITS1 序列与来自同一属的现有种的 ITS1 序列之间可能偶尔存在重叠。然而，在 D1/D2 LSU rRNA 基因序列树中遇到重叠应该排除提出新种的可能性。在提出新种的最小 D1/D2 LSU 或 ITS1 序列差异阈值时，应考虑几个因素。在目前被描述的 22 个属中，只有 7 个属有一个以上的物种。在这些属中，大多数菌株的分类主要基于形态差异。在序列信息可用的多物种属中，D1/D2 LSU 序列差异介于 1.8%（例如，*Capellomyces foraminis* 与 *Capellomyces elongis*）和 2.2%（例如，*Neocallimastix frontalis* 和 *Neocallimastix cameroonii*）之间。因此，提出了 2% 的阈值，并且该值已用于未培养样品中操作分类单元的确定（Hanafy 等，2020a）。同样，建议将 2% 的 ITS1 序列差异作为种级分类的参考，但考虑到菌株内序列的差异，利用 ITS1 基因序列构建系统进化树时的阈值可能不同。该值也可以用于后续多样性调查中的种级 OTU 鉴定（Edwards 等，2019；Edwards 等，2020b）。此外，在厌氧真菌分类鉴定时，应评估表 3-3 中描述的所有性状，并与该属的所有其他成员进行比较。在同一属的新种和现有种之间，通常会观察到一种或多种稳定的形态特征的差异。对这些特征进行详细描述将有利于提高人们对该属的整体特征和能力的认识。

我们建议使用亚种名称来描述与之前报道的 Neocallimastigomycota 种相比序列差异低，且 / 或在显微镜和 / 或表型性状（例如底物利用模式、发酵产物、生长速度、特定微观结构的大小和组织）上表现出微小差异的菌株。对于表现出精确的形态学、显微学、系统发育和表型标准的菌株，应使用特定的菌株名称（Hanafy 等，2022）。

第四章

厌氧真菌菌株特性描述

厌氧真菌严格的厌氧性质和极端的氧敏感性要求研究人员掌握熟练的厌氧滚管技术（Bryant，1972；Hungate，1969）才能在体外分离并长期培养。此外，虽然许多研究已经描述了厌氧真菌的长期保存方法（Calkins等，2016；Nagpal等，2012；Solomon等，2016a），但这些研究的效果以及长期冻存可靠性在不同菌株之间差异很大。更重要的是，厌氧真菌的衰老现象被经常观察到，反复传代往往导致产生的孢子囊逐渐不能分化为游动孢子，或者完全不能产生新的孢子囊（Ho和Barr，1995）。这样的困难导致了多个已分离厌氧真菌菌株的保存失败，并且这种现象在许多国家的实验室均有发生。Orpin首次报道获得了厌氧真菌菌株（*Piromonas communis*）的培养物，但该培养物不是无菌的，而是细菌与真菌混合培养物（Orpin，1977a）。又过了5年，1981年Orpin首次报道从马的盲肠（Orpin，1981）中成功分离出*Sphaeromonas*和*Piromonas*，并从牛的瘤胃中成功分离出*Neocallimastix*（Bauchop和Mountfort，1981；Joblin，1981）。之后，Heath等（1983）描述了*Neocallimastix frontalis*纯培养物中多鞭毛游动孢子的显微结构；该报道是厌氧真菌属的首次正式描述。Gold等（1988）利用鞭毛显微结构和生命周期描述对两个球状假根的厌氧真菌进行了表征，并根据鞭毛显微结构将*Sphaeromonas*重新命名为*Caecomyces*。随着研究的不断深入，*Piromyces*也代替了原有的*Piromonas*。新的*Orpinomyces*属在第2年被描述（Barr等，1989），随后在1990年，Breton等（1990）描述了第5个属（*Anaeoromyces*）。

随后，对新厌氧真菌属的描述出现停滞，在接下来的25年里只描述了一个新的属（*Cyllamyces*）（Ozkose等，2001）。最近，厌氧真菌分离培养的步伐加快。自2015年以来，来自印度、中国、英国、德国和美国的16个新属被鉴定与描述（Callaghan等，2015；Dagar等，2015；Hanafy等2017；Stabel等，2020；Hanafy等，2020b；Pratt等，2023）。这种厌氧真菌分离培养的新发展是由于人们对开发厌氧真菌生物技术的潜力产生了兴趣。基于厌氧真菌对于木质纤维素降解的卓效特性，目前拓展出了能用于生物燃料（Ranganathan等，2017）、增值产品（Hillman等，2021）和次级代谢物（Swift等，2021）的新研究。

形态特征是厌氧真菌分类的关键，其菌属的定义基于单中心或者多中心菌体的形成、丝状或者球状的假根、孢子囊的形状，以及是否形成单鞭毛或者多鞭毛的游动孢子，本章将详细介绍各厌氧真菌属的特性。

第一节　单中心、单鞭毛、丝状假根厌氧真菌的特征描述

目前，单中心、单鞭毛、丝状假根厌氧真菌分离鉴定的菌属最多，包括 *Piromyces*、*Buwchfawromyces*、*Oontomyces* 等 11 个属，其详细的特征描述如下。

一、*Piromyces* 的菌株特性

20 世纪初，Liebetanez 和 Braune 先后报道了形态上与 *Sphaeromonas communis*（更大、更细长）不同的单鞭毛孢子，并将其命名为 *Piromonas communis*。随后，Orpin（1977a）表征了 *Piromonas communis* 在瘤胃样品中的最佳生长条件，部分描述了其孢囊和孢子的形态，并获得了以 *Piromonas communis* 为唯一真菌菌株的细菌 - 真菌混合培养物。*Piromyces* 这个名称是 Golden 等人在 1988 年提出的，目的是强调该属成员的真菌性质，而不是原生动物特性。之后 Barr 等在 1989 年详细描述了从荷斯坦阉牛中分离的 *Piromyces communis*。现在，*Piromyces* 的模式菌株为 *Piromyces communis*。

Piromyces 属的详细外形描述见 Barr 等（1989）及 Ho 和 Barr（1995）。在固体琼脂培养基上，*Piromyces* 产生小的圆形菌落，其孢子囊结构中心为黑色。其在液体培养基中表现出薄的生物膜样生长，牢固地附着在管的玻璃壁上。*Piromyces* 属成员的特征是单中心菌体（具有内源和外源孢子囊发育）、丝状根状系统和单鞭毛的游动孢子（偶有双鞭毛或四鞭毛）。孢子囊呈现出多种形状，包括球形、卵球形、梨形、椭球形和线长状（图 4-1）。

Piromyces 属成员目前已从多种动物的粪便、瘤胃和盲肠中分离出来，包括但不限于奶牛（Barr 等，1989；Hanafy 等，2020a）、绵羊（Orpin，1977a；Ho 等，1993c；Hanafy 等，2020a）、鹿（Li 等，1990；Ho 等，1993b；Hanafy 等，2020a）、马（Breton 等，1991；Li，2016；Hanafy 等，2020a）、驴（*Equus africanus*）（Gaillard - Martinie 等，1995；Chen 等，2002；Hanafy 等，2020a）、小马（Chen 等，2002）、亚洲象（*Elephas maximus*）（Breton 等，1991）等。非培养的多样性分析显示 *Piromyces* 属成员存在于大多数被检测的动物中，并且通常占整个群落的很大一部分（Edwards 等，2017；Hanafy 等，2020a）。*Piromyces* 属成员构成整个厌氧真菌群落的样本也有报道，例如黑犀牛和叉角羚的粪便样本中（Edwards 等，2017）。

一般来说，*Piromyces* 属包含的菌株显示为单中心的菌体，单鞭毛的游动孢子和丝状假根。继 *Piromyces communis*（Barr 等，1989）的描述之后，在 1990—2000 年又描述了几个显示这种特征的 *Piromyces* 种水平菌株：*Piromyces minutus*（Li 等，1990）、*Piromyces mae*（Breton 等，1991）、*Piromyces dumbonicus*（Breton 等，1991）、*Piromyces spiralis*（Ho 等，1993c）、*Piromyces rhizinflatus*（Gaillard - Martinie 等，1995）、*Piromyces citronii*（Chen 等，2002）。而 Orpin 最初于 1977 年分离出的 *Piromyces communis* 模式菌株（Orpin，1977）保存在阿伯里斯特威斯大学生物库（代码 ABS20-

Pcomm01），该菌株的 ITS1 序列也已经确定其系统发育的归属。目前，还没有分子序列数据可以确定 *Piromyces mae*、*Piromyces dumbonicus*、*Piromyces rhizinflatus*、*Piromyces spiralis*、*Piromyces minutus* 和 *Piromyces citronii* 的系统发育归属情况。后续研究显示，在 Neocallimastigomycota 中，丝状假根、单中心菌体和单鞭毛的游动孢子的表型是多系的（Brookman 等，2000a）。自 1995 年以来，又有 10 个属报道了这种表型，这些菌属在后文会逐一介绍。近期研究还发现，早期描述的 *Piromyces* 菌种和其中一些新属之间在形态描述上较为相似，但这些菌种已经死亡，无法进一步分析 *Piromyces* 的分类学。对于近年来描述的两个 *Piromyces* 物种 *Piromyces polycephalus* 和 *Piromyces irregularis*，其分子序列数据显示，这两株菌与 *Piromyces communis* 模式菌株 P（MW341535.1）ITS1 序列相似性较低（分别为 78.6% 和 77.1%），表明这两个菌种可能不属于 *Piromyces* 属。同时，分子序列数据证实了最新描述的菌株 *Piromyces finnis* 与 *Piromyces* 属的隶属关系。

（一）*Piromyces communis*（Gold 等，1988）

Piromyces communis 与 *Piromonas communis* 同义。模式菌株为菌株 P，具体的图片描述可在 Orpin（1977a）中查到。*Piromyces communis* 的 GenBank 序列登录号为 MW341535.1（ITS1，由 Orpin 分离的菌株 P，在威尔士阿伯里斯特威斯大学保存，代码为 ABS20-Pcomm01）和 JF974096（28S rRNA D1/D2 区，*Piromyces cf. communis* BRL-3）。MycoBank 中的 ID 编号为：MB 135567，Index Fungorum 中的 ID 编号为 IF 135567，NCBI 中的分类编号为 4822。

关于 *Piromyces communis* 的形态描述详见 Bar 等（1989）。简单地说，除了上述 *Piromyces* 属的描述特征外，该物种的特征主要是球形的单鞭毛游动孢子。此外，双鞭毛的游动孢子也经常遇到。内源性孢子囊多为球状，偶见梨形。外源性孢子囊多呈线长状，但也可见球形、卵球形和不规则状孢子囊。孢子囊颈宽，或不收缩，或略收缩。孢子囊长度不等，也可呈现蛋杯状。游动孢子通过顶孔释放，随后整个孢子囊壁溶解。

（二）*Piromyces mae*（Gold 等，1988）

Piromyces mae 的模式菌株为菌株 PN11。目前尚未有登记于 GenBank 的序列登录号。但 *Piromyces mae* 在以下数据库中存在登记的 ID 编号：MycoBank 中的 ID 编号为 MB 126402；Index Fungorum 中的 ID 编号为 IF1 126402。*Piromyces mae* 菌株外形特征的详细描述见 Breton 等（1991）。简单地说，除了上述 *Piromyces* 属的描述特征外，该物种的特征还包括：在其顶端发育一个，很少有两个乳突，通过乳突释放孢子；在孢子囊正下方形成孢子囊膨大。

（三）*Piromyces dumbonicus*（Gold 等，1988）

Piromyces dumbonicus 的模式菌株为 PN12。目前尚未有登记于 GenBank 的序列登录号。*Piromyces dumbonicus* 在 MycoBank 中的 ID 编号为 MB 126401；在 Index Fungorum

中的 ID 编号为 IF1 126401。*Piromyces dumbonicus* 菌株外形特征的详细描述见 Breton 等（1991）。*Piromyces dumbonicus* 和 *Piromyces communis* 之间的区别主要基于超微结构评估，没有明确的形态学或微观差异的报道。

PN11（*Piromyces mae*）和 PN12（*Piromyces dumbonicus*）两个菌种在同一个文献中报道，分别分离自新西兰的一匹马和一头印度象的新鲜粪便样本。PN11 和 PN12 游动孢子主要是单鞭毛的，它们的假根是高度分枝的，而不是球根状的。因此，研究人员将 PN11 和 PN12 都归入 *Piromyces* 属，下面是两个菌种的详细描述。

在光学显微镜下，两个菌株的游动孢子均为卵形或球形。在液体培养基中，PN11 的游动孢子大小变化很大，直径范围为 2.5～11.0 μm（6.8 μm ± 2.1 μm，n=174）。PN12 的游动孢子大小相对恒定，直径范围为 5.5～12.0 μm（7.0 μm ± 1.7 μm，n=28）。游动孢子通常是单鞭毛的，很少有双鞭毛的，但在 PN11 中一次看到了四根鞭毛。游动孢子中的细胞器显示出极化分布，后区有氢体和细胞核，前区有核糖体聚集体和螺旋。在 PN11 中，所有游动孢子都包含许多单一的氢体，它们呈球形、卵形或不规则形，大小范围为（0.12～0.75）μm×（0.23～0.83）μm（n=25）。在所检查的 96 个游动孢子中，几乎有 1/3 包含额外的更大的多形结构，这些结构在形态上类似于大型氢体，因此研究人员将其称为巨化氢体（Megahydrogenosomes）。巨化氢体形状不规则，具有不同深度的内陷，包围细胞质区域，包括核糖体，范围从亚球形、（1.8±1.0）μm×（1.1±0.4）μm（n=20）到长达 4 μm 的片状配置。巨化氢体仅出现在 PN11 的游动孢子中。在 PN12 中，所有氢体都是细长的管状，从区域运动体延伸，并围绕细胞核呈放射状分布。PN12 的游动孢子不含巨化氢体。

鞭毛有一个典型的 9+2 轴丝，其基部插入游动孢子后部的凹痕中。大多数凹痕深 0.2～0.4 μm，但一些运动体位于游动孢子的中间，在这种情况下，鞭毛会在深通道中一直穿过游动孢子。鞭毛过渡区水平的细胞质凹坑周围有一个环鞭毛环。在 PN11 中，环是对称的，高 70～90 mm，四周厚 15～22 nm，直径 460～540 nm。在 PN12 中，环在双峰附近具有 220 nm 的 C 形垂直伸长。同样仅在 PN12 中，在环鞭毛环附近，有大约 30 个直径约 30 nm 的球状结构。这些球状结构以前没有被报道过，它们的功能尚不清楚。

在 PN11 和 PN12 中都发现了三个支柱。它们将环鞭毛环与挡板和结缔组织连接起来。所有这些支柱的横截面都有些新月形。支柱 1 位于支柱的一侧，靠近三联体，并且是最大的。支柱 2 和 3 位于三联体附近的支线的另一侧。支柱 2 在运动体周围装置的上层较小，在下层较大，在三者中，它通常是最不显眼的。支柱 2 在 PN11 中通常不像在 PN12 中那样清晰可见。在 PN11 和 PN12 中，研究人员在三联体附近发现了一些电子不透明性较低的基质，并将此结构命名为连接结构，因为它在形态上将运动体、支柱、挡板、勺子和骨刺连接在一起。支柱 2 与运动体远端的结缔组织融合。在运动体的远端周围，结缔组织的上边缘倾向于弯曲远离运动体。在其近端，结缔组织通常在运动体下方、勺上方伸展，并靠近三联体的末端。在中间区域，结缔组织与挡板融合并形成围绕运动体的大致半圆形结构。在 PN12 的游离游动孢子的运动体横截面中观察到九个支柱，但研究人员在 PN11 中没有看到它们。

在两个支柱和结缔组织下方，有一个分裂的圆锥状支刺，它有一个电子不透明的外壳。刺的直径为 150～190 nm，壳厚 10～15 nm。有一束纤维状物质连接骨刺和结缔组织。从骨刺发出的微管可分为两组。一个由大约 20 个微管组成的后部扇形从刺向一侧发出，然后向前弯曲进入游动孢子。后扇的平面大致垂直于轴丝的轴。后扇与巨管和分化的细胞质一起，沿着游动孢子的一侧形成后圆顶。第二组微管，称为前阵列，以圆锥形模式从分支向前辐射到游动孢子中。这些微管中的一些与核膜结合，而另一些则与细胞质中的氢体混合。在 PN11 和 PN12 中，细胞核与微管前阵列内的运动体基部密切相关。PN11 核与游动孢子膜之间的距离为 0.24～0.60 μm，PN12 为 0.30～0.83 μm。PN12 的核似乎在该区域显示出更圆锥形的喙状形式。

两个菌株的游动孢子的质膜被表面涂层覆盖，其厚度为 25～28 nm，在某些视图中呈条纹状。PN11 和 PN12 的鞭毛膜也被一层电子不透明的无定形材料覆盖，该材料约 15 nm 厚，并且比细胞其余部分周围的电子不透明材料更不透明。这两个表面层通过鞭毛基部的分化过渡层连接。过渡层开始于细胞质侧环鞭毛环的水平，结束于鞭毛侧大致相同的水平。

发芽的孢囊产生一个胚芽管，该胚芽管在成熟时发育成假根的细支群，分别在 PN11 和 PN12 中延伸至 240 μm（n=26）和 600 μm（n=27）长。孢囊本身扩大为细胞体。具有细胞体和假根的菌体称为营养菌体，直到细胞体和假根之间形成隔膜。隔膜形成后，研究人员将细胞体称为孢子囊。在液体培养基中，孢子囊的大小为（26～37）μm×（70～125）μm[（33±13）μm×（63±25）μm，n=33，PN11] 和（30～56）μm×（100～112）μm [（50.0±15.0）μm×（76±21）μm，n=26，PN12]。PN11 的孢子囊往往比 PN12 的更细长，第一个的长宽比为 1.89，第二个的长宽比为 1.58。很多时候，PN11 中假根的上部扩大为位于隔膜正下方的孢子囊下肿胀。PN12 没有这种肿胀。在 PN11 中，许多（但不是全部）孢子囊在其顶端形成一个或很少两个乳突。

氢体主要是小的、球形的。PN11 中的巨化氢体和 PN12 中的管状氢体直到游动孢子裂解完成后才会形成。然而，在 PN11 的营养体中有一种新的但相对罕见的氢体类型（每个典型的孢子囊在中部附近只有一个或两个）；它的大小范围为直径 0.3～0.8 μm，形状不规则或球形，通常被内质网包围，并且它包含几个空腔，这与巨化氢体中的空腔不同，缺少包含的核糖体。

（四）*Piromyces minutus*（Li 等，1990）

Piromyces minutus 的模式菌株为 D2。目前尚未有登记于 GenBank 的序列登录号。*Piromyces minutus* 在 MycoBank 中的 ID 编号为 MB 360153；在 Index Fungorum 中的 ID 编号为 IF 360153。*Piromyces minutus* 菌株外形特征的详细描述见 Li 等（1990）。该种可通过其少有分枝的根状结构和明显较小的孢子囊与其他 *Piromyces* 种区分。

（五）*Piromyces spiralis*（Ho 等，1993c）

Piromyces spiralis 的模式菌株为 G34。目前尚未有登记于 GenBank 的序列登录号。*Piromyces spiralis* 在 MycoBank 中的 ID 编号为 MB 360467；在 Index Fungorum 中的 ID 编号为 IF 360467。*Piromyces spiralis* 菌株外形特征的详细描述见 Ho 等（1993c）。该种的特征是主假根广泛盘绕，孢子囊壁迅速溶解，常留下成簇的游动孢子。此外，*Piromyces spiralis* 孢子囊大多为球形，明显缺乏其他孢子囊形状。

（六）*Piromyces rhizinflatus*（Gaillard-Martinie 等，1995）

Piromyces rhizinflatus 的模式菌株为 PS，具体的菌株外形特征可在 Gaillard - Martinie 等（1995）中找到。目前尚未有登记于 GenBank 的序列登录号。*Piromyces rhizinflatus* 在 MycoBank 中的 ID 编号为 MB 276850；在 Index Fungorum 中的 ID 编号为 IF 276850。该物种是从撒哈拉驴的干燥粪便中分离出来的，这些粪便在厌氧真菌分离前被储存了 150 天，这意味着该物种可能具有一定的空气耐受性。根据研究人员的分析，严格厌氧的厌氧真菌虽然可以在干燥粪便中存活约 150 天，但在此期间它们的数量会随着时间的推移而减少。该物种与其他 *Piromyces* 物种的区别在于具有明显的颈部收缩（以区别于 *Piromyces communis*）和缺乏乳头（以区别于 *Piromyces mae*）。

在琼脂培养基中，菌株 PS 在接种 48 h 后形成白色圆形菌落，直径范围为 0.6～0.7 mm，由直径达 50 μm 的球状孢子囊和长 170～200 μm 的假根系统组成。在液体培养基中培养 24 h 后，形成少量菌体和直径为 40～90 μm 的球形孢子囊。在培养 48 h 的培养物中，孢子囊数量更多，但直径仅在 15～30 μm。每个菌体由一个带有分枝假根系统的孢子囊组成。在其孢子囊上部，主假根比假根系统的其余部分大得多，直径从 5～10 μm 不等，并且呈现出厚壁，通常被折射率较低且轮廓分明的外皮包围。在孢子囊下收缩区，经常观察到折射性更强的环。在成熟阶段，游动孢子通过顶孔释放到培养基中，有时仍聚集在主根茎上的团粒中。

游动孢子为直径 6.5～8.5 μm 的球形，鞭毛长 20～25 μm。在含有滤纸作为唯一碳源的培养基中，真菌形成了由椭圆形孢子囊组成的非常薄的菌落，（70～90）μm ×（35～40）μm，有时由一个短的孢子囊支撑，与主要的肿胀根状茎分开，有明显标记的收缩。游动孢子的超微结构与其他厌氧真菌相似。质膜被紧密并列的表面涂层覆盖，游动孢子的细胞器呈极化分布，具有细胞核和微体（氢体）。具有均匀基质和结合膜的氢体呈球形至卵形，直径范围为 0.15～0.5 μm。核糖体聚集体的电子密度比氢体高，没有结合膜，直径可达 0.8 um。核糖体颗粒的螺旋被发现与后圆顶有关。鞭毛有一个典型的 9+2 轴丝插入游动孢子后部的凹陷处，在其插入水平处有环鞭毛胞质内环。

在游动孢子发生之前，菌体的细胞体呈现出 0.25～0.30 μm 厚的分层电子致密壁。在游动孢子发生过程中，由于由高度纤维状、松散、电子密度低的材料组成的外层的发育，壁逐渐变厚，达到 1 μm，而电子密度更高的内层则减少了。纤维状松散物质区域围绕着主假根的上部。在细胞体和假根中发现了许多小的、球形的氢体。在游动孢子发生过程中，孢子囊中存在许多储备球，并在游动孢子中被发现。位于孢子囊收缩部正上方的横壁将孢子囊与主根分开。

菌株 PS 能以纤维素、木聚糖、葡甘露聚糖、淀粉、D-葡萄糖、L-果糖、D-木糖、纤维二糖、D-麦芽糖、龙胆二糖、甘露糖作为唯一碳源。但不使用半乳聚糖、阿拉伯半乳聚糖、果胶、L-阿拉伯糖、半乳糖、岩藻糖、D-棉子糖、甘露醇、半乳糖醛酸和甘油。菌株 PS 利用乳糖和蔗糖的发酵能力较弱。

（七）*Piromyces citronii*（Chen 等，2002）

Piromyces citronii 的模式菌株为 A1，来源于驴的盲肠。目前尚未有登记于 GenBank 的序列登录号。*Piromyces citronii* 在 MycoBank 中的 ID 编号为 MB 434478；在 Index Fungorum 中的 ID 编号为 IF 434478。*Piromyces citronii* 菌株外形特征的详细描述见 Chen 等（2002）。菌株单中心丝状菌体和单鞭毛游动孢子将这种真菌归入 *Piromyces* 属。*Piromyces citronii* 与大多数其他 *Piromyces* 物种之间的主要区别是产生单中心的双、三或多孢子囊菌体，也可以通过不产生乳酸以及不利用麦芽糖和淀粉来与其他 *Piromyces* 属的物种区分开来。

A1 菌株游动孢子直径为 6.5～8.3 μm，并有一根长达 30～40 μm 的单鞭毛。超微结构研究显示，在细胞核附近存在类似于 *Piromyces mae* 中描述的巨型氢化体的大型细胞器。两个类似核糖体的结构颗粒被组织成"螺旋"和球状聚集体；螺旋形成了一个弯曲的颗粒柱，这些颗粒排列成四分体，与球状聚集体相邻。这些四分体被组合成平行阵列，形成一个光束，而光束又被其他以垂直方式组织的螺旋包围。在某些情况下，核糖体螺旋与核糖体小球是连续的。

该菌株使用 D-葡萄糖、L-岩藻糖、D-木糖、纤维二糖、木聚糖、葡甘露聚糖、果胶、微晶纤维素和滤纸，但不使用阿拉伯糖、半乳糖、甘露糖、甘露醇、麦芽糖、棉子糖、蔗糖、阿拉伯半乳聚糖、淀粉、聚半乳糖醛酸、羧甲基纤维素或葡聚糖。发酵的终产物为甲酸、乙酸、琥珀酸、苹果酸、乙醇、H_2 和 CO_2，不产生 D-乳酸或 L-乳酸。不产生 D-乳酸这一代谢特性，是当时首次在厌氧真菌中报道的。

（八）*Piromyces finnis*（Li 等，2016）

Piromyces finnis 的模式菌株为 KS-2015，于 2011 年从屡获殊荣的障碍赛马哈克贝利·费恩（Huckleberry Finn）的粪便中分离出来。*Piromyces finnis* 的 GenBank 序列登录号：KY399730（ITS1）；在 MycoBank 中的 ID 编号为 MB 551677；在 Index Fungorum 中的 ID 编号为 IF1 551677。NCBI 分类单元 ID 为 1754191。*Piromyces finnis* 菌株外形特征的详细描述见 Li 等（2016）。该种在系统发育上与 *Piromyces communis* 不同，除了具有 *Piromyces* 属的一般特征外，该物种的特征是多形性（主要是椭圆形和棒状）孢子囊，以及在孢子囊底部形成隔膜。*Piromyces finnis* 基因组已由美国能源部联合基因组研究所（JGI）测序并于 2016 年在 Mycocosm 上公开发表。

该菌种是单中心的，具有确定的（有限的）生命周期。表现出内源性游动孢子囊发育（即，被孢囊的游动孢子保留了细胞核）。被孢囊的游动孢子成对形成假根系统和单个椭圆形或棒状游动孢子囊（长大于 100 μm，宽 30～60 μm），成熟时释放出大于 100 个游动孢子。假根系统中没有细胞核，并且高度分枝并逐渐变细。游动孢子囊通常通过一根主根茎或孢子囊柄附着在根茎系统上。隔膜通常在成熟的游动孢子囊中可见，将游动孢子囊与孢子囊隔开。自由游动的游动孢子通常是球形的（直径约 10 μm），并且该物种的特征是存在单个向后定向的鞭毛，其长度可达游动孢子直径的 3 倍。当游动时，鞭毛向后跳动，从而推动游动孢子以螺旋或螺旋运动向前运动。

二、*Buwchfawromyces* 的菌株特性

Buwchfawromyces 是第七个被描述的厌氧真菌属，也是第一个由其 DNA 条形码定义的属。因为它是带有单鞭毛游动孢子的单中心菌体，仅根据形态学观察，无法将它与 *Piromyces* 区分开来。"Buwch fawr"在威尔士语中意为大奶牛。*Buwchfawromyces* 属有一个种水平的菌株 *B. eastonii*，是从亚洲水牛的粪便中分离出来的（Callaghan 等，2015）。该菌株最初被归类为 *Anaeromyces*，在形态和微观特征上的明显差异，以及基于 ITS1 和 D1/D2 LSU 序列的系统发育分析显示，它是一个新的属，为此提出了 *Buwchfawromyces* 的名称。其外形特征的详细描述见 Callaghan 等（2015）。

Buwchfawromyces 产生单鞭毛的游动孢子，表现出单中心的菌体发育，以及丝状的假根生长模式。游动孢子相对较大（9～11 μm），具有较长的单鞭毛（30～40 μm）。游动孢子的融合导致具有多根鞭毛的游动孢子样结构。游动孢子释放机制尚不清楚，产生单个、球形至卵形的末端孢子囊。据报道有大且肿胀的孢子囊，在孢子囊底部观察到隔膜。孢子囊颈部狭窄，颈口狭窄。该菌株能够在 39 ℃下延长生存时间。厚壁分隔结构，可能是其静止阶段的一个标志，因这种结构在长时间的培养物中观察到，而在新鲜的培养物中不常见。

Buwchfawromyces 除了从亚洲水牛（*Bubalus bubalis*，模式菌种 GE09）的粪便中分离出来，还从牛、羊和马的粪便中分离出来。Hanafy 等（2020a）在 21 份野生和家养草食动物粪便样本中，有 6 份检测出了 *Buwchfawromyces* 的 DNA 序列，这一结果显示，*Buwchfawromyces* 仅占草食动物胃肠道中真菌群落的一小部分。

（一）*Buwchfawromyces eastonii*（Callaghan 等，2015）

Buwchfawromyces eastonii 的模式菌株为 GE09，存储于阿伯里斯特威斯大学生物保藏中心、伦敦基尤皇家植物园以及德国耶拿弗里德里希 - 席勒大学。该菌株 GenBank 的序列登录号为 EU414755 和 EU414756（ITS1，5.8S，ITS2）以及 KP5570（D1/D2 LSU）；在 MycoBank 中的 ID 编号为 MB 550797（属水平）和 MB550798（种水平）；在 Index Fungorum 中的 ID 编号为 IF 550797（属水平）和 IF 550798（种水平）。NCBI 分类单元 ID 为 1623672（属水平）和 512029（种水平）。

以小麦秸秆或纤维二糖作为碳源时，分离株 GE09 的菌体始终是单中心的，假根从单个发育中的孢子囊中辐射出来。成熟的孢子囊呈球形至卵形，长 30～80 μm，宽

20～60 μm，没有观察到顶端突起（如 *Piromyces mae* 中发现的那样）。游动孢子（球形，直径 9～11 μm）很容易在小麦秸秆为底物的 3～5 天的培养物中观察到，并且始终带有一根鞭毛（长 30～40 μm，比游动孢子长 3～4 倍）。然而，研究人员没有观察到游动孢子从孢子囊中释放出来的过程。孢子囊与假根相邻，假根逐渐变细（从 20 μm 到 5 μm）并分枝。近端假根（距离孢子囊 100 μm 以内）经常扭曲。DAPI 染色发现细胞核在孢子囊中很丰富，但在假根中没有观察到。研究人员观察到的肿胀的孢子囊和扭曲的假根与 *Piromyces spiralis* 和 *Piromyces mae* 中报道的肿胀的孢子囊是相似的。这种结构可能在底物的物理破坏中发挥一定作用，就像 *Caecomyces* 和 *Cyllamyces* 形成的球状固着物的情况一样。此外，GE09 的培养物在 39 ℃下孵育数周后仍保持活力，并且可以进行传代培养。厚壁和隔膜结构［3～4 个隔膜；长（30～40）μm×宽（10～15）μm］与之前在 *Anaeromyces* sp. EO2 中观察到的非常相似。

三、*Oontomyces* 的菌株特性

Oontomyces 是第八个被描述的厌氧真菌属，也是第二个使用基于 ITS 和 LSU 序列的 DNA 条形码定义的属。"Oont"来自印地语，意思是"骆驼"，*Oontomyces* 是带有单鞭毛游动孢子的单中心菌体，因此不能仅根据形态学进行可靠表征。*Oontomyces* 属目前只有一个种 *O. anksri*，是从印度骆驼的前胃中分离出来的，菌株外形特征的详细描述见 Dagar 等（2015）。*Oontomyces* 产生单鞭毛的游动孢子，表现为单中心的菌体发育，丝状的根状生长模式。游动孢子呈球形，具有单一的长鞭毛。*Oontomyces* 产生长而不肿胀的孢子囊，通过明显的收缩与菌丝分离。孢子囊末端呈卵形，可拉长。还观察到椎间根状肿胀。近年来，*Oontomyces* 属相关菌株从中国双峰驼的前胃中分离出来（Xue 等，2022）。未培养的分子生物学分析方法显示，该属菌株在草食动物肠道中的存在可能存在宿主（骆驼）或地理（亚洲）分布的特异性。

（一）*Oontomyces anksri*（Dagar 等，2015）

Oontomyces anksri 的模式菌株为 SSD-CIB1，具体的形态学特征可在 Dagar 等（2015）中获得。SSD-CIB1 拥有单端孢子囊（长 70～100 μm，宽 35～50 μm），孢子囊呈卵形，长在长的孢子囊体（150～200 μm）上，孢子囊体有明显的收缩，将假根与孢子囊体分隔开来。偶见卵形至亚卵形居间假根肿胀（长 50～70 μm，宽 40～60 μm）。游动孢子是单鞭毛的，球形，直径 5～7 μm，鞭毛长 24～30 μm。其 GenBank 的序列登录号为 JX017310（ITS1，5.8S，ITS2 全长）和 JX017314（D1/D2 LSU）；在 MycoBank 中的 ID 编号为 MB 50795（属水平）和 MB 550796（种水平）；在 Index Fungorum 中的 ID 编号为 IF 550795（属水平）和 IF 550796（种水平）；NCBI 分类单元 ID 为 1650676（属水平）和 1212493（种水平）。

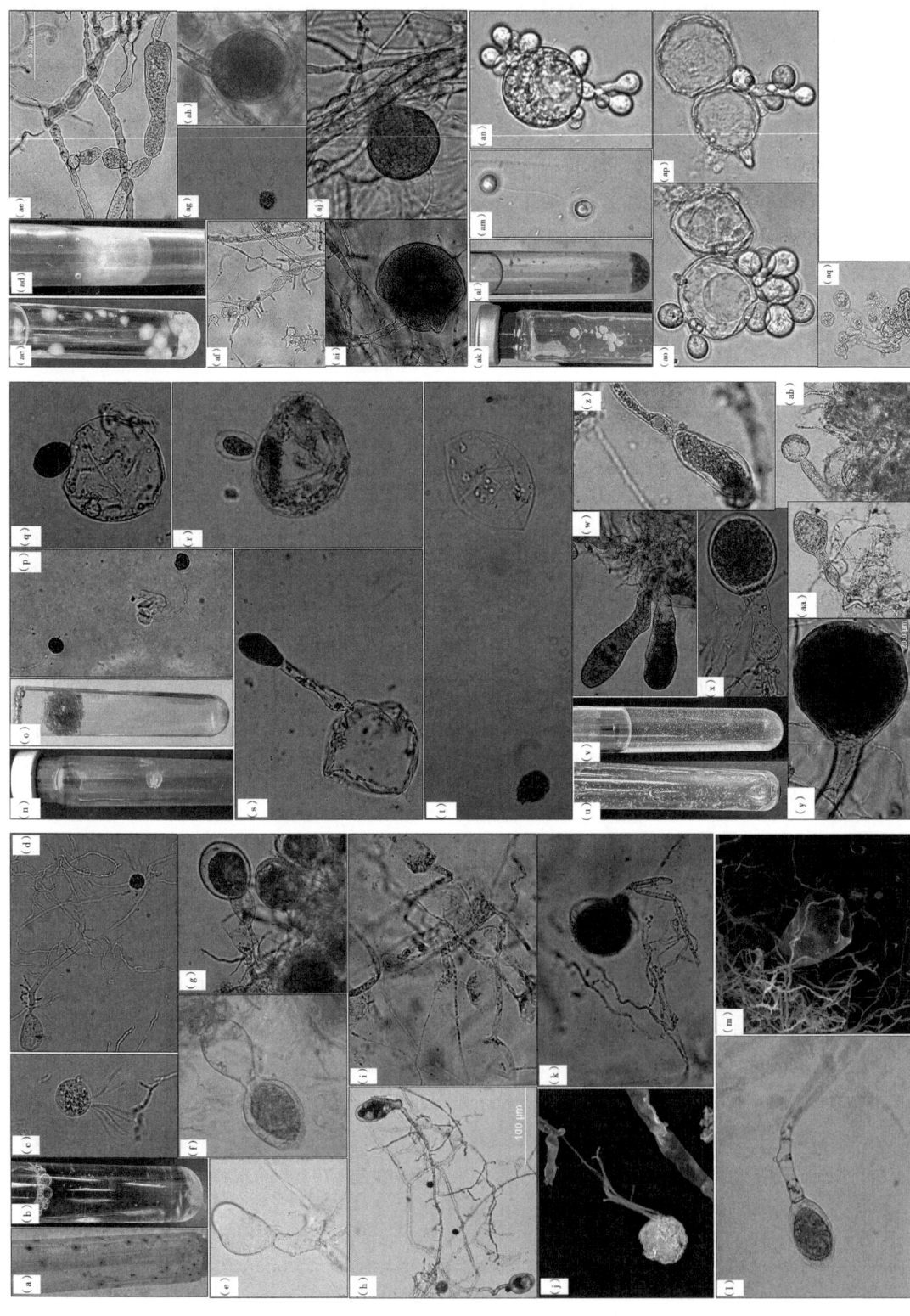

图 4-1　厌氧真菌 Neocallimastigomycota 物种的形态学（Hanafy 等，2022）（彩图 4）

Neocallimastix frontalis 菌株 Hef5（a-m）：米色圆形菌落（最大 2.5 mm），在琼脂菌滚管上具有黑色的孢子囊结构中心（a），以及在液体培养基中生长的薄生物膜（b）；带有 9～17 根鞭毛的球形游动孢子（c）；内生椭圆形（d）和连指手套形（e）孢子囊；卵形外生孢子囊位于短子囊柄状形态（f）；短孢子囊末端的球形外生孢子囊，具有蛋杯状形态（g）；椭圆形外生孢子长形孢子囊柄末端（h）；游动孢子通过整个孢子囊壁的溶解和破裂裂释放，孢子囊壁保持完整（i）。

Neocallimastix cf. cameroonii 菌株 G3（j-m）：带有 9～17 根鞭毛的球形游动孢子（j）；球形（k）和卵形（l）成熟的孢子囊；游动孢子通过宽顶孔释放，孢子囊壁保持完整（m）。

Caecomyces cf. communis 菌株 DS1（n-t）：*Caecomyces* 产生小的白色颗粒状菌落（n），并在液体培养基中产生沙形态生长（o）。

Caecomyces cf. communis 菌株 DS1：球形单鞭毛的卵形游动孢子（p）。具有球形固着物的球状假根系统，既有内源性的也有外源性的；球形内生孢子囊（q），卵圆形内生孢子囊（r），长管状孢子囊末端的卵圆形外生孢子囊（s）。从根茎系统（t）分离出来的孢子囊。

Piromyces cf. communis 菌株 Jen1（u-y）和 *Piromyces cf. finnis* 菌株 DonB11（z-ab）：*Piromyces* 产生具有黑色孢子囊结构中心的小圆形菌落（u），并在液体培养基中表现出薄的生物膜性生长（v）。孢子囊内源性和外源性发育，形状多种多样，包括细长形（w）、球形（x 和 ab）、卵形（y）、椭圆形（z）和菱形（aa）。一些孢子囊具有宽颈和宽颈颈端口（o）。经常观察到短蛋杯状的厚棉状菌丝生长（ad）。窄而宽的菌丝（ae）的多个收缩；产生孢子囊团首字母但没有孢子囊柄（af）的旧培养物。

Orpinomyces cf. joyonii 菌株 D4A（ac-aj）：*Orpinomyces* 在琼脂菌滚管（ac）上形成特征性的厚棉状菌丝生长（ad）。窄而宽的菌丝（ae）显示出多个收缩；产生孢子囊团首字母但没有孢子囊柄（af）的旧培养物。

Orpinomyces cf. joyonii 菌株 D4A：具有 10～25 根鞭毛（ag）的球形多鞭毛游动孢子。球形末端孢子囊在孢子母（ah-ai）的尖端发育。孢子囊发育为菌丝（aj）的侧生。

Cyllamyces cf. aberensis 菌株 TSB2（ak-al）、CFH681（am-ap）和 BFH688（aq）：*Cyllamyces* 在琼脂菌粒状菌落（ak）上产生颗粒状菌落，并在液体培养基（al）中产生薄而松散的生物膜样生长（am）。*Cyllamyces* 显示单鞭毛游动孢子（an），具有多个孢子囊的球状假根系统，以及在根茎细长的假根和球根状的固着物（an-ap）中具有核的多中心的菌体。在稻草存在的情况下，*Cyllamyces* 有时会产生固着物和球根状的固着物（aq）。

四、*Pecoramyces* 的菌株特性

Pecoramyces 是从安格斯牛的粪便中分离出来的，最初被错误地归类为 *Orpinomyces* 属（*Orpinomyces* C1A；Youssef 等，2013）。随后的分析发现，与 *Orpinomyces* 相比，其在形态和微观上存在明显差异。这些差异包括：第一，*Pecoramyces* 产生单中心菌体和单鞭毛游动孢子，这与 *Orpinomyces* 属的广泛根瘤菌、多中心菌体和多鞭毛游动孢子完全不同；第二，*Pecoramyces* 在含纤维二糖的液体培养基中表现出平滑的生物膜样生长，以及在琼脂滚管上形成小的针尖圆形菌落，这与 *Orpinomyces* 形成的棉花状生长和大菌落不同（通常大于 1 cm 直径）。利用 ITS1 和 D1/D2 LSU 位点进行系统发育分析，进一步确定了该菌株属于一个新的属，为此提出了 *Pecoramyces* 的名称（Hanafy 等，2017）。"Pecora"源自拉丁语，意为有角的牲畜（包括具有反刍消化功能的偶蹄有蹄哺乳动物）。

目前已经从牛、羊（Hanafy 等，2017）、山羊瘤胃（Kittelmann 等，2013；Li 等，2019）、大羚羊（Hanafy 等，2020a）和尼尔吉里塔尔（*Nilgiritragus hylocrius*）粪便样本中分离出属于 *Pecoramyces* 属的菌株。非培养的分子生物学分析显示，该菌株存在于大多数草食动物前肠与粪便中，特别是草食动物的前肠中。到目前为止，只有一个种（*Pecoramyces ruminantium*）被描述（Hanafy 等，2017）。

（一）*Pecoramyces ruminantium*（Hanafy 等，2017）

Pecoramyces ruminantium 的模式菌株为 C1A。物种加词"ruminantium"反映了这一类厌氧真菌似乎是反刍动物/伪反刍动物宿主特有的，并且在发酵后肠的哺乳动物中不存在。具体的形态学特征可在 Hanafy 等（2017）中获得。菌株 C1A 在含纤维二糖的液体培养基中表现出平滑的生物膜样生长，并在琼脂滚管上形成小的针尖圆形菌落（直径 0.5～1 mm）。显微镜检查显示，菌株 C1A 的游动孢子均为球形，平均直径（±SD）为（7.5±1.5）μm（n=55，范围：3.8～10.5 μm）。大多数检查的游动孢子是单鞭毛的，平均鞭毛长度（±SD）为（17±3.2）μm（n=60，范围：11.5～27 μm），6%～9% 的游动孢子是双鞭毛的。游动孢子孢囊与鞭毛脱落有关，脱落的鞭毛在之前的附着点处呈现珠状结构。游动孢子囊肿发芽产生芽管，形成从发育中的孢子囊上的一个或两个点出现的分枝假根系。在假根内没有观察到细胞核，并且没有观察到居间假根肿胀或假根收缩。观察到内源性和外源性萌发，前者是由于游动孢子孢囊的扩张（其中游动孢子孢囊扩大成游动孢子囊，根状生长起源于一侧，而另一侧没有形成孢子囊）。它们的大小差异很大，较小的内源性孢子囊主要呈亚球形（7～20 μm 直径），而较大的内源性孢子囊呈卵圆形（长 65～140 μm × 宽 45 μm）。在游动孢子孢囊双极萌发后，还观察到外源性孢子囊形成，根状茎在一侧发育，较宽的生长随后在另一侧分化为孢子囊。新生的外源性孢子囊主要是球形（10～60 μm 直径）或卵形（长 10～50 μm × 宽 7～30 μm）。成熟的外源性孢子囊大小范围为长 40～155 μm × 宽 20～50 μm，形状多样，有球形、卵形、梨形和椭圆形。外源性椭圆形孢子囊的成熟通常与其中间部分的单或双收缩相关，

但这种收缩在菌株C1A中不是很常见。游动孢子的释放是通过一个宽大的顶端孔发生的，在游动孢子排出后孢子囊壁保持完整。外源性孢子囊通常在长度范围为5～150 μm的无分枝孢子囊末端观察到。短孢子囊经常显示出蛋杯状（长14～70 μm × 宽14～27 μm）形态。

分离株C1A能够利用纤维素、菊粉、聚半乳糖醛酸、棉子糖、淀粉和木聚糖作为唯一的碳源维持生长，不能利用藻酸盐、几丁质、果胶、蛋白胨和胰蛋白胨维持生长；能够利用纤维二糖、麦芽糖、蔗糖、海藻糖、岩藻糖、果糖、葡萄糖、甘露糖和木糖维持生长，不能利用阿拉伯糖、半乳糖、葡萄糖醛酸和核糖维持生长。除上述底物外，菌株C1A还能够利用复杂的碱预处理植物纤维，包括紫花苜蓿、玉米秸秆、能源甘蔗、混合草原草、高粱和柳枝稷等。当在碱预处理的玉米秸秆上生长时，菌株C1A显示出相当高的纤维素分解和木聚糖分解酶活性。

菌株C1A的GenBank序列登录号为NG_060094.1（D1/D2 LSU）和NR_152323.1（ITS1，5.8S，ITS2）；在MycoBank中的ID编号为MB 552530（属水平）和MB552531（种水平）；在Index Fungorum中的ID编号为IF 552530（属水平）和IF 55231（种水平）；NCBI分类单元ID为1987567（属水平）、1987568（种水平）。利用分离株C1A的扩增ITS1序列比对分析NCBI数据库中的厌氧真菌ITS1序列的结果显示，共有1 090个ITS1序列属于*Pecoramyces*，这些序列均来自反刍动物（牛、牦牛、黑貂羚羊、绵羊、梅花鹿、南美洲野牛、美洲野牛和羚羊）和草食动物（美洲驼、侏儒河马和骆驼）的前肠，提示该菌属可能不存在于草食动物的后肠。

菌株C1A于2009年4月被分离出来，到目前为止已经通过至少约730次传代培养。菌株C1A每两周传代一次，保持在39 ℃的厌氧固体培养基上，并且每3个月定期复活一次。此外，DNA和RNA样本长期冻存在-80 ℃。

五、*Liebetanzomyces*的菌株特性

*Liebetanzomyces*在形态上与*Piromyces*、*Buwchfawromyces*、*Pecoramyces*和*Oontomyces*相似，因为它具有单中心菌体和单鞭毛游动孢子。但是在分子水平上，*Liebetanzomyces*与多中心厌氧菌属相似。*Liebetanzomyces*属的命名是为了表彰Erwin Liebetanz教授在厌氧真菌领域作出的巨大贡献。*Liebetanzomyces*属目前有1个种水平的菌株*Liebetanzomyces polymorphus*，其在2018年从山羊瘤胃中分离（Joshi等，2018）。

*Liebetanzomyces*菌株外形特征的详细描述见Joshi等（2018）。在固体培养基上，其菌落很小（1～2 mm），颜色为米色到棕色，中央有致密的孢子囊结构核心，新形成的孢子囊在菌落边缘发育。在液体培养基中，产生薄而疏松的米色生物膜，通常在长时间孵育（3周）后实现富集分离，表明其生长缓慢。*Liebetanzomyces*产生单鞭毛的游动孢子，表现为单中心的菌体发育，丝状的假根生长模式。游动孢子平均大小为5～6 μm。游动孢子的释放机制尚不清楚。可观察到内源性、外源性释放、偶见假内囊孢子囊，形态高度多样性，包括球形、椭球形、棒状、卵球形和不规则状。观察到带有乳突的孢子囊，成熟后孢子囊基部形成隔膜。对于外源性孢子囊，可以观察到长短不一的孢子囊，

偶尔会在孢子囊底部出现收缩现象。假根呈丝状且高度分枝。

目前，*Liebetanzomyces* 菌株从山羊瘤胃（Joshi 等，2018）、奶牛粪便和巴巴里绵羊中分离出来。未培养的分子生物学分析显示，该属的菌株仅在少数样本中存在，如牛、羊、美洲驼、羊驼、奥达德羊、黑羚和大羚羊（Edwards 等，2017；Paul 等，2018；Hanafy 等，2020a），且相对丰度较低。在分离出之前，该进化分支的成员为字母数字编号 SP4。

（一）*Liebetanzomyces polymorphus*（Joshi 等，2018）

Liebetanzomyces polymorphus 的模式菌株为 G1SC，保存于印度浦那 Agharkar 研究所的微生物保藏中心和威尔士阿伯里斯特威斯大学生物储存库。该菌株的 GenBank 序列登录号为 MH468765（ITS1，5.8S，ITS2）和 MH468763（D1/D2 LSU）；在 MycoBank 中的 ID 编号为 MB 554794（属水平）和 MB 554795（种水平）；在 Index Fungorum 中的 ID 编号为 IF 554794（属水平）和 IF554795（种水平）；NCBI 分类单元 ID 为 547816（属水平）和 2219670（种水平）。

G1SC 的孢子囊和假根结构在不同底物上存在多形性现象。在稻草、小麦秸秆、纤维素和木聚糖等复杂基质的情况下，观察到根状生长的分枝范围更广。相反，在二聚体和单体底物上注意到更厚和更少的分枝根状生长，可能是由于可发酵糖的可用性。在水稻和小麦秸秆上，与所有其他底物上的内源孢子囊相比，具有短或长孢子囊的外源性孢子囊发育更为突出。复杂秸秆颗粒上孢子囊的存在可能有助于孢子囊从秸秆中出来并将游动孢子释放到更远的区域以加快定植速度。此外，孢子囊形状的多样化，不仅表现在不同的碳源上，而且在同一碳源上也不同。在同一底物（即稻草）上观察到不同的孢子囊形状，如球形、椭球形、卵形等。在其他几种底物上也观察到类似的多态性，例如木糖和纤维二糖，其中可见明显的不规则孢子囊结构。这些发现突出了菌株 G1SC 的多形性。在外源性发育的情况下，孢子囊大小的直径也各不相同（宽 10～90 μm，长 10～75 μm），总是在可变长度的孢子囊载体（15～80 μm）的末端承载。在孢子囊载体上也可以看到几个囊肿样结构，显示了游动孢子的双极萌发。在某些情况下，孢子囊底部有一个蛋杯状的孢子囊细胞和收缩的孢子囊载体。在可溶性底物的情况下，观察到明显的单中心的菌体发育模式。所有这些形态特征都类似于 *Piromyces*、*Buwchfawromyces*、*Oontomyces* 和 *Pecoramyces*，它们也具有单中心菌体和孢子囊形状和大小的变化，并产生单鞭毛游动孢子。

在分子表征和系统发育分析方面，基于 ITS 区域的序列相似性分析显示，菌株 G1SC 与 *Anaeromyces robustus* 和 *Anaeromyces contortus* 相似度最高。同时，菌株 G1SC 的 LSU 区域与 *Anaeromyces contortus* 最接近（97.71%）。尽管约 97% 的序列相似性通常表明两个菌株在种水平上相似，但菌株 G1SC 与 *Anaeromyces contortus* 在形态上有明显差异，因此其被归类为新属。为了更好地了解 *Liebetanzomyces* 的生态分布，基于 ITS1 的分析表明，黄牛中存在 *Liebetanzomyces* 分支成员，在绵羊和美洲驼中存在近亲。

菌株 G1SC 可以利用各种聚合物和单体底物。将分离菌株 G1SC 与其他单中心、单鞭毛、丝状厌氧真菌属（*Neocallimastix*、*Piromyces*、*Orpinomyces* 和 *Anaeromyces*）进行底物利用的比较分析发现，所有这些属都能利用纤维素、木聚糖、淀粉、纤维二糖、蔗糖、麦芽糖、葡萄糖和果糖，均不利用几丁质、核糖、蛋白胨和胰蛋白胨作为唯一的碳和能源。不同菌株对菊粉、棉子糖、藻酸盐、果胶、海藻糖、甘露糖、阿拉伯糖、葡萄糖醛酸和半乳糖的利用情况不同，其中只有菌株 G1SC 的果胶利用率呈阳性。菌株 G1SC 在稻草和小麦秸秆等粗纤维底物上表现出最大的酶活性 [μmol/(mL·h)]，而不是纯纤维素和木聚糖。稻草中微晶纤维素酶（1.05±0.19）和木聚糖酶（88.33±1.00）活性最高，而小麦秸秆中 CMCase（7.73±0.31）和 $β$-葡萄糖苷酶（1.64±0.08）活性最高。与在小麦秸秆上生长的 *Neocallimastix*、*Piromyces*、*Orpinomyces* 和 *Anaeromyces* 的酶活性相比，菌株 G1SC 显示出较差的 $β$-葡萄糖苷酶活性。G1SC 菌株的抗逆转录酶活性与 *Orpinomyces* 和 *Anaeromyces* 相当。菌株 G1SC 的 CMC 酶和木聚糖酶活性与 *Orpinomyces*、*Neocallimastix* 和大多数 *Pirmomyces* 菌株相当，但高于 *Anaeromyces*。这些结果表明，菌株 G1SC 是一种中度木质纤维素降解菌，可用于涉及木质纤维素降解的应用。

菌株 G1SC 在所有底物上产生 H_2、CO_2、甲酸、乙酸、乳酸、琥珀酸和乙醇，但没有产生丙酸、丁酸、丁醇或苹果酸。没有丙酸和丁酸也意味着没有细菌污染，所有产物都是真菌来源的。发酵产物的数量也表明了基质利用的效率。蔗糖和乳糖等底物在培养 2 天后生长基本停止，甲酸、乙酸盐和乳酸的产生也较少，并且没有琥珀酸。同样，在生长 2 天时，水稻秸秆、小麦秸秆、纤维素和木聚糖等底物中菌株的氢、甲酸、乙酸、乳酸、琥珀酸和乙醇的产量较少，5 天后大幅增加。这些结果也表明，代谢物分析对于测量厌氧真菌的底物利用能力具有实用性。

六、*Agriosomyces* 的菌株特性

Agriosomyces 与另六个厌氧真菌菌株（*Aklioshbomyces*、*Capellomyces*、*Ghazallomyces*、*Joblinomyces*、*Khoyollomyces*、*Tahromyces*）是同一批分离培养过程中筛选到的新菌属。其从美国得克萨斯州和俄克拉何马州、威尔士以及印度喀拉拉邦和哈里亚纳邦的五种野生动物（轴鹿、白尾鹿、波尔山羊、欧洲盘羊、尼尔吉里塔尔羊）、一种动物园饲养动物（斑马）和三种驯化食草动物（马、绵羊和山羊）的粪便样本中分离并鉴定了 65 种厌氧真菌菌株。使用 28S rDNA 和 ITS1 的 D1～D2 区域进行系统发育分析，确定了 7 个与已知厌氧真菌属不同的进化分支。所有菌株都显示出单中心菌体，并且完全或主要产生单鞭毛游动孢子（轴鹿分离出的菌株除外，它产生多鞭毛游动孢子）。

属名 *Agriosomyces* 源自希腊语中的野生词："agrios"，这是因为 *Agriosomyces* 是从野生动物中分离出的。*Agriosomyces* 属目前有一个种水平的菌株 *A. longus*，是从野生绵羊（摩费伦羊，*Ovis gmelini*）和波尔山羊（*Capra hircus*）的粪便中分离出来的（Hanafy 等，2020b）。*Agriosomyces* 菌株外形特征的详细描述见 Hanafy 等（2020b）。在固体培养基上，*Agriosomyces* 形成浅棕色的圆形小菌落。在液体培养基中，形成一种薄薄的生物膜状生长物。*Agriosomyces* 产生单鞭毛的游动孢子，表现出单中心的菌体发育，以及丝

状的假根生长模式。游动孢子很小[（4±1.1）μm]，有极长的单鞭毛（是游动孢子大小的 5~6 倍）。游动孢子通过孢子囊壁的溶解和破裂而释放，孢子囊颈被狭窄的颈口收缩。观察到内源性和外源性孢子囊。孢子囊呈球形且非常均匀，观察到的多样性水平非常低。其生态分布研究显示，该菌属只在少数草食动物（6/21；山羊、鹿、绵羊和羊驼）中检测到，并且仅在两个样本中的相对丰度大于 1%（摩费伦羊和波尔山羊）。

（一）*Agriosomyces longus*（Hanafy 等，2020）

Agriosomyces longus 的模式菌株为 MS2，保存于俄克拉何马州立大学培养物保藏中心。具体的形态学特征可在 Hanafy 等（2020b）中获得。种水平名称"*longus*"指的是在菌株 MS2 的游动孢子观察到的极长的鞭毛。该菌株为专性厌氧真菌，产生小的球形单鞭毛状游动孢子，平均直径为（4±1.1）μm。游动孢子主要是单鞭毛，偶尔见到双鞭毛孢子。平均鞭毛长度为（22±3.8）μm，为游动孢子体的 5~6 倍。游动孢子萌发为单中心的菌体，具有丝状无核的根状系统。内源孢子囊和外源孢子囊均可观察到，无多形性，为球形。内源性孢子囊，孢子囊颈部以下的根茎膨大，孢子囊颈部紧缩。外源性孢子囊在肿胀的孢子囊的囊末端发育，孢子囊颈缩窄，颈口狭窄。游动孢子通过孢子囊壁的溶解和破裂而释放出来。在琼脂上产生小的棕色球形菌落，在液体介质中生长成薄的生物膜状。该菌株在 GenBank 的序列登录号为 MK8810—MK8813（ITS1），MK881996（D1–D2 LSU）和 MT085708—MT085709（ITS1–5.8S–ITS2–D1/D2 LSU）；在 MycoBank 中的 ID 编号为 MB 830737（属水平）和 MB 830738（种水平）；在 Index Fungorum 中的 ID 编号为 IF 830737（属水平）和 IF 830738（种水平）；NCBI 分类单元 ID 为 2710854（属水平）、2710868（种水平）。

七、*Aklioshbomyces* 的菌株特性

属名 *Aklioshbomyces* 源自阿拉伯语中的食草动物或草食动物："*Aklioshbo*。" *Aklioshbomyces* 属目前有一个种水平的菌株 *A. papillarum*，是从白尾鹿（*Odocoileus virginianus*）的粪便中分离出来的（Hanafy 等，2020b）。*Aklioshbomyces* 菌株外形特征的详细描述见 Hanafy 等（2020b）。在固体培养基上，*Aklioshbomyces* 形成米黄色的圆形小菌落，中间核心为棕色。在液体培养基中，它会产生沉重的厚生物膜生长物，牢固地附着在试管的玻璃表面上。*Aklioshbomyces* 产生单鞭毛的游动孢子，表现为单中心的菌体发育，丝状的根状生长模式。游动孢子中等大小（4.5~7.4 μm），多为单鞭毛。观察到外源性孢子囊和内源性孢子囊，以及假内囊孢子囊。内源性孢子囊与外源性孢子囊在形态上未发现差异，最常见的形态为卵球形、球状、卵梨形和椭球形。孢子囊多数呈乳突状带有一两个乳突，被认为有利于游动孢子的释放。孢子囊孢子不分枝，长度从几微米到 230 μm 不等。

Aklioshbomyces 的生态分布研究表明，该菌株在草食动物中的分布极其有限。在所分析的 21 只动物中，它只在白尾鹿粪便样本中相对丰度较高，在另外四个样本中相对丰度小于 1%，在剩余其他样品中没有检测到。

（一）*Aklioshbomyces papillarum*（Hanafy 等，2020b）

Aklioshbomyces papillarum 的模式菌株为 WT-2，保存于俄克拉何马州立大学培养物保藏中心。具体的形态学特征可在 Hanafy 等（2020b）中获得。物种名 "*papillarum*" 是指在大多数 WT-2 菌株孢子囊上观察到的乳突。

Aklioshbomyces papillarum 是产生平均直径为（7.4±2.4）μm 的球形、单鞭毛游动孢子的一类专性厌氧真菌。大多数游动孢子是单鞭毛的，很少观察到具有两到三根鞭毛的游动孢子。真菌菌体始终是单中心的，具有丝状无核假根。游动孢子的萌发产生两种类型的单中心菌体，内源性和外源性。观察到具有单个和两个相邻根茎系统的内源性孢子囊。携带外源孢子囊的孢子囊体长度从几微米到 230 μm 不等。内生和外生的孢子囊呈卵形、球形、倒梨形和椭圆形。孢子囊多呈乳突状，具有一个或两个乳突。多为米色，圆形菌落，具有密集孢子囊结构的棕色中央核心和琼脂上浅灰色菌丝生长的外环，以及在液体培养基中牢固附着在试管玻璃表面的厚生物膜。菌株的 GenBank 序列登录号为 MT085737-MT085741（ITS1-5.8S-ITS2-D1/D2 LSU）；在 MycoBank 中的 ID 编号为 MB 830735（属水平）和 MB 830736（种水平）；在 Index Fungorum 中的 ID 编号为 IF 830735（属水平）和 IF 830736（种水平）；NCBI 分类单元 ID 为 2710855（属水平）、2710861（种水平）。

八、*Capellomyces* 的菌株特性

属名 *Capellomyces* 源自拉丁语中山羊的意思，因为这是该属最先被分离出来的动物来源。*Capellomyces* 属的菌株被分别从野生布尔山羊（美国）和家养山羊（印度）的粪便样本中分离出（*Capellomyces foraminis* 和 *Capellomyces elongatus*），并在同一文献中报道。*Capellomyces* 属的成员在固体培养基上形成白色全米色的小菌落，在液体培养基中形成薄的生物膜。菌株表现为单中心的菌体发育以及丝状的假根。已观察到内源和外源孢子囊发育模式。*Capellomyces* 的模式菌株为 BGB-11，保存于俄克拉何马州立大学培养物保藏中心。

Capellomyces 属是从波尔山羊和家养山羊的粪便样本中分离出来，表明其对山羊消化道的偏好。从山羊瘤胃中分离到的 *Anaeromyces* 属显示出与 *Capellomyces* 高度的序列相似性（平均 ITS1 序列差异为 1.2%）。此外，基于 D1/D2 基因序列的真菌生态学分析，没有在所分析的 21 个动物样品中发现与 *Capellomyces* 属相似的序列，作者分析可能是因为该菌株序列与所使用的 Neocallimastigomycota 特异性引物不匹配。

（一）*Capellomyces foraminis*（Hanafy 等，2020b）

Capellomyces foraminis 的模式菌株为 BGB-11，目前保存在俄克拉何马州立大学培养物保藏中心。物种加词 "*foraminis*" 是指孢子囊顶部的宽顶孔，游动孢子通过该孔排出。GenBank 的序列登录号为 MK8807-MK8809（ITS1）和 MK881975（D1/D2 LSU）。*Capellomyces foraminis* 在 MycoBank 中的 ID 编号为 MB 830740；在 Index Fungorum 中

的 ID 编号为 IF 830740；NCBI 分类单元 ID 为 2710863。*Capellomyces foraminis* 菌株外形特征在 Hanafy 等（2020b）中进行了详细描述。除了属描述中的特征外，还观察到以下特征：游动孢子平均大小（5.5 μm），并通过孢子囊顶部的宽顶孔释放出来，随后孢子囊壁塌陷。内生孢子囊呈椭圆形和卵形。孢子囊是无分枝的，长度在 20～150 μm，有些以孢子囊下肿胀结束。外源性孢子囊呈卵球形、椭球形或球状。*Capellomyces foraminis* 是产生球形单鞭毛游动孢子的专性厌氧真菌。偶尔会观察到双鞭毛游动孢子。游动孢子在脱落鞭毛后开始孢囊。游动孢子孢囊发芽，产生胚芽管，随后分支成具有丝状无核假根系统的单中心菌体。产生内源性和外源性孢子囊。内生孢子囊呈椭圆形或卵形。菌落很小（0.1～0.5 mm 直径）、圆形和棕色，琼脂上有深色的孢子囊结构中心。在液体培养基中产生薄的真菌生物膜。

（二）*Capellomyces elongatus*（Hanafy 等，2020b）

Capellomyces elongatus 的模式菌株为 GFKJa1916，目前保存在印度浦那 Agharkar 研究所的微生物保藏中心。物种加词 "*elongatus*" 是指外源孢子囊的特征性长孢子囊柄。*Capellomyces elongatus* 是产生球形单鞭毛游动孢子的专性厌氧真菌。偶尔会观察到双鞭毛游动孢子。游动孢子孢囊内源性和外源性发育以产生具有丝状无核假根系统的单中心菌体。多孢子囊菌体通常观察到两个形状相同或不同的孢子囊。菌落紧凑，大小为 2～3 mm，呈棉状，灰白色，中心紧凑而蓬松，由厚厚的孢子囊型结构组成，周围环绕着辐射状假根。在生长的最初几天产生大量附着在玻璃瓶上的真菌菌体，随后在液体培养基中发育成薄的垫状结构。GenBank 的序列登录号为 MK775315（ITS1）；MK775304（D1/D2 LSU），MT085701.1（ITS1–5.8S–ITS2–D1/D2 LSU）。*Capellomyces elongatus* 在 MycoBank 中的 ID 编号为 MB 830869；在 Index Fungorum 中的 ID 编号为 IF 830869；NCBI 分类单元 ID 为 2710862。*Capellomyces elongatus* 菌株外形特征的详细描述见 Hanafy 等（2020）。除了属描述中提供的特征外，还观察到以下特征：游动孢子平均大小为 4～5 μm。与 *Capellomyces foraminis* 相比，内源性孢子囊更多显示圆柱形、拉长形、球形、亚球形、椭球形和倒卵形形态。孢子囊团极长（某些情况下可达 300 μm），常见多孢子囊菌体（即两个外源孢子囊发育在同一个孢子囊团上）。外源性孢子囊为卵球形和球状。

九、*Joblinomyces* 的菌株特性

属名 *Joblinomyces* 是为了纪念 Keith N. Joblin 教授在厌氧真菌领域作出的巨大贡献。*Joblinomyces* 属只有一个种水平的菌株 *Joblinomyces apicalis*，是从家养山羊和绵羊的粪便中分离出来的。*Joblinomyces* 菌株外形特征的详细描述见 Hanafy 等（2020）。在固体培养基上，*Joblinomyces* 产生小的菌落，具有黑色的中央核心，周围是长而薄的辐射状的根茎。在液体培养基中，*Joblinomyces* 产生薄的生物膜。*Joblinomyces* 产生单鞭毛游动孢子，表现出单中心菌体发育和丝状假根生长模式。游动孢子中等大小（5～6 μm），单鞭毛（1～2 根鞭毛），并通过孢子囊壁的宽顶端部分逐渐溶解而释放，从而形成空杯

状孢子囊。观察到长的无分枝孢子囊（20～80 μm）。内源和外源的孢子囊有球形、近球形、卵形和倒卵形。

Joblinomyces 属成员在分离之前被归类为 AL5 簇（Edwards 等，2017）。分子生物学分析显示，检测的 14/30 个样品中存在 *Joblinomyces* 序列，主要是在前肠发酵草食动物中，它们的相对丰度通常较低，仅有一个驯化的山羊样品中该属的相对丰度较高，为 19.6%（Edwards 等，2017）。另一项研究显示，在 3/21 的样本（摩弗伦羊、澳洲白绵羊和黇鹿）中检测到 *Joblinomyces* 序列，但 *Joblinomyces* 仅在黇鹿样本中比例相对较高，为 77.12%。这些研究显示，*Joblinomyces* 仅在少量的草食动物中存在，且偏好前肠发酵动物。

（一）*Joblinomyces apicalis*（Hanafy 等，2020b）

Joblinomyces apicalis 的模式菌株为 GFH683，物种加词 "*apicalis*" 是指通过溶解孢子囊壁的宽顶端部分而释放出的游动孢子，具体的形态学特征可在 Hanafy 等（2020b）中获得。*Joblinomyces apicalis* 是产生球形单鞭毛游动孢子的专性厌氧真菌。偶尔观察到双鞭毛游动孢子。游动孢子发芽产生内源性和外源性单中心菌体。内生孢子囊的形状在球形、亚球形、卵形和倒卵形之间变化，大小为长 10～40 μm × 宽 40 μm。外生孢子囊在末端，形状在球形、卵形和倒卵形之间变化。孢子囊的长度为 20～80 μm 不等。游动孢子通过孢子囊壁的宽顶端部分逐渐溶解而排出，导致空杯状孢子囊的形成。产生 1～2 mm 大小的菌落，具有密集、深色的中央核心，大量生长的孢子囊，周围环绕着长而薄的辐射状假根。在液体介质中，它产生大量的真菌菌体，这些菌体在生长的最初几天附着在玻璃瓶上，然后发展成薄的垫状结构。该菌株在 GenBank 的序列登录号为 MK910278-MK910282（ITS1）和 MK910268-MK910272（D1/D2 LSU）；在 MycoBank 中的 ID 编号为 MB 830867（属水平）和 MB 830868（种水平）；在 Index Fungorum 中的 ID 编号为 IF 830867（属水平）和 IF 830868（种水平）；NCBI 分类单元 ID 为 2710858（属水平）、2710865（种水平）。

十、*Khoyollomyces* 的菌株特性

属名 *Khoyollomyces* 源自阿拉伯语中的马 "*khoyollo*"。*Khoyollomyces* 属从斑马和驯养马的粪便中分离出来，有一个种水平的菌株 *K. ramosus*（Hanafy 等，2020b）。*Khoyollomyces* 菌株外形特征的详细描述见 Hanafy 等（2020b）。在固体培养基上，*Khoyollomyces* 形成黄色到黄褐色的不规则形状的小菌落。在液体培养基中，它产生松散的生长模式，并表现出类似于通常在球根属中观察到的沙样外观。*Khoyollomyces* 产生单鞭毛的游动孢子，表现出单中心的菌体发育和高度分枝的丝状根状系统。游动孢子平均大小为 6 μm，并通过孢子囊顶部的宽顶孔释放。通常能观察到长 20～400 μm 的长孢子囊。该属的特征是多孢子囊菌体，大部分孢子囊柄呈分枝状，并带有 2～4 个孢子囊。能观察到内源性、外源性和假插层孢子囊。内源性孢子囊较小，近球形，外源性孢子囊较大，形态丰富（心形、卵形、梨形）。*Khoyollomyces* 在分离培养之前，该属的成员被报道为厌氧真菌 AL1 簇，分子生态学研究显示，该属的厌氧真菌是多种食草动物后

肠厌氧真菌群落中的重要组成部分，特别是马科动物，如马和斑马（Edwards 等，2017；Hanafy 等，2020a）。

（一）*Khoyollomyces ramosus*（Hanafy 等，2020b）

Khoyollomyces ramosus 的模式菌株为 ZS-33。物种加词"*ramosus*"（拉丁语表示分支）是指在 *Khoyollomyces ramosu*s 菌株 ZS-33 中观察到的带有两到四个孢子囊的分枝孢子囊柄。*Khoyollomyces ramosus* 是产生球形单鞭毛游动孢子的专性厌氧真菌，具体的形态学特征可在 Hanafy 等（2020b）中获得。游动孢子孢子囊发芽产生胚芽管，发育成高度分枝的无核根状茎系统。产生宽 0.5～2.5 μm 的窄菌丝和宽 3～12.5 μm 的宽菌丝；在广泛的菌丝中经常遇到居间肿胀。具有内源性和外源性孢子囊。内生孢子囊的形状和大小各不相同，小的内生孢子囊主要呈亚球形（直径从 20～60 μm 不等），而大的内生孢子囊（长 80～160 μm × 宽 35～65 μm）主要是椭圆体。外源性孢子囊的大小为长 80～270 μm × 宽 35～85 μm，并显示出多种形态，例如心形、卵形和梨形。显示多孢子囊体，大多数孢子囊是分枝的，有 2～4 个孢子囊。较少遇到具有单个孢子囊的无分枝孢子囊（约占观察到的孢子囊的 30%）。游动孢子通过孢子囊顶部的宽顶孔释放，排出后孢子囊完好无损，成熟的孢子囊经常与菌丝或孢子囊柄分离。菌落在固体琼脂培养基上产生小的、黄色至黄棕色、形状不规则的菌落。在液体培养基中，真菌生长松散，呈沙状。菌株在 GenBank 的序列登录号为 MK8819（ITS1）和 MK881981（D1-D2 28SrDNA）；在 MycoBank 中的 ID 编号为 MB 830741（属水平）和 MB 830742（种水平）；在 Index Fungorum 中的 ID 编号为 IF 830741（属水平）和 IF 830742（种水平）；NCBI 分类单元 ID 为 2710859（属水平）、2710867（种水平）。

十一、*Tahromyces* 的菌株特性

属名 *Tahromyces* 源自其分离的动物来源尔吉里塔尔羊（Nilgiri Tahr）。*Tahromyces* 属有一个种水平的菌株 *T. munnarensis*，菌株外形特征的详细描述见 Hanaf 等（2020b）。在固体培养基上，*Tahromyces* 产生中心紧凑、边缘丝状的小菌落。在液体培养基中，以附着在玻璃表面的薄生物膜的形式生长。*Tahromyces* 产生单鞭毛的游动孢子，表现为单中心的菌体发育，以及丝状的假根生长模式。游动孢子相对较小（3～4 μm），通过孢子囊壁不规则溶解释放。内源性孢子囊呈球形、卵球形和倒卵球形，部分呈孢子囊下肿胀。外源性孢子囊也为球形、卵球形和倒卵球形。孢子囊柄较短，有的以孢子囊下肿胀结束，有或无颈部狭窄（12～20 μm）。观察到一些成熟孢子囊基部的隔膜形成。*Tahromyces* 从印度本土尼尔吉里塔尔羊的粪便中分离出来。到目前为止，真菌的分子生态学研究并未检测到该属菌株的存在，可能由于宿主（尼尔吉里塔尔羊）或地理（印度）分布的限制。

（一）*Tahromyces munnarensis*（Hanafy 等，2020b）

Tahromyces munnarensis 的模式菌株为 TDFKJa193。物种加词"*munnarensis*"指

的是模式菌株所在的城镇。具体的形态学特征可在Hanafy等（2020b）中获得。*Tahromyces munnarensis*是产生球形单鞭毛游动孢子的专性厌氧真菌，很少观察到双鞭毛和三鞭毛游动孢子。具有内源性和外源性孢子囊，孢子囊的长度为12～100 μm，宽度为10～70 μm，孢子囊形态有球形、卵形和倒卵形。孢子囊柄很短（12～20 μm），孢子囊下经常肿胀。孢子囊颈（宽1～8 μm和长2～10 μm）经常收缩，隔膜通常在成熟的外源孢子囊基部形成。游动孢子释放发生在孢子囊壁不规则溶解后。在固体培养基上，菌落产生小（1 mm）、白色、紧凑而蓬松的中心、被真菌菌体的点状圆圈包围的菌落。在液体培养基中，它会产生大量附着在玻璃瓶上的真菌菌体，然后发展成薄的垫状结构。该菌株在GenBank的序列登录号为MT085675（ITS1-5.8S-ITS2-D1/D2 LSU）；MK775321（ITS1）；MK775310（D1-D2 28SrRNA）；在MycoBank中的ID编号为MB 830865（属水平）和MB 830866（种水平）；在Index Fungorum中的ID编号为IF 830865（属水平）和IF 830866（种水平）；NCBI分类单元ID为2 710 860（属水平）、2 710 866（种水平）。

第二节　单中心、多鞭毛、丝状假根厌氧真菌的特征描述

目前，单中心、多鞭毛、丝状假根厌氧真菌分离鉴定的菌属较多，包括*Neocallimastix*、*Feramyces*、*Aestipascuomyces*及*Ghazallomyces*等4个属，其详细的特征描述如下。

一、*Neocallimastix*的菌株特性

*Neocallimastix*是第一个被分离鉴定的厌氧真菌属。1913年，Braune观察到多鞭毛结构的游动孢子，为此提出了*Callimastix frontalis*的名称。1966年，Vavra和Joyon根据游动孢子扩散阶段的特征，将其更名为*Neocallimastix*，并且以*frontalis*为模式种。*Neocallimastix*属的分离株于1981年首次报道（Joblin，1981），第一个分离株（*Neocallimastix frontalis* PN1）的详细描述见Heath等（1983）。随后，*Neocallimastix frontalis* PN1定为*Neocallimastix*的模式菌株。在固体琼脂培养基上，*Neocallimastix*菌株产生米黄色圆形菌落（可达2.5 mm），其孢子囊结构中心为黑色。在液体培养基中，*Neocallimastix*菌株通常表现出薄的生物膜。*Neocallimastix*属的其他特征包括多鞭毛的游动孢子（7～30鞭毛）、单中心的菌体以及丝状的假根，同时具有内源性和外源性的孢子囊发育模式（图4-1）。

目前已经从很多草食动物的瘤胃和粪便中分离出*Neocallimastix*属的厌氧真菌，这些动物包括奶牛（*Bos taurus*）（Webb和Theodorou，1991）、水牛（*Bubalus bubalis*）（Ho和Barr，1995）、山羊（*Capra hircus*）（Li等，2016）、绵羊（*Ovis aries*）（Bauchop和Mountfort，1981）、鹿（Hanafy等，2020a）、梅花鹿（*Cervus nippon*）（Li和Heath，1992）、野牛（*Bos gaurus*）（Dollhofer等，2018）、麋鹿（*Cervus canadensis*）（Hanafy

等，2020a）、牦牛（*Bos grunniens*）（Wang 等，2017）、岩羚羊（*Rupicapra rupicapra*）（Leis 等，2014）和高山山羊（*Capra ibex*）（Lowe 等，1985）等。现有研究显示，*Neocallimastix* 属在草食动物胃肠道中普遍存在且相对丰度较高，通常是厌氧真菌的优势菌群。Edwards 等（2017）提出，草食动物的前肠比后肠中出现 *Neocallimastix* 的概率更高，这种现象在大多数家养动物以及野生动物中均有发现（Hanafy 等，2020a）。

Neocallimastix 属在种水平的分离菌株包括：*Neocallimastix frontalis*（Heath 等，1983）、*Neocallimastix patriciarum*（Lowe 等，1987d）、*Neocallimastix hurleyensis*（Orpin 和 Munn，1986）、*Neocallimastix variabilis*（Webb 和 Theodorou，1991）、*Neocallimastix cameroonii*（Ariyawansa 等，2015）、*Neocallimastix californiae*（Li 等，2016）和 *Neocallimastix lanati*（Wilken 等，2021）等七个种。前四个种（*Neocallimastix frontalis*、*Neocallimastix patriciarum*、*Neocallimastix hurleyensis* 和 *Neocallimastix variabilis*）之间的相似性此前一直存在争议。如前所述，*Neocallimastix frontalis* PN1 是从绵羊瘤胃中分离出来的。*Neocallimastix hurleyensis* 于1985年从绵羊瘤胃中分离出来（Lowe 等，1985），于1991年正式命名为与 *Neocallimastix frontalis* 不同的 *Neocallimastix* 物种 *Neocallimastix hurleyensis*。两者观察到的鞭毛数量和显微结构存在差异（Orpin 和 Munn，1986），游动孢子释放机制也存在差异，*Neocallimastix hurleyensis* 通过单个顶端孔释放游动孢子，而 *Neocallimastix frontalis* 会触发整个游动孢子囊壁的溶解。两个菌种的其他差异还包括 *Neocallimastix hurleyensis* 描述中未提及外源孢子囊发育。然而，Ho 和 Barr（1995）认为，两个菌种的形态学差异可能是由于生长条件差异、实验室间培养条件的差异，或未能观察到特定的特征等导致的，并提出 *Neocallimastix hurleyensis* 跟 *Neocallimastix frontalis* 之间可能没有实质性区别。同样，Ho 和 Barr（1995）还认为 *Neocallimastix variabilis* 和 *Neocallimastix frontalis* 之间差异较小。*Neocallimastix patriciarum* 最初由 Orpin 在1975年分离，命名为 *Neocallimastix frontalis*。根据 Heath 等（1983）对菌株的形态描述，被重新命名为 *Neocallimastix patriiciarum*。*Neocallimastix patriciarum* 分离菌株 CX 和 *Neocallimastix frontalis* 分离菌株 PN1 的区别主要在于游动孢子鞭毛的数量、游动孢子是否存在赤道收缩、鞭毛显微结构的差异，以及主要发酵终产物和碳源利用模式的差异。Wubah 和 Fuller 比较 CX 和 PN1 两个菌株的特性后指出，没有足够的微观差异证明两株菌株分为两个种。随后，研究者试图通过系统发育分析进一步评估几个物种间的关系，但大部分原始菌株缺少基因序列数据。有学者利用 *Neocallimastix frontalis* 菌株 Re1（ITS1）和 SR4（LSU）、*Neocallimastix hurleyensis* 菌株 R1（ITS1）和 *Neocallimastix patriciarum* 菌株 CX（LSU）的基因序列进行系统发育分析显示，*Neocallimastix hurleyensis* 与 *Neocallimastix frontalis* 相似性较高，属于同一个物种。

随后有研究提出 *Neocallimastix cameroonii*、*Neocallimastix californiae* 和 *Neocallimastix lanati* 三个物种也可能是同一物种。*Neocallimastix cameroonii* 分离菌株 ABS CaDo3a（LSU），*Neocallimastix cameroonii* 菌株 G3（ITS1-5.8S rRNA-ITS2-D1/D2 28S rRNA），*Neocallimastix californ ia* 菌株 G1 以及 *Neocallimastix lanati* 基因组序列比较分析显示，这三个菌种的 ITS1 和 D1/D2 LSU 序列均显示出高度的相似性，ITS1 区域的差异仅为

0.58%～1.72%（图4-2），D1/D2 LSU区域的差异为0.15%～0.56%（图4-2）。现有的*Neocallimastix californiae*与*Neocallimastix cameroonii*菌株描述数据并没有明显的表型差异，目前也没有*Neocallimastix lanati*的显微表型数据。

综上所述，有研究提出仅保留最先命名的2个种名，即*Neocallimastix frontalis*（同义名：*Neocallimastix hurleyensis*、*Neocallimastix variabilis*、*Neocallimastix patriciarum*）和*Neocallimastix cameronii*（同义名：*Neocallimastix californiae*、*Neocallimastix cf. patriciarum*和*Neocallimastix lanati*）。一个菌种内，形态上有一定差异的菌株称为变种（var.），如*Neocallimastix californiae*称为*Neocallimastix cameronii* var. *californiae*，*Neocallimastix lanati*称为*Neocallimastix cameronii* var. *lanate*。

（一）*Neocallimastix frontalis*（Heath等，1983）

*Neocallimastix frontalis*与*Callimastix frontalis*、*Neocallimastix variabilis*及*Neocallimastix hurleyensis*为同一物种。模式菌株为菌株PN1，模式菌株无测序数据，其形态学描述可在Heath等（1983）中获得。目前，该种在GenBank中的序列登录号有两个：MK036660.1–MK036676.1（ITS1，5.8S，ITS2）（Wang等，2017）和KR9744（LSU）（Ho等，1993a）。最早报道的序列数据为绵羊瘤胃分离的*Neocallimastix cf. frontalis* RE1菌株，该菌株在MycoBank数据库中的ID编号为MB 107058；在Index Fungorum数据库中的ID编号为IF 107058 1；在NCBI数据库中的ID编号为4757。除了上述*Neocallimastix*属描述的特征外，该物种的特征是内源性和外源性孢子囊发育；偶有分枝的孢子囊；椭球形、梨形或卵球形孢子囊；孢子囊颈部无收缩或轻微收缩；通过孢子囊破裂溶解释放游动孢子。

模式菌株*Neocallimastix frontalis* PN1是从绵羊瘤胃液中分离出来的（Joblin，1981），菌体是单中心的，拥有丝状假根。真菌菌体由具有高度分枝的假根的孢子囊组成。孢子囊的大小根据菌体的发育阶段而变化，但在葡萄糖培养基中，其长度可达200 μm，宽度可达140 μm。以纤维素为底物时，可获得长达180 μm的孢子囊。游动孢子呈椭圆形（长14～18 μm，宽12～14 μm），包含9～12条鞭毛。研究人员认为，接种活性真菌培养物的滚管中的菌落可能由游动孢子发展而来，因为它们在培养液中数量众多（培养6天的培养物中游动孢子多于10^3/mL），而游离孢子囊（从固体纤维素基质上分离）要么不存在，要么数量很少。

两年后，Heath等（1983）对*Neocallimastix frontalis* PN1的形态进行了详细的描述。在光学显微镜下，成熟游动孢子的直径通常约为10 μm，并且似乎是单鞭毛的。然而，在一些孢子中，"鞭毛"分裂成许多单独的鞭毛，这些鞭毛显然是同步的，在游动孢子上显示为单根鞭毛。电子显微镜显示鞭毛器包含大约10（平均9～12）个单独的鞭毛。整个游动孢子，包括单根鞭毛，都被一层复杂的条纹材料覆盖，呈现出非常厚的质膜外观。在内部，游动孢子分为两个截然不同的区域，大小大致相等。前区没有膜结合细胞器，由单个和成簇的嗜锇颗粒组成，研究人员认为这些颗粒似乎是核糖体和糖原颗粒的混合物。细胞在两个区域的交界处有些收缩，带槽的质膜被厚厚的纤维状材料带所包围。一层类似但更薄的物质位于游动孢子其余部分的质膜下方。细胞的后部或一半包含游动孢子的所有细胞器，此处也是鞭毛的附着部位。鞭毛主要插入两排平行的行中，行的每一端有一个或两个单独的鞭毛。除了异常长的尖端，鞭毛轴丝是大多数真核生物的典型特征。然而，在过渡区，有一个不寻常的圆柱体位于双峰内部，其底部水平与轴丝进入细胞体的入口点相同。中心的一对微管终止于该管内。在圆柱体近端的下方，有9个过渡丝，它们连接双峰和质膜。运动小体在其近端具有三重微管。然而，每个运动体都有不同寻常的运动体周围结构。一侧有一个"C"形嗜铬外缘，其远端有一个扩大的旋钮，在其近端张开，延伸到运动体之外。在对面有一个杆状的骨刺，它通过细的嗜锇线连接到裙部。所有的运动体及其相关结构在游动孢子中都具有相同的方向。

游动孢子的所有鞭毛根微管都来自运动体周围的刺。每个分支中大约有14个微管，并且这些微管都是单独出现的。大多数根微管共同形成一个发散的锥体，该锥体向前穿过孢子约 2.5 μm。其中一些紧密依附于细胞核狭窄的喙状突起，但其余的散布在其他细胞器中。此外，还有一个扇形阵列，它从一排的四五个运动体的分支发出，最初向后延伸，然后通过孢子一侧的裂片向前弯曲。这个阵列中大约有10个微管，研究人员将其称之为"后扇"（posterior fan）。有规律地散布在后扇形微管之间，但靠近质膜的是等量的嗜锇微管，它们似乎与膜结合，但功能和成分在当时未知。

除了上述的鞭毛根系，游动孢子的后部还包含核、球状聚集体和微体。细胞核通常带有一个向上延伸到运动体的喙，但包括核仁在内的大部分细胞核远离运动体，朝向孢子两半之间的边界。当喙不存在时，整个核位于边界区域。研究人员已经观察到双核和三核游动孢子，在每种情况下它们分别有两组和三组鞭毛。

虽然研究人员没有详细分析营养细胞和游动孢子形成，但很明显，单核游动孢子孢囊发育成假根，扩大成单中心菌体，其中有丝分裂产生许多细胞核，从中可以产生许多游动孢子。在游动孢子形成的早期，初始孢子囊通过与孢子囊壁连续的纤维状隔膜与假根分离，并且没有任何中央穿孔。随着游动孢子在释放前成熟，壁退化为密度非常低的松散纤维结构，带有一些嗜锇颗粒。游动孢子的释放可能受局部随机破裂或孢子囊壁完全消化的影响。

在游动孢子形成的早期阶段，微体和球状聚集体分散在整个细胞质中，微体很少有尾巴，球状聚集体几乎没有分裂成方形链的趋势，这在成熟的游动孢子中很常见。根微管最初很短（小于 0.5 μm）并且缺少后扇，但运动体已经排列成成熟的双排并且通常靠近球核。即使在最早检查的孢子囊中，鞭毛的发育也已经开始。鞭毛总是发育成胞质内囊泡，即使每个孢子囊只有一个孢子发育。发育中的鞭毛覆盖着成熟游动孢子的复杂质膜，它们伸出的胞质内囊泡具有类似的膜。一组鞭毛可能在单个囊泡中发育，也可能在一个囊泡中形成许多鞭毛群。在游动孢子发育过程中，孢子囊的质膜没有增厚，但在细胞质裂解后，成熟的游动孢子完全覆盖在增厚的膜中，游动孢子周围有大量废弃的薄膜。据推测，丢弃的膜来源于旧的孢子囊质膜，游动孢子被覆盖在从鞭毛发育成的囊泡衍生的膜中。在游动孢子发育的任何阶段或成熟的游动孢子中，研究人员没有看到任何线粒体、高尔基体的结构。在当时，研究人员初步建议将 *Neocallimastix*

属置于 Spizellomycetales 中，因为 *Neocallimastix* 菌体是单中心和内生发育的。然而，Spizellomycetales 家族的所有其他已知分类群都存在于土壤或水生生境中，而 *Neocallimastix* 存在于瘤胃中并且是厌氧的。厌氧存在代谢方面拥有实质性的差异，这些差异以及许多结构差异使研究人员进一步提出一个新的家族（Neocallimasticaceae）。并将 *Callimastix frontalis* 重新分类为 *Neocallimastix frontalis*。

GenBank 中没有来自该模式菌株的序列数据，最早保存的序列数据为分离自绵羊瘤胃的菌株 *N. frontalis* RE1，其 GenBank 中的登录号为 MK036660.1-MK036676.1（ITS1，5.8S，ITS2），以及 KR920744（LSU）；在 MycoBank ID 中的编号为 MB25486；在 Index Fungorum 中的编号为 IF 25486；NCBI 分类学 ID 为 4756。

厌氧真菌 *Neocallimastix hurleyensis* 菌株 R1 来自羊的瘤胃（Webb 和 Theodorou，1991）。*Neocallimastix hurleyensis* 的物种加名以位于赫尔利（Hurley）的农业和食品研究委员会研究所命名，该菌株最初就是在这里分离出来的。*Neocallimastix hurleyensis* 拥有单核游动孢子，通常为球形或卵形［长（10.71±1.79）μm × 宽（9.64±1.88）μm］，类似于变形虫的方式运动。颗粒状微体和核糖体聚集体通常分布在前部区域。运动体附近后部区域存在大型复杂细胞器。*N. hurleyensis* 有 8～16 条鞭毛，排列成两行。孢子囊通常为球形或柱状［长（103.3±5.70）μm × 宽（81.5±6.01）μm］。游动孢子通过在主假根对面形成的游动孢子囊壁上的出口点从游动孢子囊中释放出来。根茎多分枝，一个或多个假根支持孢子囊游动。游动孢子囊基部附近假根的主要宽度可变至（15.0±0.61）μm。在剖面观察时，在 *Neocallimastix hurleyensis* 游动孢子的后部区域清晰可见一个大的细胞器，光学和电子显微镜清楚地证明了其整体性和复杂性。这种结构是 *Neocallimastix hurleyensis* 所独有的，可能代表单个氢体。*Neocallimastix hurleyensis* 可在植物组织上腐生，从植物细胞壁中能去除纤维素和半纤维素糖（阿拉伯糖、半乳糖、葡萄糖和木糖）。在成分确定的培养基中，能在植物细胞壁上生长时产生无细胞和细胞结合的糖酵解、纤维素分解和半纤维素分解酶。戊糖和己糖的发酵产物在生长时为甲酸、乙酸、乳酸、乙醇、CO_2 和 H_2。

（二）*Neocallimastix cameroonii*（Ariyawansa 等，2015）

Neocallimastix cameroonii 的模式菌株为 ABS CaDo3a（Ariyawansa 等，2015），是从保存在 Wildpark Poing（德国）的喀麦隆绵羊（*Ovis aries*）的粪便中分离出的一种专性厌氧真菌。在 GenBank 序列登录号：NG_060329.1（D1/D2 LSU），MT085722.1（*N. cf. cameroonii* G3，ITS1–5.8S–ITS2–D1/D2 LSU）；在 MycoBank 的 ID 号为 MB 51212；在 Index Fungorum 中的 ID 号为 IF 51212；在 NCBI 中的 ID 号为 17 640 372。该物种的特征是孢子囊基部有分叉的假根系统，且孢子囊呈卵球形和球形，游动孢子通过一个宽的顶端孔释放，孢子囊壁保持完整。模式菌株为单中心菌体和球形到卵形的孢子囊。从孢子囊基部发出的根状茎系统通常在孢子囊基部分叉。孢子囊卵形至球形（30～50 μm），无乳突。游动孢子大量形成，球形（直径 6～9 μm），具有多个（9～15 个）长度为 15～25 μm 的鞭毛。*Neocallimastix cameroonii* 与 *Neocallimastix frontalis* 的系统发育具有明显的区别（图 4-2）。

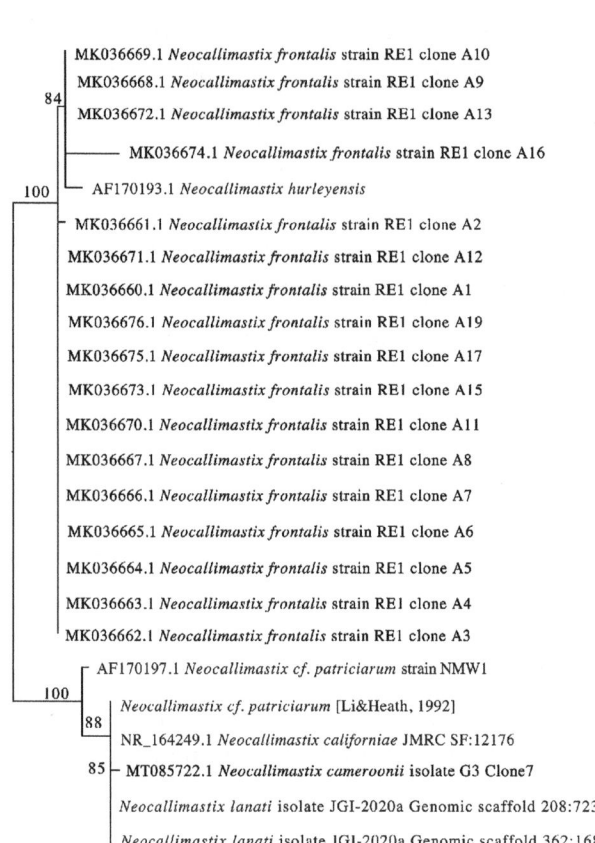

图 4-2　*Neocallimastix* 菌种 ITS1 基因序列的最大似然系统发育树（Hanafy 等，2022）（彩图 5）

N. hurleyensis（紫色）与 *N. frontalis* 相同，以及 *N. californiae*、*N. lanate* 和 *N. cf. patriciarum*（红色）与 *N. cameronii* 相同。

Neocallimastix californiae 种名的加词是指分离出该真菌的加利福尼亚州（California）（Haitjema 等，2017）。*Neocallimastix californiae* 是 2013 年从圣巴巴拉动物园的一只山羊（*Capra aegagrushircus*）的粪便中分离出的专性厌氧真菌。该物种是单中心的，具有确定的（有限）生命周期。真菌表现出内源性游动孢子囊发育（即被孢囊的游动孢子保留了细胞核）。孢囊的游动孢子发芽形成假根系统和单个典型的球形游动孢子囊（直径大于 120 μm），成熟时释放出大于 100 个游动孢子。假根系统没有细胞核并且高度分枝并逐渐变细。游动孢子囊通常通过一根主根茎或孢子囊柄附着在假根系统上。隔膜通常在成熟的游动孢子囊中可见，将游动孢子囊与孢子囊隔开。自由游动的游动孢子通常是球形的（直径约 10 μm），并且该物种的特征是存在约 16 个或更多向后定向的鞭毛，长度可达直径的 3 倍。当游动时，鞭毛一起跳动，就好像它们是单根鞭毛一样，从而推动游动孢子以螺旋或螺旋运动向前运动。美国能源部联合基因组研究所（JGI）已经对 *Neocallimastix californiae* 约 190 Mbp 的基因组进行了测序，该菌株是一种多倍体生物，基因组已于 2016 年在 Mycocosm 上发布。

Neocallimastix lanati 是从位于圣巴巴拉动物园的一只绵羊的粪便中分离出来的（Wilken 等，2021）。研究人员使用 PacBio 测序手段获得了分离株 *Neocallimastix lanati* 的高质量基因组。*Neocallimastix lanati* 基因组编码大量碳水化合物活性酶（CAZymes），研究人员在其基因组中鉴定总共出 1 788 个 CAZymes，其中 1 253 个在转录组中表达。除上述注释基因外，菌株基因组中还有约一半的基因完全未注释。

二、*Feramyces* 的菌株特性

Feramyces 属有一个种，*Feramyces austinii*，从野生鹿和巴伯里羊（*Ammotragus lervia*）的瘤胃和粪便样本中分离出来（Hanafy 等，2018），是厌氧真菌 AL6 分支的第一个分离培养菌株。属名源自拉丁语，意为"野生"。这是因为 *Feramyces* 最早是从野生巴巴里羊和野鹿中分离出来的。种名 *austinii* 是为了纪念对野生动物进行采样的吉姆·奥斯汀先生。*Feramyces* 菌株外形特征的详细描述见 Hanafy 等（2018）。在固体培养基上，*Feramyces* 产生中等大小（3～7 mm）的圆形米黄色菌落，且在固体培养基上具有明确的深色中心和丝状边缘。在液体培养基中，*Feramyces* 显示出较厚的生物膜生长模式。*Feramyces* 产生多鞭毛的游动孢子，表现为单中心的菌体发育，丝状的假根生长模式。游动孢子比较大（6.5～13 μm），有 7～16 根鞭毛。游动孢子通过孢子囊顶孔释放，孢子囊保持完整。长而盘绕的孢子囊伴随孢子囊下肿胀。产生内源性和外源性孢子囊发育，内源性孢子囊呈球状或梨形形态，外源性孢子囊呈高度多样化形态。有时可观察到假性孢子囊。菌丝生长广泛，在宽菌丝中定期观察到收缩。与 *Neocallimastix* 相比，*Feramyces* 在固体培养基上形成的菌落更大，在液体培养基中形成的生物膜更致密，在显微镜下观察到多种孢子囊形状，包括球形、柱状或卵形。此外，*Feramyces* 与 *Neocallimastix* 的游动孢子释放机制不同。在 *Feramyces* 中，游动孢子通过一个确定的顶端孔释放，在游动孢子释放后孢子囊壁保持完整；在 *Neocallimastix* 中，游动孢子在孢子囊壁裂解后释放。

目前，从美国和捷克共和国的野生鹿和巴巴里绵羊的瘤胃和粪便样本中分离到 *Feramyces* 属的成员。在分离培养之前，利用分子技术在长颈鹿（*Giraffa camelopardalis*）、霍加狓（*Okapi johnstoni*）和大旋角羚（*Tragelaphus strepsiceros*）的粪便样本中检测到属于 *Feramyces* 属的序列，其编号为 AL6（Edwards 等，2017）。与其他厌氧真菌属相比，*Feramyces* 的底物利用范围更广，除其他真菌可利用的底物外，还可以利用半乳糖、阿拉伯糖、岩藻糖、果胶和葡萄糖醛酸等非常规底物，这可能与宿主动物的野生特性有关，野生动物通常比驯养反刍动物的饮食更多样化。

（一）*Feramyces austinii*（Hanafy 等，2018）

Feramyces austinii 的模式菌株为 F3A，目前在俄克拉何马州立大学培养物保藏中心保存。具体的形态学特征可 Hanafy 等（2018）中获得。在固体培养基上，菌株 F3A 形成米色、圆形、丝状菌落，中央有深褐色的致密孢子囊结构核心，并含有一个较小的浅棕色环，由较年轻、密度较低的孢子囊组成；有一个浅灰色菌丝组成的外圈。每个环的

相对大小取决于菌落年龄，在较老的菌落中，孢子囊核心尺寸减小，外部孢子囊和菌丝尺寸增大。菌落大小为 3～7 mm。在液体培养基中，菌株 F3A 表现出在管表面上的厚膜样生长。菌株 F3A 产生的游动孢子是球形的，平均直径为（9.6±1.9）μm（65 个游动孢子的标准偏差；范围：6.5～13 μm）。在观察到运动性的情况下，游动孢子看起来更椭圆。所有游动孢子都是多鞭毛的，有 7～16 根鞭毛，平均鞭毛长度为 29±5.6 μm（65 个游动孢子的标准偏差；范围：17～37 μm）。游动孢子囊与鞭毛脱落有关。游动孢子囊发芽并产生一个或两个芽管。胚芽管分枝形成高度分枝的无核根茎系统，同时具有宽菌丝和窄菌丝，宽菌丝显示出不规则间隔的多个收缩。菌株 F3A 显示出内源性（游动孢子扩大到孢子囊）和外源性（孢子囊在根茎系统对面的孢子囊顶端发育）单中心菌体发育模式。典型的内源性孢子囊的形状为球形（直径为 10～70 μm）或梨形（25～110 μm 长 × 15～45 μm 宽）。偶尔观察到内源性菌体发育模式，其中孢囊的游动孢子产生两个胚芽管，这两个胚芽管最终扩张，形成两个主要的假根系统。在某些情况下，这种模式导致孢子囊位于两个假根的中间。外源性孢子囊通常在长度为 15～600 μm 的孢子囊末端观察到。菌株 F3A 中典型的外源孢子囊通常观察到长的、盘绕的孢子囊柄。许多长的孢子囊柄以孢子囊下肿胀（隆起）结束，还经常遇到宽而扁平的孢子囊柄。外源性孢子囊的大小范围为长（40～185）μm × 宽（20～80）μm，并呈现出多种形状，包括梨形、三角形、球形、卵形、心形、椭圆形、收缩椭圆形和蛋形。游动孢子通过孢子囊的宽顶孔释放，并且在游动孢子排出后孢子囊壁保持完整。在老化的培养物中，经常观察到孢子囊从菌丝或孢子囊柄上脱落和分离。

菌株 F3A 显示出广泛的底物利用模式，能够在检测的大多数糖、糖酸和多糖底物上生长，特别是能够代谢其他厌氧真菌不能利用的底物，如半乳糖、岩藻糖、阿拉伯糖和葡萄糖醛酸。与其他几种厌氧真菌属相比，以葡萄糖为底物的研究发现，菌株 F3A 显示出更快的葡萄糖利用率（0.43 mg 葡萄糖 /h）和生长率（0.34 mg 生物量 /h）；以柳枝稷和玉米秸秆为底物时，菌株 F3A 在孵育 7 天后的底物利用率更高（柳枝稷为 56%，玉米秸秆为 72%）。

Feramyces austinii F3A 在 GenBank 的序列登录号为 MG584193（ITS1-5.8S-ITS2-D1/D2 LSU）。*Feramyces austinii* 在 MycoBank 中的 ID 编号为 MB 823650（属水平）和 MB 823651（种水平）；在 Index Fungorum 中的 ID 编号为 IF 823650（属水平）和 IF 823651（种水平）；NCBI 分类单元 ID 为 2683847（属水平）和 2170546（种水平）。

三、*Aestipascuomyces* 的菌株特性

Aestipascuomyces 属名源自夏季（*aestas*）和牧场（*pastura*）的拉丁词，表明该属在夏季牧场上放牧的动物体内明显丰富。在分离培养前，该属的菌株是厌氧真菌 SK4 分支。2020 年，两个研究小组从羊驼（来自德国卡尔斯鲁厄动物园）和野生绵羊（来自研究人员在美国得克萨斯州萨顿县的一次狩猎旅行）的粪便样本中同时分离出 *Aestipascuomyces* 属的成员（Stabel 等，2020）。目前，该属只有一个种 *Aestipascuomyces dupliciliberans*，种名源自拉丁语中的双重（*duplicus*）和释放（*liberans*）。

Aestipascuomyces 菌株外形特征的详细描述见 Stabel 等（2020）。在固体培养基上，*Aestipascuomyces* 形成中等大小（2～5 mm）的白色丝状菌落，其孢子囊中心为白色。在液体培养基中，*Aestipascuomyces* 形成明显沉重的生物膜生长物。*Aestipascuomyces* 产生多鞭毛的游动孢子，表现为单中心的菌体发育，以及丝状的假根生长模式。游动孢子相对较大（5～14 μm），有 7～20 根鞭毛，通过顶孔和孢子囊壁破裂释放，在其他 Neocallimastigomycota 中尚未观察到这种在利用双孢子释放机制的现象。不分枝的孢子囊柄长度为 10～300 μm，其中许多表现出孢子囊下肿胀。观察到多形性内源性和外源性孢子囊，孢子囊颈通常紧紧收缩。

最近一项对 21 份粪便样本的调查发现，在野生绵羊样本中相对丰度较高，在另外 5 份样本中相对丰度较低，其余样本没有检测到该菌株的存在。研究者认为夏季牧场上 *Aestipacsuomyces* 的丰度与放牧之间可能存在正相关（Stabel 等，2020）。

（一）*Aestipascuomyces dupliciliberans*（Stabel et al., 2020）

Aestipascuomyces dupliciliberans 的模式菌株为 R4，保存在俄克拉何马州立大学培养物保藏中心。具体的形态学特征可在 Stabel 等（2020）中获得。菌株在 GenBank 的序列登录号为 MW019494–MW0194497（ITS1–5.8S–ITS2–D1/D2 LSU）；在 MycoBank 中的 ID 编号为 MB 837524（属水平）和 MB 837526（种水平）；在 Index Fungorum 中的 ID 编号为 IF 837524（属水平）和 IF 837526（种水平）；NCBI 分类单元 ID 为 2789199（属水平）、2789200（种水平）。

底物利用能力研究显示，菌株 R4 可以利用广泛的底物作为唯一的碳和能量来源，其中包括多种单糖（如葡萄糖、果糖、甘露糖、木糖和葡萄糖醛酸，但不包括阿拉伯糖、半乳糖或核糖）、双糖（如纤维二糖、乳糖、麦芽糖、蔗糖和海藻糖）和聚合物（如纤维素、木聚糖、淀粉、菊粉和棉子糖，不包括海藻酸盐、几丁质、果胶、聚半乳糖酸酯、蛋白胨或色氨酸）。菌株 A252 可以利用葡萄糖、木糖和果糖，不能利用甘露糖、阿拉伯糖、核糖、半乳糖或葡萄糖醛酸；可以利用纤维二糖、麦芽糖、乳糖和蔗糖，不能利用海藻糖；可以利用麦秸、半纤维素、木聚糖、淀粉和菊粉，不能利用几丁质、果胶或微晶纤维素。

四、*Ghazallomyces* 的菌株特性

属名 *Ghazallomyces* 源自阿拉伯语中的鹿，指的是它最初的分离宿主斑鹿。*Ghazallomyces* 属有一个种水平的菌株 *Ghazallomyces constrictus*，从斑鹿（*Axis axis*）的粪便中分离出来（Hanafy 等，2020b）。*Ghazallomyces* 菌株外形特征的详细描述见 Hanafy 等（2020b）。在固体培养基上，*Ghazallomyces* 产生小的圆形菌落，其中间核心为白色至浅棕色。在液体培养基上，*Ghazallomyces* 产生厚厚的白色生物膜。*Ghazallomyces* 产生多鞭毛的游动孢子，表现出单中心的菌体发育和丝状假根生长模式。游动孢子一般有 7～14 根鞭毛，通过顶孔释放，随后孢子囊壁塌陷。产生内源性和外源性孢子囊，形态多样性高，呈紧缩颈，孔窄。孢子囊基部可见细隔形成。在外源菌体

发育过程中，空的游动孢子囊在孢子囊囊基部保持肿胀结构。对21个草食动物样品的分子生态学分析发现，该属菌株只在分离出它的样本（斑鹿粪便）中存在，表明该属菌株的生态分布较为稀少。

（一）*Ghazallomyces constrictus*（Hanafy 等，2020b）

Ghazallomyces constrictus 的模式菌株为 Axs-31，目前保存在俄克拉何马州立大学培养物保藏中心。物种加词"*constrictus*"是指在物种内源性孢子囊中观察到的收缩颈（孢子囊和假根之间的点）。具体的形态学特征可在 Hanafy 等（2020b）中获得。Axs-31 能产生具有 7～14 根鞭毛的球形多鞭毛游动孢子。游动孢子萌发成具有高度分枝的无核假根系统的单中心菌体。展示内源性和外源性单中心叶状体发育。由游动孢子孢子囊膨大产生的内源性孢子囊发育成不同的形状，包括球形、管状、棒状和椭圆形。内源性孢子囊显示出紧缩的颈部（位于孢子囊和假根之间的点）和狭窄的端口。外源性孢子囊在不同长度的无分枝孢子囊末端发育。观察到短（6～20 μm）和长（高达200 μm）的孢子囊。外生孢子囊呈椭圆形、卵形、球形、收缩椭圆形、梨形、保龄球瓶形和菱形。孢子囊颈被狭窄的端口收缩。成熟时孢子囊基部发育出细隔膜。游动孢子通过顶端孔释放，随后孢子囊壁坍塌。在琼脂上产生小的白色圆形菌落（直径1～4 mm），中间有棕色的致密孢子囊结构核心，并在液体培养基中产生厚厚的真菌生物膜生长。菌株在 GenBank 的序列登录号为 MK8843-MK8846（ITS1）和 MK881971（D1/D2 LSU）在 MycoBank 中的 ID 编号为 MB 830733（属水平）和 MB 830734（种水平）；在 Index Fungorum 中的 ID 编号为 IF 830733（属水平），IF 830734（种水平）；NCBI 分类单元 ID 为 2710857。

第三节 多中心、多鞭毛、丝状假根厌氧真菌的特征描述

目前，多中心、多鞭毛、丝状假根厌氧真菌分离鉴定的菌属仅有 *Orpinomyces* 1 个属，其详细的特征描述如下。

一、*Orpinomyces* 的菌株特性

Orpinomyces 是第一个被描述的多中心厌氧真菌属，具有里程碑意义。多中心厌氧真菌的细胞核不仅出现在它们的孢子囊中，同时也出现在它们的根茎菌体中。核的这种运动使多个孢子囊形成，这与根茎菌体中没有核的单中心真菌是截然不同的。1989年，Breton 等报道了首个多中心分离物（来自绵羊的瘤胃）。尽管作者承认其多中心性质，但该分离物仍被描述为 *Neocallimastix* 属内的一个新种。Barr 等于1989年从牛瘤胃中分离出一个类似的菌株，并根据观察到的多中心菌体提出一个新的属名 *Orpinomyces*，以纪念 Orpin 博士的贡献。

Orpinomyces 在 MycoBank 中的 ID 编号为 MB 25326；在 Index Fungorum 中的 ID

编号为 IF 25326；NCBI 分类单元 ID 为 37163。*Orpinomyces* 菌株外形特征的详细描述见 Barr 等（1989）以及 Ho 和 Barr（1995）。*Orpinomyces* 在琼脂滚管上形成大的（通常直径大于 1 cm）白色菌落。在液体培养基中，*Orpinomyces* 表现出特有的厚棉质真菌生长状态。这些独特的生长模式允许基于固体菌落和液体培养的目视检查进行初步鉴定。*Orpinomyces* 产生多鞭毛的游动孢子，表现出多中心的菌体发育和丝状的根状生长模式。宽菌丝通常表现为不规则间隔的多重收缩。培养时间久的 *Orpinomyces* 往往失去产生孢子囊的能力，只产生孢子囊孔（图 4-1）。*Orpinomyces* 目前已知两个种水平的菌株：*Orpinomyces joyonii* 和 *Orpinomyces intercalaris*。

目前，已从奶牛瘤胃（Barr 等，1989；Fliegerova 等，2004）、牦牛瘤胃（Wei 等，2016）、水牛瘤胃（Ho 和 Barr；1995）、绵羊瘤胃（Ho 等，1994b），以及美洲野牛和羊驼粪便（Hanafy 等，2020a）、奶牛粪便（Hanafy 等，2020a；Li 等，1991）、绵羊粪便（Brookman 等，2000b）、水牛粪便（Dagar 等，2011）和牦牛粪便（Wang，2017）中分离出 *Orpinomyces* 的菌株。分子生态学多样性分析表明，*Orpinomyces* 属在绝大多数检测的草食动物中存在，相对丰度通常较低，在反刍动物中更为普遍（Edwards 等，2017；Hanafy 等，2020a）。

（一）*Orpinomyces joyonii*（Barr 等，1989）

Breton 等（1989）报道了一种具有多中心菌体和多鞭毛游动孢子的新菌株，并将其命名为 *Neoocallimastix joyonii*。此后不久，Barr 等（1989）从荷斯坦牛的瘤胃中分离出另一个菌株，首次提出了 *Orpinomyces bovis* 的名称。Thareja 等（2006）对 *Orpinomyces bovis* 和 *Neoocallimastix joyonii* 进行了详细的比较，根据形态相似性得出结论，这两个分离株代表同一属和种。因此提出了 *Orpinomyces joyonii* 的组合：以 *Orpinomyces* 为属名，以识别这些菌株为一个新属，以 *joyonii* 为种名，以肯定 Breton 等人的工作。因此，*Orpinomyces joyonii* 与 *Orpinomyces bovis* 以及 *Neocallimastix joyonii* 为同一菌株，现在通常称为 *Orpinomyces joyonii*。*Orpinomyces joyonii* 在 MycoBank 中的 ID 编号为 MB 127934；在 Index Fungorum 中的 ID 编号为 IF 127934，NCBI 分类单元 ID 为 48250。

Orpinomyces joyonii 的模式菌株为 NJ1，具体的形态学特征可在 Barr 等（1989）中获得（图 4-1）。该菌株是从绵羊瘤胃中分离的一株严格厌氧真菌，特征在于多中心菌体、广泛的多核假根菌体、具有伽马粒子样体的多鞭毛游动孢子。在琼脂培养基中，具有不规则轮廓的广泛高度分枝的菌体。它由大菌丝（直径 25 μm）组成，通常有收缩，壁变厚形成假隔膜，并分支成细丝，随着它们变长而变细。菌体上有许多小泡，有的小泡发育成直径达 150 μm 的球形游动孢子囊，有的似乎保持无菌状态。在成熟阶段，游动孢子囊释放出多达 100 个游动孢子。游动孢子呈球形，透明，直径 12～15 μm，有 12～15 根鞭毛，长 45 μm。萌发通常发生在鞭毛对面的一极，因此游动孢子的直径保持不变。在用双苯甲亚胺染色后，游动孢子被发现具有一个单核和 2～5 个更小且更荧光的细胞器。发芽后，它的细胞核迅速渗透到幼小的菌体中，然后大量繁殖。最大的细丝中有许多核，有收缩，但最细的细丝中没有。菌丝的尖端逐渐膨胀成球形小泡，其中

一些发展成多核游动孢子囊。在成熟的游动孢子囊中，研究人员观察到具有核和细胞器的游动孢子。菌株 NJ1 能够使用纤维素、木聚糖、葡甘露聚糖、阿拉伯半乳聚糖、淀粉、D- 葡萄糖、D- 纤维二糖、L- 果糖、O- 麦芽糖、半乳糖、乳糖和 D- 棉子糖。它不能使用 L- 阿拉伯糖、D- 甘露糖、半乳聚糖、半乳糖醛酸或甘油，在果胶上生长不良。与滤纸共同培养 12 天后，75%（75 mg）的滤纸纤维素被降解，产生 326 mmol 的甲酸、208 mmol 的乙酸、56 mmol 的乳酸、149 mmol 的乙醇和 3% 的 H_2。

菌株 NJ1 的假根是由多核共细胞菌丝和无核丝组成的丝状系统构成。这一特征是菌株 NJ1 与仅具有无核假根的其他瘤胃微生物之间的第一个本质区别。孢子不像在单中心菌体中那样发育成单个游动孢子囊；孢子核在菌丝中迁移和繁殖，因此菌体能够区分多个游动孢子囊（多中心菌体）。真菌的多中心性是第二个重要区别。第三个主要特征是靠近孢子核的细胞器的存在。它们在用双苯甲亚胺染色后发出荧光，从而表明存在核酸。因此，这些细胞器可能类似于伽马粒子或孢囊体，它们似乎在某些壶菌的游动孢子的孢囊中起作用。与其他厌氧真菌物种一样，菌株 NJ1 具有纤维素分解和半纤维素分解活性，但只有微弱的果胶分解活性，并且不利用半乳糖醛酸。相反，与迄今为止描述的众多菌株不同，它具有淀粉分解活性。纤维素发酵的最终产品在质量上与其他瘤胃物种相同，但在代谢产物浓度上 NJ1 菌株的特点是乙醇产量高，乙酸产量低。因此，这种真菌的代谢特征表明它完全适应瘤胃条件。这一点，除了因为菌株 NJ1 在绵羊身上发现并分离的事实外，强烈表明它是一种本地瘤胃物种。

该属的另一个菌株 KF1 是从瘘管奶牛的瘤胃液中分离出来的，在琼脂平板上形成大的、散布的菌落。荧光显微镜显示了多中心真菌典型的孢子囊的外源性发育。在液体培养基中，菌株产生根瘤菌，其包含大量分枝的菌丝，菌丝可以是管状且均匀的，也可以是非常宽且不规则的，有时带有收缩。此外，菌株 KF1 在液态培养基中产生非常大的根瘤菌球，该球由高度分枝的不规则收缩菌丝和具有未分化孢子囊的孢子囊胞复合体组成。没有发育成熟的孢子囊很少观察到游动孢子。菌株 KF1 在培养物中逐渐失去产生孢子囊的能力，利用葡萄糖为底物生长时，表现出比在利用微晶纤维素为底物上生长时更高水平的纤维二糖水解酶。

Barr 等（1989）分离出的 *Orpinomyces bovis* 是从喂食高粗饲料的荷斯坦牛的瘤胃中分离出来的。最初描述较为简单：单个菌丝的直径为 $1 \sim 2\ \mu m$，在光学显微镜下可以看到有紧密收缩的点。孢子囊是居间的或末端的。居间孢子囊侧向生长形成菌丝，并发展成不规则分枝的管状孢子囊，其直径不均匀（$6 \sim 12\ \mu m$），可能具有紧密收缩的点。一到六个孢子囊在孢子囊分枝的顶端发育，成熟时孢子囊基本上是空的。发育早期的末端孢子囊与根茎菌的区别在于菌丝直径的增加，但成熟时与居间孢子囊复合体无法区分。成熟的孢子囊由基壁与孢子囊隔开。孢子囊是球形的，直径为 $45 \sim 90\ \mu m$。显微镜载玻片上的游动孢子排放发生在孢子囊顶端部分破裂和溶解后，紧随其后的是孢子囊壁的全面塌陷。游动孢子的形状各不相同，有 $5 \sim 10\ \mu m$。鞭毛长 $33 \sim 46\ \mu m$，很容易在显微镜载玻片上脱落。后来，Li 等对该菌株的形态学描述进行了细化，菌株的游动孢子有 $14 \sim 24$（$n=36$）根鞭毛，在后部区域大致排列成四排。鞭毛长 $31.0 \sim 45.0\ \mu m$

[（39.8±3.8）μm，n=29］。活的游动孢子多为球形，直径为 9.0～15.0 μm ［（12.5±1.8）μm，n=22］。当用 4% 甲醛固定时，游动孢子的前端趋于伸长并变成倒锥形，尺寸为（22.0～32.0）μm ×（9.0～15.0）μm ［（26.7±3.9）μm ×（12.0±1.8）μm，n=15］。在液体培养基中，菌落在 3～4 天后长到最大直径约 4 mm，大概每个菌落都来自单个孢囊。菌落最初主要由直径 4～6 μm 的胞质菌丝组成，菌丝充满细胞核和细胞质，并有许多较细的分枝或假根。菌丝中的一些细胞核呈梨形，长而尖的末端朝向菌落的外围。随着菌落变得更老和更广泛，它们从共细胞菌丝发展出许多细长的、分枝的或无分枝的、肿胀的菌丝。孢子囊柄的形状不规则或棒状，直径范围为 6.7～11.4 μm，从孢子囊的隔膜向下至第一个分枝的距离为 50～540 μm。年轻的孢子囊含有细胞质、晶体和细胞核。后来孢子囊的尖端扩大，隔膜界定了初期的孢子囊，并且孢子囊的细胞器和细胞质被耗尽。成熟的孢子囊主要为球形，直径为 43～106 μm ［（59.6±17.0）μm，n=26］。游动孢子的超微结构类似于单中心厌氧真菌，核糖体聚集体主要位于前部区域，或多或少位于中部，氢体位于后部区域，后部圆顶位于一侧。氢体主要呈管状，集中在细胞核和运动小体之间。许多小囊泡也集中在运动体附近，直径范围为 90～130 nm，并且具有特别突出的膜。游动孢子还含有一些直径为 0.8～1.0 μm 的大球形微体。这些微体与氢体的不同之处在于具有更不透电子的基质。游动孢子膜有一层 30 nm 厚的表面涂层，上面覆盖着约 45 nm 厚的纤维材料。与其他厌氧真菌一样，在该分离物的游动孢子的后部区域检测到一个最大 4.5 μm × 4.5 μm 的后部圆顶。圆顶是由质膜、外周颗粒和巨管的特殊区域组成的综合结构。专用质膜内部装饰有平行的薄片，相距约 22 nm。这些薄片与巨管的角度因游动孢子而异，即使在同一个圆顶中也是如此。圆顶有 24～28 个巨管，它们彼此平行，朝向游动孢子的前部。巨管的中心距约为 190 nm，巨管的宽度约为 70 nm。对于每个巨管，有两排电子致密颗粒，每排都通过桥连接到巨管。从表面看，颗粒呈六边形排列，中心距约 85 nm。颗粒与巨管相距约 90 nm，与质膜相距 60～75 nm。还有一层可变长度的核糖体螺旋，它们的外端位于一个公共平面内，在后圆顶下方，与圆顶成直角。许多微管（microtubule）从分枝辐射到圆顶区域，在那里它们穿透核糖体螺旋层并终止于巨管水平。这些微管通常以与其表面大致成直角的方式进入圆顶，这与其他肠道真菌属中与巨管平行的后部扇形相反。

Orpinomyces joyonii 的模式菌株为 NJ1，该模式菌株的序列数据不可用，因此，菌株 KF1 的序列被用作参考序列，在 GenBank 的序列登录号为 AY429671（ITS1-5.8S-ITS2），JN939163（D1/D2 LSU）。

（二）*Orpinomyces intercalaris*（Ho 等，1994b）

第二个种水平的 *Orpinomyces intercalaris* 在 1994 年被分离并鉴定，具体的形态学特征可在 Ho 等（1994b）中获得。*Orpinomyces intercalaris* 在 MycoBank 中的 ID 编号为 MB 357919；在 Index Fungorum 中的 ID 编号为 IF 357919；NCBI 分类单元 ID 为 1049955。除了该属的一般特征外，*Orpinomyces intercalaris* 的特征是产生球形和夹层孢子囊（作为菌丝的扩张或菌丝的横向外生而发育），而末端孢子囊则很少观察到。此外，

Orpinomyces intercalaris 的特征是存在游动孢子囊。除了系统发育的区别之外，这些标准也将其与 *Orpinomyces joyonii* 区分开来。成熟时，*Orpinomyces intercalaris* 形成两个间隔，将夹层孢子囊与菌丝分开。游动孢子通过孢子囊壁破裂而释放，随后孢子囊壁完全坍塌。与在 *Orpinomyces joyonii* 菌丝中观察到的不规则间隔的收缩相反，*Orpinomyces intercalaris* 的菌丝按规则间隔收缩，进而导致香肠形状的外观。

Orpinomyces intercalaris 的模式菌株为 19-2a，原始分子测序数据在数据库中无记录，因此，利用 *Orpinomyces cf. intercalaris* SKP1（来自印度哈里亚纳邦水牛瘤胃的菌株）的序列数据作为参考序列，其 GenBank 的序列登录号为 HQ703471（D1/D2 LSU）。

第四节 多中心、单鞭毛、丝状假根厌氧真菌的特征描述

目前，多中心、单鞭毛、丝状假根厌氧真菌分离鉴定的菌属包括 *Anaeromyces*、*Paucimyces*、*Testudinimyces* 和 *Astrotestudinimyces* 等 4 个属，其详细的特征描述如下。

一、*Anaeromyces* 的菌株特性

Anaeromyces 是第五个被发现的属，也是第二个被描述的多中心厌氧真菌属（第一个为多中心、多鞭毛、丝状假根的 *Orpinomyces*，见本章第三节）。*Anaeromyces* 属的第一个菌株 *Anaeromyces mucronatus* 于 1990 年从牛瘤胃中分离出来（Breton 等，1990）。此后不久，Ho 等（1990）又报道了一个来自牛瘤胃的高度相似的菌株，命名为 *Ruminomyces elegans*。随后，研究者提出优先使用 *Anaeromyces* 代替 *Ruminomyces* 作为属名（Ho 和 Barr，1995）。因此，*Anaeromyces* 与 *Rumiomyces* 为同义菌。*Anaeromyces* 在 MycoBank 中的 ID 编号为 MB 27188；在 Index Fungorum 中的 ID 编号为 IF 27188；NCBI 分类单元 ID 为 105135。

Anaeromyces 菌株外形特征的详细描述见 Breton 等（1990）和 Ho 等（1990）。在固体培养基上，*Anaeromyces* 形成圆形白色菌落，直径 4～6 mm。在液体培养基中，形成厚厚的珍珠状培养物。*Anaeromyces* 产生单鞭毛的游动孢子，且呈现多中心菌体发育，丝状假根生长模式。游动孢子通常较小，呈球形，始终为单鞭毛，鞭毛长度为 16～20 μm，表面粗糙不平。末端孢子囊通常短尖，顶端呈渐尖状。*Anaeromyces* 产生宽窄的菌丝，且经常收缩，形成独特的香肠状外观。反复传代培养后，*Anaeromyces* 属的孢子发生和孢子形成通常会停止，新生物质的产生和新细胞核的形成通过菌丝繁殖发生。

目前已从奶牛瘤胃（Breton 等，1990；Ho 等，1990）、绵羊瘤胃（Berbee 等，2017）和粪便（Li 等，2016）、山羊（Hanafy 等，2018）、鹿、欧洲野牛（*Bison bonasus*）、美洲野牛和羊驼（Hanafy 等，2020a）以及水牛（Nicholson 等，2010）中分离出 *Anaeromyces* 菌株。分子生态学分析显示，*Anaeromyces* 序列存在于大多数反刍动物的肠道和粪便中，也存在于一些后肠发酵动物（如马和驴）的粪便样本中，但相对丰度通常较低。

目前已描述的 *Anaeromyces* 有四个种：*Anaeromyces mucronatus*（Breton 等，1990）、*Anaeromyces elegans*（Ho 等，1990）、*Anaeromyces robustus*（Li 等，2016）和 *Anaeromyces contortus*（Hanafy 等，2018）。由于最初报道的 *Anaeromyces mucronatus* 和 *Anaeromyces elegans* 原始论文中缺乏序列数据，且两个物种的形态学描述间差异较小，这些差异可能是生长条件造成的，研究人员认为这两个菌种很可能为同一个菌种。由于原始菌株的丢失，研究人员无法确认两者的关系，因此建议保留 *Anaeromyces mucorantus* 和 *Anaeromyces elegans* 的名称，但只使用 *Anaeromyces mucorantu*（并避免使用 *Anaeromyces elegans* 的名称）来描述新的分离菌株。

Anaeromyces robustus 代表了另一种情况，在获得足够的数据后，可能会分配到另一个属（*Capellomyces*）或一个新的属。与所有其他 *Anaeromyces* 物种相比，*Anaeromyces robustus* 描述了多个独有的特征（Li 等，2016）。*Anaeromyces robustus* 的游动孢子囊在 Neocallimastigomycota 中有一种以前没有报道过的独特形态，它们是棒状的，偶尔融合形成鲸鱼尾巴般的外观。*Anaeromyces robustus* 的游动孢子被描述为具有几个后向鞭毛，这与在其他 *Anaeromyces* 种中通常观察到的单鞭毛游动孢子也不太一致。此外，该物种似乎缺乏在其他 *Anaeromyces* 物种中观察到的独特的类似香肠的菌丝形态，并且在 Li 等（2016）报道中没有 DAPI 证明 *Anaeromyces robustus* 多中心的特征。该菌种 ITS1 序列的系统发育分析将 *A. robustus*（KU057354.1）归类为 *Anaeromyces* 属，更接近于 *Capellomyces* 属的成员。目前缺少该菌株的 D1/D2 LSU 序列，因此，在获得足够信息之前，该菌种在 *Anaeromyces* 属中的分类仍然存疑，其孢子囊的独特形态以及 *Anaeromyces* 属基本特征的明显缺乏，表明它可能与广泛孢子囊形态的 *Capellomyces* 有关，或者作为 *Anaeromyces-Liebetanzomyces-Capellomyces-Oontomyces* 进化枝中的一个独特的新属。

（一）*Anaeromyces mucronatus*（Breton 等，1990）

Anaeromyces mucronatus 菌株外形特征的详细描述见 Breton 等（1990），除了一般 *Anaeromyces* 属级的特征外，该物种的特征是顶端尖的末端存在椭圆孢子囊，球形单鞭毛的游动孢子和香肠形状的菌丝。

Anaeromyces mucronatus 的模式菌株为奶牛瘤胃中分离的 BF2，具体的形态学特征可在 Ho 等（1990）中获得，其特征是多中心菌体、多核根茎菌丝体、短尖游动孢子囊和单鞭毛游动孢子。此外，孢子囊不与 L- 岩藻糖、N- 乙酰 -D- 半乳糖胺和二乙酰壳二糖的特定凝集素发生反应。在琼脂培养基中，*Anaeromyces mucronatus* 的特征是广泛的菌体具有非常不规则的轮廓，比 *Neocallimastix joyonii* 生长得更慢。它由 9～10 μm 宽的辐射状菌丝组成，带有许多收缩、较细的分枝和许多游动孢子囊，在孢子囊的尖端分化。游动孢子囊为椭圆形，在含有果糖作为碳源的液体培养基中具有特别明显的尖头。游动孢子呈球形，直径 7.5～8.5 μm，透明，含有颗粒，单鞭毛长达 30 μm。在体内培养时，放置在瘤胃中的大豆种子的外皮上，游动孢子囊的形态与在纯培养物中观察到的形态完全相同，特别是存在非常有特征的顶端微突。用双苯甲亚胺染色后，可以看

到菌丝有很多核，游动孢子只有一个核，没有多中心真菌 *Neocallimastix joyonii* 描述的伽马粒子状体。真菌在液体培养基中培养，以及在动物体内附着在大豆皮上时，在游动孢子囊表面没有观察到所用凝集素的结合，表明不存在 *D*- 甘露糖、*D*- 葡萄糖、*L*- 岩藻糖、*N*- 乙酰 -*D*- 半乳糖胺和二乙酰壳二糖。BF2 菌株使用纤维素、木聚糖、葡甘露聚糖、淀粉、*D*- 葡萄糖、*L*- 果糖、*D*- 木糖、纤维素二糖、*D*- 麦芽糖、蔗糖和龙胆二糖，它不使用半乳聚糖、聚半乳糖醛酸酯、阿拉伯半乳聚糖、果胶、*D*- 甘露糖、*L*- 阿拉伯糖、半乳糖、岩藻糖或邻棉子糖。当以纤维素为底物时，发酵终产物包含乙酸、乙醇、甲酸、*L*- 乳酸、*D*- 乳酸和 H_2，未检测到 CO_2。

Anaeromyces mucronatus 模式菌株 BF2 没有可用的基因序列数据，因此，最早获得序列的菌株 JF1（从捷克共和国布拉格的鹿粪便样本中分离出）的基因序列被用作参考序列。该物种在 GenBank 的序列登录号为 MW899528（ITS1-5.8S-ITS2-D1/D2 LSU）；在 MycoBank 中的 ID 编号为 MB 361273；在 Index Fungorum 中的 ID 编号为 IF 361273；NCBI 分类单元 ID 为 994854。

（二）*Anaeromyces elegans*（Ho 等，1990）

Anaeromyces elegans 与 *Ruminomyces elegans* 为同义菌，其模式菌株为 Lectotype，具体的形态学特征可在 Ho 等（1990）中获得。*Anaeromyces elegans* 与 *Anaeromyces mucronatus* 表现出高度相似，主要的区别是附着细胞结构的存在，即裂片状的菌丝结构，被认为有助于穿透植物细胞壁。然而，如上所述，这种存在可能在 *Anaeromyces mucronatus* 的描述中被忽略了。*Anaeromyces elegans* 的游动孢子为单鞭毛，呈球形，成熟孢子囊主要为椭球形和梭形，顶端渐尖，孢子囊在孢子囊孔尖端部发育。游动孢子通过孢子囊壁的横缝释放，而孢子囊壁横缝释放后保持完整。菌丝表现出独特的香肠状外观，每隔一定时间就有紧密的收缩。目前无可用的 GenBank 的序列登录号，在 MycoBank 中的 ID 编号为 MB 360152；在 Index Fungorum 中的 ID 编号为 IF 360152。

（三）*Anaeromyces robustus*（Li 等，2016）

Anaeromyces robustus 的模式菌株为 S4，保存在加州大学圣塔芭芭拉分校培养物保藏中心。特定的加词"robustus"指的是一些真菌性游动孢子囊和灰鲸（*Eschrichtius robustus*）的尾巴之间的物理相似性，灰鲸在 *Anaeromyces robustus* 被分离的地方附近的加利福尼亚海岸游弋。该物种是多中心的，每个真菌菌体产生许多游动孢子囊，因此具有不确定（无限）的生命周期。真菌表现出外源性游动孢子囊发育（即被孢囊的游动孢子不保留核，核可以迁移并通过有丝分裂填充发育中的游动孢子囊和根茎菌）。游动孢子囊通常呈棒状（长 ≥ 50 μm × 最宽处宽 30 μm）。有时它们融合在一起形成鲸鱼尾巴的形状。成熟后，每个游动孢子囊可释放大于 60 个游动孢子。根瘤菌确实含有细胞核，并且高度分枝并逐渐变细。游动孢子囊通常通过一个或几个主要根状茎附着在根茎菌丝体上，并且能够通过破碎进行营养繁殖。自由游动的游动孢子通常是球形的（直径约 10 μm），该物种的特征是存在数个向后定向的鞭毛，其长度可达游动孢子直径的 3 倍。

当游动时，鞭毛一起跳动，就好像它们是单根鞭毛一样，从而推动游动孢子以螺旋或螺旋运动向前运动。*Anaeromyces robustus* 与其他 *Anaeromyces* 菌种的区别在于，它具有独特的棒状孢囊，偶尔融合形成鲸鱼尾巴般的外观。游动孢子具有几个向后定向的鞭毛，菌丝缺乏在其他 *Anaeromyces* 中观察到的独特的香肠状形态。

Anaeromyces robustus 在 GenBank 的序列登录号为 NR_148182.1（ITS），无 D1/D2 LSU 序列可用；在 MycoBank 中的 ID 编号为 MB 551676；在 Index Fungorum 中的 ID 编号为 IF 551676；NCBI 分类单元 ID 为 1754192。*Anaeromyces robustus* 的基因组已由美国能源部联合基因组研究所（JGI）测序并于 2016 年在 Mycocosm 上提供。

（四）*Anaeromyces contortus*（Hanafy 等，2018）

Anaeromyces contortus 的模式菌株为 O2，分离自俄克拉何马州斯蒂尔沃特周围放牧的奶牛（*Bos taurus*）和山羊（*Capra aegagrus hircus*）的粪便样本，具体的形态学特征可在 Hanafy 等（2018）中获得。物种名源自拉丁语"contortum"，意思为盘绕或缠结，反映了这种真菌会形成缠绕和收缩的菌丝。*Anaeromyces contortus* 菌株外形特征的详细描述见 Hanafy 等（2018）。菌株 O2 产生具有有核根瘤菌的多中心菌体，极为分枝的不定长菌丝，狭窄的菌丝（宽度为 0.5～1 μm）和宽菌丝（宽度为 1.5～7 μm）。宽菌丝经常出现收缩，形成一个特殊的香肠状外观，这是之前 *Anaeromyces* 分离物中观察到的。此外，菌株 O2 的菌丝也产生了叶状或珠状结构，类似于在 *Anaeromyces elegans* 中报道的附着胞状结构，并假定有助于厌氧真菌菌丝机械渗透和进入植物生物质。附着胞样结构由菌丝收缩部位或直接由菌丝表面产生的侧向生长发育而成。扫描电镜图像显示，这些结构首先从（1.5～15）μm×（1.5～12）μm 的小突起开始出现，最终扩大成多裂囊泡。在个别叶片上发现了几个较小的穿透柱，尺寸为（0.5～8）μm×（0.1～2）μm，并且这样的穿透柱通常直接从叶片上伸出，有时在其顶端分叉。当在可溶性碳源上生长时，菌丝表现出迄今未在 Neocallimastigomycota 中观察到的一个有趣特征，即广泛的菌丝缠绕和卷曲。研究人员认为，附着胞样结构的形成和缠绕的菌丝可以作为附着机制来最大化植物表面和真菌菌丝之间的接触面积。当在可溶性碳源上生长时，菌株的菌丝缠绕在自己的细胞周围，当在大米草上生长时，菌株将其菌丝缠绕在植物纤维周围。菌株 O2 产生居间和末端孢子囊，大多数为居间球形孢子囊，即由菌丝膨胀或肿胀形成的孢子囊，直径 8～20 μm。末端梭形孢子囊具有尖的或短尖的顶端，（12～20）μm×（5～8）μm，长度为 5～10 μm 的短孢子囊柄末端很少见。菌株在经过反复传代后仅保留了一种产生类型孢子的能力（间生孢子的产生能力消失）。游动孢子很小，直径为 5～8.5 μm，圆形，单鞭毛（鞭毛长度 16～20 μm），表面粗糙不平坦，类似于之前对 *Anaeromyces* 游动孢子的描述。

Anaeromyces contortus 在 GenBank 的序列登录号为 MG605693、MG605698、MG605708（ITS1）以及 MF121931（D1/D2 LSU）；在 MycoBank 中的 ID 编号为 MB 821369；在 Index Fungorum 中的 ID 编号为 IF 821369；NCBI 分类单元 ID 为 2170304。

二、*Paucimyces* 的菌株特性

"*Pauci*"源自拉丁语单词"很少",反映出其在自然界中的分布相对有限;"*myces*"为真菌的希腊语名称。*Paucimyces* 属只有一个种水平的菌株 *P. polynucleatus*,是从野生黑羚羊(印度羚羊,*Antilope cervicapra*)的粪便中分离出来(Hanafy 等,2021),其菌株外形特征的详细描述见 Hanafy 等(2021)。在固体培养基上,*Paucimyces* 产生中等大小的白色致密圆形菌落,没有暗中心。在液体培养基中,观察到薄而松散的生物膜样生长,偶尔在培养管底部出现小而松散的易碎球形结构的结块。*Paucimyces* 产生单鞭毛的游动孢子,表现为多中心菌体发育,以及丝状的假根生长模式。相对较大(6～10 μm)的游动孢子通过孢子囊顶部的宽顶孔释放,释放后孢子囊壁保持完整。多中心菌体表现出高度分枝的有核丝状根瘤菌。在菌体发育过程中,菌丝尖端膨胀形成球形小泡,从中产生多个孢子囊。每个孢子囊梗的末端都有一个孢子囊。在许多情况下,孢子囊在没有孢子囊梗的球形囊泡上发育。孢子囊以卵圆形为主。形成基壁,从而将成熟孢子囊与孢子囊梗分开。旧培养物失去了生产孢子囊的能力,只能产生初始生长阶段的孢子囊梗。

在分离培养之前,厌氧真菌分子生态学分析显示,在驯养的绵羊和野生黑羚羊中存在该属的分支,且相对丰度较高,分别为 96.2% 和 52.4%,用 RH5 表示该分支(Hanafy 等,2020a)。在 Hanafy 等(2021)的研究中,*Paucimyces* 属序列在几乎全部的绵羊样本中检测到,这表明该属可能对绵羊消化道的偏好性。其他研究在美洲野牛、美洲羚羊、羚羊和西方簇绒鹿等动物园饲养的动物中也发现了该属的存在,其相对丰度分别为 0.03%、1.2%、18.93% 和 0.03%。这些研究显示,*Paucimyces* 属菌种在食草动物肠道中的全球分布有限,并且明显偏好反刍动物而不是后肠发酵动物。

(一)*Paucimyces polynucleatus*(Hanafy 等,2021)

Paucimyces polynucleatus 的模式菌株为 BB-3,保存于俄克拉何马州立大学培养物保藏中心,具体的形态学特征可在 Hanafy 等(2021)中获得。菌株 BB-3 表现出多中心菌体生长模式,其中游动孢子内容物完全迁移到芽管中,最终发育成有核的根状菌丝体,每个菌体能够产生多个孢子囊。BB-3 具有丝状根状菌丝体,在液体培养基中表现出薄而松散的生物膜状生长,并产生小而紧凑的菌落(2～4 mm),产生非收缩的菌丝和卵球形孢子囊,形成球形囊泡(菌丝尖端的肿胀),从中直接在球形囊泡上或在孢子囊末端形成多个孢子囊。菌株 BB-3 能够利用广泛的底物作为唯一的碳源,如葡萄糖、木糖、甘露糖、果糖、纤维二糖、蔗糖、麦芽糖、海藻糖、乳糖、纤维素、木聚糖、淀粉和棉子糖等,不能在葡萄糖醛酸、阿拉伯糖、半乳糖、菊粉、聚半乳糖醛酸盐、几丁质、藻酸盐、果胶、蛋白胨和胰蛋白酶等底物上生长。

菌株的 GenBank 序列登录号为 MW694896-MW64898(ITS1–5.8S–ITS2–D1/D2 LSU);在 MycoBank 中的 ID 编号为 MB 838953(属水平)和 MB 838954(种水平);在 Index Fungorum 中的 ID 编号为 IF 838953(属水平)和 IF 838954(种水平);无

NCBI 分类单元 ID。前期研究结果显示，前几个多中心属（*Anaeromyces*、*Orpinomyces* 和 *Cyllamyces*）存在于大多数草食动物样本中，其相对丰度通常较低，而 *Paucimyces* 菌株的分布有限得多，仅在极少数草食动物样本中检测到，且相对丰度较高。

三、*Testudinimyces* 的菌株特性

厌氧真菌属名 *Testudinimyces* 源自拉丁语中的乌龟："testudo"，从而表明是一类分离自乌龟的真菌。*Testudinimyces* 属目前有一个种水平的菌株 *Testudinimyces gracilis*，是从乌龟的粪便中分离出来的，其外形特征的详细描述见 Pratt 等（2023）。在固体培养基上，*Testudinimyces* 形成米色的圆形小菌落。在含有纤维二糖的液体培养基中，其形成大而致密的颗粒状菌落。*Testudinimyces* 产生单鞭毛的游动孢子，表现出多中心的菌体发育，以及丝状的假根生长模式。*Testudinimyces* 属的主要形态特征是菌丝体细小且分支极少。成熟的孢子囊通常呈球形、近球形和卵形。*Testudinimyces* 的 GenBank 的序列登录号为 OQ382931（ITS1，5.8S，ITS2，D1-D2 28S rRNA），在 MycoBank 中的 ID 编号为 MB 847430。

（一）*Testudinimyces gracilis*（Pratt 等，2023）

Testudinimyces gracilis 是研究人员在 2022 年 2 月从马达加斯加陆龟的冷冻粪便中分离得到的，分离用的粪便收集自美国俄克拉何马城动物园，菌株保存于俄克拉何马州立大学。*Testudinimyces gracilis* 在 MycoBank 中的 ID 编号为 MB 847432。

Testudinimyces gracilis 菌株外形特征的详细描述见 Pratt 等（2023）。在固体培养基上，*Testudinimyces gracilis* 形成圆形米色菌落（最大 2.5 mm）。在含有纤维二糖的液体培养基中，*Testudinimyces gracilis* 产生大而致密的颗粒状生长物。*Testudinimyces gracilis* 成熟的孢子囊通常呈球形、亚球形和卵形，平均尺寸为（123.88±38.18）μm×（86.17±33.17）μm。该真菌产生的游动孢子较小，平均尺寸为（5.1±1.15）μm×（4.49±1.17）μm，鞭毛平均长度为（10.54±8.72）μm。*Testudinimyces gracilis* 的游动孢子通过顶端孔释放，随后孢子囊壁溶解。该物种的特点是生长温度范围广，这使其有别于其他厌氧真菌。

Testudinimyces gracilis 模式菌株为 T130A，在最初的传代培养中，可在较宽泛的温度范围内生长（20～45 ℃）。生长率取决于温度，在较高温度（35～45 ℃）下生长最快。然而，在高于 45 ℃ 的温度下进行传代培养时，培养物很快失去了活力和底物黏附能力，并且在第三次传代培养时几乎停止产气。菌株 T130A 虽然在 30 ℃ 条件下生长速度较慢，但在多次重复传代培养后能持续维持菌株活力。菌株 T130A 可利用多种单糖底物生长，其中发酵葡萄糖和果糖的能力最强。研究人员还测试了大多数二糖（纤维二糖、麦芽糖、乳糖和蔗糖）以及几种聚合物（纤维素、淀粉和菊粉），这些底物均支持菌株 T130A 的生长。

目前，除了从陆龟粪便中分离出的模式菌株 T130A。还从缅甸星龟、埃及星龟、加拉巴哥象龟、印度星龟、饼龟和犁头龟的粪便样本中分离出属于 *Testudinimyces gracilis*

的其他菌株，这些样本均收集自美国俄克拉何马州的动物园。

四、*Astrotestudinimyces* 的菌株特性

属名 *Astrotestudinimyces* 源自希腊语中的天体 "*astron*" 以及阿拉伯语中的乌龟："*testudo*"，表明是一类分离自星龟的真菌。*Astrotestudinimyces* 菌株外形特征的详细描述见 Pratt 等（2023）。在固体培养基上，*Astrotestudinimyces* 形成微小的米色针尖状菌落。在含有纤维二糖的液体培养基中，其形成一种较薄的膜状生长物。*Astrotestudinimyces* 产生单鞭毛的游动孢子，表现出多中心的菌体发育，以及丝状的假根生长模式。其独特的形态特征在于丝状菌丝分枝广泛且假枝为钝根状，孢子囊梗主要从中央肿胀处形成，产生单鞭毛游动孢子。*Astrotestudinimyces* 属目前有一个种水平的菌株 *Astrotestudinimyces divisus*。*Astrotestudinimyces* 的 GenBank 的序列登录号为 OQ382915（ITS1、5.8S、ITS2、D1-D2 28S rRNA），在 MycoBank 中的 ID 编号为 MB 847431。

（一）*Astrotestudinimyces divisus*（Pratt 等，2023）

Astrotestudinimyces divisus 成熟的孢子囊通常呈球形和近球形，平均大小为（64.82±32.16）μm×（35.3±10.04）μm。孢子囊通常位于杯状、薄、细长或宽、扁平的孢子囊梗上。产生单鞭毛游动孢子，平均大小为（6.89±2.16）μm×（5.71±1.68）μm，鞭毛平均长度为（34.45±6.07）μm。游动孢子在发芽时形成芽管，并最终发育成具有有核菌丝的多中心菌体。孢子囊梗主要呈杯状，偶尔出现长而相对较窄的孢子囊梗[（115.94±24.84）μm]。在含纤维二糖的液体培养基中呈颗粒状生长，形成较薄的生物膜，在滚管上形成微小的米色针尖状菌落。最适生长温度与从哺乳动物宿主获得的菌株相似，但可以在更宽泛的温度范围内生长。*Astrotestudinimyces divisus* 在 MycoBank 中的 ID 编号为 MB 847433。

Astrotestudinimyces divisus 模式菌株为 B1.1，在最初传代培养中表现出较窄的温度生长范围（30～42℃）。在 42℃条件下传代培养的菌株逐渐失去活力和底物黏附能力，并且在第三次传代培养时几乎停止产生气体，而在 30℃、35℃、37℃和 39℃下培养的菌株在重复传代培养后仍保持活力。菌株 B1.1 仅在两类单糖（果糖和甘露糖）中生长，可以利用测试的大多数二糖和聚合物（菊粉和淀粉）。

除了模式菌株 B1.1 外，研究人员还从美国俄克拉何马市的俄克拉何马市动物园的缅甸星龟以及美国俄克拉何马州沃尔特斯的霍克希尔农场的苏卡达龟解冻粪便中分离出 *Astrotestudinimyces divisus* 的其他分离株。

第五节 球状假根厌氧真菌的特征描述

目前，球状假根厌氧真菌菌属有 *Caecomyces* 和 *Cyllamyces* 2 个属，其详细的特征描述如下。

一、*Caecomyces* 的菌株特性

Caecomyces 与 *Neocallimastix* 属相似，其成员的鉴定早于"瘤胃鞭毛虫"的真菌性质的发现。*Caecomyces* 属的游动孢子最早被鉴定为瘤胃鞭毛虫，并提出属名为 *Sphaeromonas*。直到 1976 年，*Sphaeromonas communis* 与真菌的隶属关系被证实（Orpin，1976），并且很快在纯培养（Orpin，1981）中被分离出来。该属由 Gold 等（1988）基于从马粪便中获得的两种分离物而正式描述。早期研究中试图将 *Sphaeromonas* 更名为 *Sphaeromyces* 以强调其真菌特性，后来发现这种命名方式是不可行的，因为 *Sphaeromyces* 这个名称已经在使用了。因此，根据分离株获得的生存环境（马盲肠），为该属提出了 *Caecomyces* 的名称。

Caecomyces 属的形态学描述见 Gold 等（1988），在固体培养基上，*Caecomyces* 产生白色小颗粒菌落。在液体培养基中呈现砂状生长形态；*Caecomyces* 产生单鞭毛的游动孢子，并表现球状假根系统，以及单中心的，单孢子或多孢子囊体（图 4-1）。*Caecomyces* 已从马（*Equus ferus*）的粪便（Gold 等，1988）、牛的瘤胃和粪便（Gaillard-Martinie 和 Citron，1989；Murphy 等，2019）、绵羊的唾液、瘤胃和粪便（Ho 等，1994a；Chen 等，2007；Henske 等，2017）、小鹿（*Dama dama*）粪便（Hanafy 等，2020a）、牦牛瘤胃和粪便（Wang 等，2017）、水牛瘤胃和粪便（Edwards 等，2020a）和高山山羊粪便（Lowe 等，1985）中分离。分子生态学研究显示，*Caecomyces* 属成员在大多数前肠和后肠发酵草食动物的胃肠道中存在，但其相对丰度较低（Edwards 等，2017；Hanafy 等，2020a）。但在特定营养条件下，*Caecomyces* 可以成为肠道中的优势菌群，Ho 等（1994a）报道，*Caecomyces* 是饲喂糖蜜或棕榈纤维稻草的驴粪便样本里厌氧真菌群落中最丰富的属，其相对丰度可达 30%～90%。

已有研究中提出了以下 4 个种水平的菌株：*Caecomyces communis*（Orpin，1981），*Caecomyces equi*（Gold 等，1988），*Caecomyces sympodialis*（Chen 等，2007）及 *Caecomyces churrovis*（Henske 等，2017）。*Caecomyces communis* 和 *Caecomyces equi* 最初是由 Gold 等根据 *Caecomyces equi* 中存在单个球根状根而 *Caecomyces communis* 中存在多个球根状根来区分的。然而，随后的研究对这两个种的独特性提出了质疑，认为球状假根的数量取决于培养物的培养时间，新鲜培养物通常显示出单个球根柄状假根，而随着培养物时间增加，则会发展出多个球根状假根。遗憾的是，由于无法获得 *Caecomyces equi* 的模式菌株并缺乏序列数据，阻碍了进一步证实 *Caecomyces equi* 和 *Caecomyces communis* 的进化关系（是否为同一个物种）。因此，有研究建议保留 *Caecomyces equi* 的名称，但使用更常见的物种名称"*Caecomyces communis*"来描述未来表现出类似的系统发育隶属关系和表型特征的菌株。

Henske 等（2017）研究中提供的 *Caecomyces churrovis* 的描述并不能充分确定其与 *Caecomyces communis* 存在表型的区别。且 *Caecomyces communis* 和 *Caecomyces churrovis* 在 ITS1 和 D1/D2 LSU 树中都聚类在一起，平均序列差异只有 0.89% 和 0.77%。因此，*Caecomyces churrovis* 被认为是 *Caecomyces communis* 的同义菌，建议将

Caecomyces churrovis 命名为 *Caecomyces communis* var. *churrovis*。因此，目前 *Caecomyces* 有 3 个保留的种水平菌株：*Caecomyces communis*（同义词 *Caecomyces churrovis*）、*Caecomyces equi* 及 *Caecomyces sympodialis*。

（一）*Caecomyces communis*（Gold 等，1988）

Caecomyces communis 与 *Sphaemonas communis* 及 *Caecomyces churrovis* 为同义菌株。模式菌株为 PN3，其形态学特征可在 Orpin（1976）中查阅。分离物 PN3 是从马（饲喂草地干草和去壳紫花苜蓿）的新鲜粪便样本中获得的。菌株 PN3 孢囊游动孔 [大小范围（4×5）μm～（6×10）μm] 呈卵形或不规则形状。细胞壁厚 30～40 nm，由三层组成，内层染色较浅，第二层染色更深，最外层是松散的纤维状薄层。每个囊肿都有一个核和许多氢体，细胞质含有颗粒。核糖体样颗粒以球状聚集体的形式出现，或者单独出现，或者最多 20 个聚集在一个无定形基质中。在游动孢子中发现的核糖体螺旋在所有检查的孢囊中均不存在。鞭毛可能在孢囊时脱落，因为在半连续切片检查的三个囊肿中均未发现运动体，并且发现了完整的基底结构的脱落鞭毛。在 PN3 中，研究人员还观察到三个小的（直径 1.5 μm）细胞质圆盘，每个圆盘包含一个卷曲的鞭毛轴丝。这些圆盘包含运动体周围结构，轴丝的远端已分离成双联体。孢囊发芽产生双球状菌体。假根的细胞壁厚 40～60 nm，位于细胞体壁内。细胞体壁与前一阶段相似，而假根则具有更疏松、更厚的纤维层，厚度超过 100 nm。宽度可变的富含微管的颈部区域连接单核细胞体和发育中的球状假根。分散的氢体主要出现在细胞体的细胞质中，但球状核糖体聚集体在此阶段分散。在生命周期的下一阶段，菌株 PN3 的细胞体保持不变，但球根状假根变大。假根变成空泡状，通常看起来塌陷并且含有主要是外周细胞质的无核链，其具有氢体和晶体。晶体的直径可达 0.65 μm，出现在营养菌体和幼孢子囊中。大约 10% 在琼脂上生长的 PN3 细胞被检查有 1～3 个长而窄的假根从球状假根发出。然而，生长在草叶上的菌体形成充满宿主细胞的球根状假根或类似紧凑型珊瑚状假根系统。

随着细胞体的扩张和细胞壁的增厚，发育继续进行。不断扩大的胞体胞质致密，有许多细胞核、氢体、广泛的内质网和晶体。研究人员没有专门研究这些细胞的有丝分裂装置，但在 PN3 中，三个分裂的细胞核具有盘状细胞器，缺乏中心粒，并且具有持久的核包膜。随着细胞壁的分离和进一步增厚，发育继续进行，此时研究人员将细胞体定义为孢子囊。发育中的孢子囊壁变得更厚，其外层更松散，更具纤维状。细胞质变得不那么均匀，糖原颗粒和氢化酶主要聚集在细胞核周围。核糖体一直分散到游动孢子发生的后期，但晶体在相当早的阶段就丢失了。最大的变化是细胞质裂解和鞭毛器合成到其成熟结构。细胞质裂解是通过裂解液泡完成的，这些液泡最初形成在发育中的轴丝周围，具有独特的、稀疏的颗粒状染色模式。

鞭毛轴丝起源于运动体并终止于逐渐变细为单个微管的"发点（hairpoint）"。鞭毛过渡区和运动体区域基本上类似于多鞭毛化 *Neocallimastix* 中报道的区域。过渡区圆柱体围绕着中央微管的基部，中央微管终止于无定形板。在该板的远端，九个过渡原纤维连接双峰和质膜。毛基体由典型的九个三联体微管和一个近端车轮组成。70～100 nm 高的细胞质脊围绕着鞭毛的插入点。第二个不完整的新月形脊高约 0.2 mm，与轴突位于同一侧，此时内脊不那么突出。在通过连续切片检查裂解前 PN3 游动孢子（15 个中的 12 个），研究人员发现环鞭毛环相对于鞭毛的纵轴倾斜约 30°。

此外，运动体周围装置包括一个"马刺"和一个"勺子"，"勺子"通过支柱连接到环鞭毛环和/或运动体。向上延伸到第二个脊的环鞭毛环的增厚区域，两个支柱位于马刺的侧面。支柱"a"有一个 C 形的嗜锇涂层和一个染色不太好的中心，并向下延伸到连接到远端勺子的运动体底部。支柱"b"也有一个深色染色的外层，有点 S 形。它在运动体下方大约一半的位置变厚并从骨刺弯曲，缠绕在运动体的另一侧，然后向下和向后卷曲以加入勺子。支柱"c"将"b"支柱的水平部分连接到环鞭毛环。马刺类似于一个纵向分裂的锥体，长约 0.2 μm，几乎与运动体一样宽，即 0.2 μm。两个支柱将骨刺连接到运动体。微管明显随机地从分支的基部发散到细胞质中。这些微管中的一些，此后称为微管根，与核膜相关，而其他微管则与游离游动孢子中所见的氢体混合。马刺的远端有条纹，是 8～10 个微管的扇形阵列的焦点，垂直于运动体辐射到游动孢子初始外围的分化细胞质的圆顶状区域。这个微管的侧扇可能对应于 *Neocallimastix frontalis* 中的后扇。巨管与风扇微管平行，位于质膜和风扇之间，仅位于圆顶区域。研究人员将这种细胞质、微管和巨管的整体称为"posterior dome（后圆顶）"。

除了鞭毛相关装置的形成之外，发育中的游动孢子其他唯一明显的变化是鞭毛基部周围氢体的聚集和核糖体聚集成球状聚集体和螺旋。在游动孢子发生过程中，隔膜向心生长，但研究人员不确定它是否或何时完成。隔膜在卵裂过程中可能是不完整的。释放的游动孢子形状不规则，平均为 5 μm×7 μm。光学显微镜显示菌株 PN3 大部分为圆形或椭圆形，但许多在鞭毛对面有突起。在菌株 PN3 的 97 个初始游离游动孢子中，只有 3 个是双鞭毛的，其余的是单鞭毛的。游离的游动孢子包含成簇的和单一的核糖体聚集体和分散在细胞质中的内质网状结构，细胞质中富含糖原颗粒。游离的游动孢子的动体结构和相关的微管根与孢子囊内发育中的细胞相同。通过使用 PN3 的 60 个游离游动孢子的动体区域制作连续和半连续切片。在 60% 的这些细胞中，细胞核位于运动体附近，或多或少呈喙状。那些缺乏结合的游动孢子在细胞核和运动体区域之间被拉长和收缩，表明鞭毛可能在孢囊过程中与细胞质夹断。

该种的另一个菌株 H3 的描述如下：H3 的营养阶段由单个孢子囊组成，卵形至细长形但有时形状不规则，生于单个多分枝根茎上。成熟后，孢子囊将游动孢子释放到周围的培养基中，随后它们在那里发芽。生长 3 天后，植物组织发生解体。由于在植物组织上的生长导致其分解，因此研究人员在培养基中测试了菌株 H3 在其他底物上的生长情况，葡萄糖被一系列可溶性和不溶性植物碳水化合物中的一种替代。生长发生在果糖、半乳糖、蔗糖、麦芽糖、纤维二糖、可溶性淀粉、颗粒大米淀粉、α-纤维素、木聚糖和果胶上。此外，所有菌株的壁都显示出几丁质阳性结果和纤维素阴性结果。当嘌呤霉素或放线菌酮掺入培养基时，会完全抑制菌株 H3 的生长。硒酸钠或鱼藤酮没有抑制作用。

分离株 H3 都能够广泛降解磨碎的草颗粒，包括主要结构多糖、纤维素和半纤维素的降解。在试验结束时对植物颗粒进行分析，分离株 H3 在组织中消化了果胶、木聚糖、半纤维素和纤维素。

随后，*Caecomyces churrovis* 在 2015 年被分离，研究人员不仅描述了其形态结构，还对其转录组学进行了测序。*Caecomyces churrovis* 是从圣巴巴拉动物园的纳瓦霍羊的粪便中分离出来的。显微镜分析表明 *Caecomyces churrovis* 是一种单中心真菌，并证实它不具有广泛的根状网络来穿透生物质。相反，*Caecomyces churrovis* 形成一个大的球形孢子囊，具有固定结构，可将其附着在植物生物质和其他固体底物上。尽管没有广泛的根状茎网络利于破坏生物质，但这些真菌仍然定位并定植于植物生物质富含纤维素的表面。*Caecomyces churrovis* 孢子囊的大小不一，有些直径接近 20 μm，有些则大于 50 μm。一部分成熟的游动孢子囊随着时间的推移破裂和塌陷，释放出细胞内容物和活动的游动孢子。这些游动孢子可能对碳源（例如生物质）趋化并开始形成新的单中心孢子囊。

研究还确定了 *Caecomyces churrovis* 在一系列可溶性和聚合碳水化合物上的生长速率和程度。底物包括单糖和双糖（葡萄糖、果糖、阿拉伯糖、木糖、甘露糖、纤维二糖、麦芽糖、蔗糖）、多糖（纤维素：微晶纤维素；半纤维素：来自玉米秸秆的木聚糖）和植物生物质（芦苇、金丝雀草、玉米秸秆、紫花苜蓿茎、柳枝稷）。由于真菌生长的性质和不溶性碳源的使用，密封培养管中发酵气体压力的累积通常用于测量生长。研究人员通过计算指数压力生成（指数增长阶段）期间累积压力与时间的对数线性图的斜率来确定有效净特定增长率。与复杂的生物质相比，该分析确定了 *Caecomyces churrovis* 在单糖上生长的偏好。葡萄糖和果糖的有效净比增长率分别为 $(0.050 \pm 0.002)\,h^{-1}$ 和 $(0.063 \pm 0.008)\,h^{-1}$，而对于在芦苇草上生长，聚合物底物的计算范围为 $(0.028 \pm 0.003)\,h^{-1}$ 在玉米秸秆上的生长为 $(0.039 \pm 0.0002)\,h^{-1}$。

在可溶性糖中，在纤维二糖 $[(15.37 \pm 0.42)\,psig]$ 和葡萄糖 $[(15.0 \pm 0.20)\,psig]$ 的生长过程中观察到最高的总压力产生，在果糖 $[(8.93 \pm 1.1)\,psig]$ 的生长过程中观察到较低的压力，这表明更大的生长和代谢活性发生在葡萄糖和纤维二糖上。研究人员认为这可能与生物质降解酶生产背后的调节机制有关。尽管植物细胞壁中存在五碳糖木糖和阿拉伯糖，或六碳糖半乳糖和甘露糖，但未观察到真菌生长。纤维二糖，纤维素的一种突破性产物是唯一一支持生长的二糖，因为在麦芽糖和蔗糖上没有观察到生长。

对于聚合物底物，在纯化的结晶纤维素上检测到最小生长，总累积压力仅比没有碳源的空白培养物的总累积压力大 1.2～3.5 psig。然而，在结晶纤维素上缺乏生长可能与 *Caecomyces churrovis* 缺乏假根有关。与磨碎的植物生物质（4 mm）相比，这些结晶纤维素底物的小粒径（50 μm）可能导致更致密的底物堆积，防止肠道真菌进入顶表层以外的纤维素。相比之下，由其他肠道真菌产生的根状网络可能会穿透纤维素，破坏包装并改善游动孢子和分泌酶与暴露的纤维素链的接触。在植物生物量基质上，研究人员观察到玉米秸秆的净比生长率 $[(0.039 \pm 0.0002)\,h^{-1}]$ 显著高于柳枝稷 $[(0.030 \pm 0.0005)$

h^{-1}]和芦苇金丝雀草[(0.028 ± 0.003)h^{-1}],并且在苜蓿茎上没有观察到生长。这一观察结果与紫花苜蓿茎的细胞壁组成一致,与其他草相比,紫花苜蓿具有更高的相对果胶含量,这可能会阻碍真菌的生长。在玉米秸秆生长期间观察到最大压力(12.4 ± 0.10)psig,而在芦苇草和柳枝稷上测得的总压力较低[分别为(8.27 ± 0.76)psig 和(9.0 ± 0.35)psig]。这表明植物材料在木质素含量和糖成分方面的不同成分可能会影响 *Caecomyces churrovis* 的生长。玉米秸秆含有 32%~36% 的葡聚糖,而芦苇草和柳枝稷分别含有 20.9%~26.5% 和 27.3%~32.2% 的纤维素。玉米秸秆中这种更高的葡聚糖浓度可能导致在该基质上生长期间所观察到的最大压力[(12.4 ± 0.10)psig]更高。

Caecomyces communis 的模式菌株 PN3 没有测序数据,最早获得序列数据的菌株为 *Caecomyces communis* GRL-11 和 GRL-12,在 GenBank 序列登录号为 JF974109(GRL-11,ITS1),JF974124(GRL-12,LSU);在 MycoBank ID 为 MB 1335565;在 Index Fungorum 中的 ID 为 IF 135565;NCBI taxon ID 为 4824。

(二)*Caecomyces equi*(Gold 等,1988)

Caecomyces equi 的模式菌株来自马盲肠的菌株 PN3,由于仅保留该种名称,而在后续研究中建议使用 *Caecomyces communis*,菌株 PN3 的特征在 *Caecomyces communis* 中被详细描述。目前数据库中尚未有记录的核苷酸序列。目前在数据中有以下几个分类的 ID 编号:在 MycoBank 的 ID 编号为 MB 135566,在 Index Fungorum 的 ID 编号为 IF 135566。菌株的外形描述与 *Caecomyces communis* 相似,可能存在单球状假根(*Caecomyces equi*)或多球状假根(*Caecomyces communis*)的差异。但 *Caecomyces equi* 主要产生单囊状体,这与 *Caecomyces communis* 能同时产生单囊状体或多囊状体不同。

(三)*Caecomyces sympodialis*(Chen 等,2007)

Caecomyces sympodialis 的模式菌株为来自黄牛瘤胃(*Bos indicus*)的 W101。其在 GenBank 中的序列登录号为 DQ067604.1(ITS1);在 MycoBank 中的 ID 编号为 MB 504777;在 Index Fungorum 中的 ID 编号为 IF 504777;目前尚未有在 NCBI taxon 中记录的 ID 编号。*Caecomyces sympodialis* 的外形描述见 Chen 等(2007)。除了 *Caecomyces* 属的一般特征外,该物种的独特之处在于可产生具有多个孢子囊(超过 3 个)的菌体,这些孢子囊中的孢子同时分布在长管状的不分枝孢子囊上。

二、*Cyllamyces* 的菌株特性

"Cylla" 这个词来自威尔士语,意思是"肠道"。2001 年 Ozkose 等从牛粪便中分离了 *Cyllamyces* 属的第一个种 *Cyllamyces aberensis*,2014 年从水牛的粪便中报道了第二个种 *Cyllamyces icaris*(Sridhar 等,2014)。*Cyllamyces* 属包含产生球状假根,但显示多中心菌体发育模式的菌株(与 *Caecomyces* 中的单中心模式相反)。*Cyllamyces* 和 *Caecomyces* 两个属成员在形态和微观特征上的差异,主要在于它们的单中心和多中心菌

体发育模式之间的差异。固体培养基上的 *Cyllamyces* 菌落为颗粒状和米色菌落,在液体培养基中 *Cyllamyces* 分离菌株通常聚集成相对较大和松散的颗粒状棕色团块(图 4-1)。与丝状多中心属(*Orpinomyces*、*Anaeromyces* 和 *Paucimyces*)相比,假根生长的球茎性质导致产生了小得多的团块。*Cyllamyces* 菌株产生球根状固着物,从囊腔中产生一个或多个孢子囊。菌株的多中心性质反映在它们每个菌体产生多达 12 个孢子囊的能力(单个孢子囊多达 5 个)以及在整个菌体(即在囊腔、孢子囊中)可以观察到细胞核。与 *Caecomyces* 类似,*Cyllamyces* 产生单鞭毛的游动孢子。

Cyllamyces 菌株已从奶牛粪便(Ozkose 等,2001)、水牛粪便(Sridhar 等,2014)和瘤胃(Jin 等,2011),以及突尼斯羊中分离出来。隶属于 *Cyllamyces* 属的序列之前被划分为 MN1 和 SP8 分支(Paul 等,2018),分子生态学分析显示,*Cyllamyces* 属广泛存在于草食动物胃肠道中,特别是奶牛中(Edwards 等,2017;Hanafy 等,2020a)。*Cyllamyces* 属的模式菌株为 EO14(AFTOL 846),GenBank 的序列登录号为 AY997042(ITS1,5.8S,ITS2)和 DQ273829(D1/D2 LSU),在 MycoBank 中的 ID 编号为 MB 28540;在 Index Fungorum 中的 ID 编号为 IF 28540;NCBI 分类单元 ID 为 3246。

(一)*Cyllamyces aberensis*(Ozkose 等,2001)

Cyllamyces aberensis 的模式菌株为 EO14,形态学描述见 Ozkose 等(2001)。*Cyllamyces aberensis* 为球形孢子囊,孢子囊数量众多 [(5.8±2.0)个,$n=27$],球形至卵圆形,直径为(14.7±3.1)μm($n=60$)。游动孢子为单核,球形(偶尔椭圆形),直径为(7.80±1.1)μm($n=80$),单鞭毛(偶有两根或三根鞭毛),鞭毛长度为(27.33±2.4)μm($n=30$)。鞭毛通常在囊胚形成前脱落(2~4 h),但偶尔在萌发过程中鞭毛仍附着在囊壁上。成囊的孢子生长形成一个无根状突起的单球根状固着体。在萌发后 6~8 h 内,会形成数个(最多 5 个,但通常为 2~4 个)孢子囊,每个孢子囊长度可达 85 μm。虽然孢子囊可以从假根固定的不同区域发育,但经常可以观察到两个孢子囊从球根固定的同一点发出,并在底部分支。单个球根固块的直径可达 54 μm [(33.9±6.0)μm;$n=40$]。菌体发育是单中心、多孢子囊的,因为在菌体内有细胞核和大量孢子持续产生。以前在 Neocallimastigales 中没有报道过分枝孢子囊的发生会产生几个末端孢子囊。在形成球茎固着物的其他物种中,孢子囊通常直接携带在固着物上。在亲本游动孢子释放后 8 h,在孢子囊柄上观察到第一个发育中的孢子囊。在多孢子囊发育过程中(8~14 h),细胞核通过孢子囊体迁移到这些结构中。孢子囊呈球形至卵形,成熟时直径为 10~20 μm,并通过明显的隔膜与孢子囊体分界。每个菌体能产生多达 12 个孢子,通常为 5~8 个。在释放游动孢子的前一小时内,研究人员观察到游动孢子在接近成熟的孢子囊内移动。多达 12 个游动孢子 [(5.5±2.7)个,$n=36$],基于接近成熟的孢子囊中的细胞核数量] 通过孢子囊壁顶端区域的局部溶解从孢子囊中释放出来。游动孢子的连续纵剖面显示了鞭毛附着的模式和运动体结构。鞭毛从附着点后面的坑中出现,这是厌氧真菌游动孢子的一个共同特征。

Caecomyces communis 在 GenBank 中的序列登录号为 AY997042（ITS1，5.8S，ITS2）和 DQ273829（D1/D2 LSU），在 MycoBank 中的 ID 编号为 MB 28540，在 Index Fungorum 中的 ID 编号为 IF 28540，NCBI 分类单元 ID 为 3246。

（二）*Cyllamyces icaris*（Sridhar 等，2014）

Cyllamyces icaris 的模式菌株为 CB3B1。"*icaris*"这个词来自印度农业研究委员会的缩写，印度农业研究委员会是印度农业研究的总部。*Cyllamyces icaris* 为严格厌氧真菌，具有多中心多孢子囊体、多个球茎固着物、不确定和间歇的球茎假根、末端卵形孢子囊、结节状短分枝孢子囊和单鞭毛游动孢子，很少有双鞭毛。*Cyllamyces icaris* 菌株外形特征的详细描述参考 Sridhar 等（2014），游动孢子通常是球形和单鞭毛的，碘化丙啶染色显示游动孢子是单核的。偶尔也获得双鞭毛游动孢子（2%，$n=200$）。其他一些形状的游动孢子也被发现有椭圆形，椭或三脚架状，但它们的发生率都小于1%。游动孢子的直径范围为 7.7～14.13 μm［（11.13±1.39）μm；$n=480$］，鞭毛的平均长度为（59.50±10.33）μm（$n=410$）。游动孢子从孢子囊中释放后，在1 h 内失去活性，脱落鞭毛，成囊并形成固着体。在2 h 内观察到囊状游动孢子的根状芽的生长来源，可以是单极或多极的。在3 h 时，观察到典型的根状突起，顶端呈哑铃状。隆起在其后期发育阶段可能会变成根状茎/固着物。固着物的形成和根状体的出现在4 h 时。孢子释放后4 h 内，根状芽长至（40.04±7.2）μm（$n=10$）。在5 h 时，根状芽进一步伸长，长度或多或少增加了一倍。孢囊化的游动孢子通常会形成一个固着体，而一个或多个根状芽孢就是从这些固着体中产生的。在7 h 时观察到孢子体从根状体中形成。另一个固着体的形成和另一个不确定的根状突起出现在8 h。在10 h 时，孢子囊成熟并在顶端释放出孢子。12 小时进一步繁殖明显，14 h 发育，16 h 完全成熟。孢子释放后 6 h、8 h、10 h 和 12 h，根状芽的长度进一步增加，增加到（67.77±13.6）μm（$n=5$）、（102.87±14.37）μm（$n=22$）、（136.57±15.5）μm（$n=29$）和（206.32±31.46）μm（$n=22$）。假根长度的增加伴随着固着物的间歇形成。完全成熟的分离物，具有发达的孢子囊、固着物、结节状和双分叉的孢子囊。从初始直径 14 μm［（14.63±0.26）μm；$n=100$］开始，球茎固着物在完全成熟 24 h 后长到 86 μm［（56.64±13.42）μm；$n=150$］。

Cyllamyces icaris 在以淀粉为底物的 β-葡萄糖苷酶活性最高，为（3459.00±104.39）IU（酶活的一个 IU 定义为每分钟释放 1 mol 还原糖（葡萄糖或木糖）和 1 mol 对硝基苯酚的酶量），以纤维素二糖为底物的 β-葡萄糖苷酶活性为（593.00±49.66）IU，以滤纸为底物的 β-葡萄糖苷酶活性最低，为 2.04 IU。内切葡聚糖酶以葡萄糖为底物的范围为（9.00±6.21）IU 到以滤纸为底物的（1.60±0.09）IU。纤维素二糖获得最高的木聚糖酶活性（66.70±11.54）IU，而滤纸获得最低的木聚糖酶活性（0.82±0.04）IU。因此，*C.icaris* 具有高的内切葡聚糖酶、木聚糖酶和 β-葡萄糖苷酶活性，这些活性可作用于植物结构多糖。

Cyllamyces icaris 与 *Cyllamyces aberensis* 的区别在于，*Cyllamyces icaris* 产生多个囊腔、拥有较大的孢子囊，并且每个孢子囊柄里的孢子囊数量较少，以及除球状假根生长

模式外还具有基本的丝状假根生长结构。基于 ITS1 序列的系统发育分析证明两个种的平均序列差异为 4.6%。*Cyllamyces icaris* 的 GenBank 的序列登录号为 EU043229（ITS1，5.8S，ITS2），在 MycoBank 中的 ID 编号为 MB 629693；在 Index Fungorum 中的 ID 编号为 IF 629693。

第五章
厌氧真菌的生长与代谢

第一节　厌氧真菌的生命周期

厌氧真菌通过无性繁殖，其生命周期主要分为两个阶段，即可移动的鞭毛游动孢子阶段和不可移动的营养体、生殖阶段（Orpin，1975）。游动孢子由孢子囊释放，这些游动孢子通过鞭毛运动，由于化学趋化性被吸引并附着在植物组织上，这一过程称为可移动的鞭毛游动孢子阶段；随后，附着的游动孢子鞭毛脱落形成孢囊，并进一步发育成孢子囊，同时，假根系发育并物理穿透进入植物组织中，使整个真菌锚定在植物组织上不再移动，这个阶段为营养体、生殖阶段。在这一阶段中，真菌通过物理穿透作用和化学酶解作用分解植物内部组织，为孢子囊发育和成熟提供了营养物质（Gruninger等，2014）。以下内容将从孢子囊发育和破裂、孢子游动和定植、根茎发育和穿刺三部分生长过程来具体描述厌氧真菌的生命周期。

一、孢子囊发育和破裂

孢子囊的发育类型可以分为三类：内源单中心型、外源单中心型和外源多中心型（Barr等，1989）。内源单中心型孢子囊在萌发时，细胞核保留在孢子孢囊中，孢囊发育成为孢子囊，同时，孢子的芽管分支并生长成一个广泛且无核的假根系统。外源单中心型孢子囊的孢子孢囊在萌发过程中发生了两侧萌发，即其一侧的芽管先发育成了假根系统，接着，另一个管状生长物将会在假根主根茎的对面生长，形成孢子囊柄，而孢子囊则在孢子囊柄的顶端进行发育。由于孢子囊在其他地方发育且初始核从最初的孢子孢囊中逃逸，因此这种发育类型被称为外源单中心型。外源多中心型孢子囊的孢子孢囊为单侧发育，在发育过程中，孢子孢囊中的细胞核迁移到芽管中，随着芽管的分枝和核的分裂，根状菌丝体形成。根状菌丝体不同于根状系统，因为有核，且能够发育子实体，因此，孢子囊可以在生长的根状菌丝体的顶端发育（末端发育），也可以发育为根状菌丝体中某个菌丝的生长产物（居间发育）。

早期孢子囊通过与孢子囊基部壁合并的纤维状隔膜与根状系统分离，在隔膜中没有观察到孔隙，因此形成了一个屏障，阻止细胞质从根状系统流向孢子囊。隔膜和孢子囊壁的厚度约 1.0 μm（Heath等，1983）。一些厌氧真菌，例如 *Neocallimastix frontalis*，其孢子囊壁上没有出口突起或其他分化，随着游动孢子的成熟，孢子囊壁退化为一个非常低密度的松散纤维结构，因此，其游动孢子的释放可能与孢子囊壁的局部随机破裂或全面消化有关；而 Neocallimustix R1 总是在孢子囊壁上与主根茎对面的一个点上释放游动孢子，不同于 Neocallimastix frontalis，Neocallimustix R1 的游动孢子是从孢子囊壁的一些孔中释放出来的（Lowe 等，1987a）。因此，释放游动孢子的方式在不同物种间也有差异。

孢子囊发育成熟后，在合适的诱导剂的促进作用下，孢子囊壁溶解，释放出里面的游动孢子。例如，燕麦提取物作为一种诱导剂可以诱导孢子囊 100% 的破裂，从而导致鞭毛虫的同步产生。将 Neocallimastix frontalis 颗粒与该诱导剂混合后置于 39 ℃厌氧环境下，在孵育开始时，孢子囊没有明显的内部结构，在 10 min 范围内，孢子囊出现内部分化，在 15 min 时，孢子囊内圆形小体的密度增加，这些小体的密度逐渐变得拉长，已存在成熟孢子，在 18 min 时，孢子囊破裂，释放出新鞭毛孢子，直至孢子囊变空；将 Caecomyces communis（起初被鉴定为 Sphaeromonas communis）用同样的诱导方法进行诱导后，在 30 min 内，其孢子囊有明显的内部分化迹象，在 45 min 时，孢子囊内部分化到达晚期，在 58 min 时，鞭毛孢子通过孢子囊壁的至少两个破裂处而被快速释放出来，直至 65 min 以后才释放完毕（Orpin，1976）。之后，孢子囊和根状系统自溶。除了膳食诱导剂，另外一些因子可能也能够诱导孢子囊的发育和破裂，这些因子还有待进一步考究。此外，孢子囊的发育和孢子的产生也与诱导剂浓度、储存方式、温度、气体环境、pH 值、链霉素、肌动蛋白、多黏菌素 B、细胞松弛素 B 等因素有关，这些因素影响了瘤胃液中游动孢子的增长速度。

此外，研究者认为在厌氧真菌的生命周期中包含一个休眠阶段。虽然休眠期结构仍未完全了解，但它们为一些目前已知的厌氧真菌为什么可以在长时间的干燥和氧气暴露后从粪便中培养出来这一问题提供了解释（Davies 等，1993a；Griffith 等，2009；Mcgranaghan 等，2010）。迄今为止，在不同的厌氧真菌类别中描述了休眠孢子孢囊（Orpin 等，1981；Wubah 和 Akin，1991；Brookman 等，2000a）。尽管可能厌氧真菌并没有一个共有的休眠结构，而是类别特异性结构，但休眠结构被认为在厌氧真菌的动物间转移中起着重要作用。例如，有研究者认为厌氧真菌在唾液中的存活可能是反刍动物和假反刍动物厌氧真菌的重要转移机制（Lowe 等，1987a）。在后肠中，粪便作为动物之间厌氧真菌的转移机制可能比唾液发挥更重要的作用，特别是某些后肠发酵者，例如表现出食粪行为的马驹来说（Marinier 等，1995）。

二、孢子游动和定植

游动孢子的形状是可变的，尤其是刚从孢子囊中释放后，其形状通常不规则，但大多数在几分钟后形成规则形状，基本上为卵圆形。游动孢子内部分化为两个大小大致相等的区域，前半部分没有膜结合细胞器，由单一和聚集的嗜锇颗粒组成，似乎是核糖体和糖原颗粒的混合物；细胞的后半部分包含游动孢子的所有细胞器，包括细胞核、球状聚集物和微体，也是鞭毛的附着部位。两个区域的交界处有些收缩，这里的质膜由一层厚厚的纤维材料支撑（Heath 等，1983）。游动孢子的运动由快速跳动的鞭毛进行。游动孢子上通常有数条长鞭毛。在运动过程中，鞭毛联合形成一个单独的运动器官。游动孢子的运动方式不稳定，有时是旋转运动或快速穿梭运动，穿插着频繁的停顿和方向变化。偶尔，游动孢子会以变形虫的方式移动，在此期间，鞭毛有时彼此分离，球形体偶尔出现在它们的顶端。新鲜孢子运动活跃，记录的最大线速度为 5 mm/min（Lowe 等，1987a）。游动孢子可以运动 30 min 至数小时，在这之后，鞭毛的运动减少，运动器官产生惰性并分成更小的鞭毛束。在瘤胃液中，这些鞭毛与细胞分离，在体外培养中，鞭毛通常附着在不运动的细胞上。这些细胞随着单个根茎的生长而进一步萌发。

游动孢子在运动过程中可能附着在植物组织上，其附着受化学趋向性的影响。Orpin 和 Bountiff（1978）研究发现，真菌 *Neocallimastix frontalis* 游动孢子能够被植物组织中扩散的葡萄糖、半乳糖、木糖、果糖、甘露糖、L- 山梨糖、蔗糖、棉子糖、甘露醇、山梨糖醇、岩藻糖和 2- 脱氧 -D- 葡萄糖等可溶性糖吸引，但没有对氨基酸、嘌呤、嘧啶和维生素等化合物表现出趋向性。对碳水化合物的趋向性可能与化学感受器有关，*Neocallimastix frontalis* 游动孢子中有四种不同的化学感受器：葡萄糖、蔗糖、山梨糖醇和甘露糖。葡萄糖和蔗糖通常存在于宿主动物的饮食中，并很容易被真菌代谢；山梨糖醇受体的意义很难理解，因为使用该化学受体的山梨糖醇和甘露醇在宿主动物的饮食中都不常见，山梨糖醇受体可能对其他尚未确定的膳食成分敏感；甘露糖受体对葡萄糖也很敏感，由于甘露糖主要出现在甘露聚糖饮食中，很少有游离甘露糖进入瘤胃，且甘露糖不支持 *Neocallimastix frontalis* 营养阶段的生长，所以，对甘露糖的趋向性可能不会在体内发生，因此，甘露糖受体可能用于葡萄糖而不是甘露糖。此外，*Neocallimastix frontalis* 对其他糖表现出趋向性，但这些糖要么在饮食中通常不以游离态存在（木糖，L- 山梨糖），要么通常不存在（岩藻糖、2- 脱氧 -D- 葡萄糖），并不能支持其生长。因此，基于化学感受器对这些可溶性糖的高度趋向性意味着厌氧真菌游动孢子能够在其他瘤胃微生物之前或同时迅速定植在新鲜摄入的饲料上，由于可溶性碳水化合物通常在饲喂羊后 2～3 h 耗尽，因此厌氧真菌对植物材料的快速定植在瘤胃的竞争环境中至关重要（Bauchop，1979；Edwards 等，2008）。除了可溶性碳水化合物，Wubah 和 Kim（1996）研究发现，游动孢子对对香豆酸、阿魏酸和丁香酸三种酚酸也表现出明显的趋向性，并且，*Neocallimastix frontalis* 游动孢子以阿魏酸为主，*Piromyces communis* 游动孢子以对香豆酸为主，这两种单中心分离株对丁香酸的趋向性都比阿魏酸或对香豆酸差；多中心分离株（*Ruminomyces* sp. 和 *Orpinomyces bovis*）主要被对香豆酸吸引，吸引顺序为对香豆酸＞丁香酸＞阿魏酸。在瘤胃生态系统中，与饲料纤维相关的木质素化组织限制了对微生物对饲料纤维的利用。由于酚酸，特别是对香豆酸和阿魏酸，参与植物组织的木质素化过程，阿魏酸更是植物组织中木质素的成核位点，因此，对这些酚酸物质的趋向性说明厌氧真菌可能能够定植和降解某些木质素化组织，适当消除木质素对植物组织的化学降解和微生物降解的不利影响。

三、根茎发育和穿刺

当游动孢子运动力减弱或消失后，其根茎起源于鞭毛插入处对侧的一半细胞上，并且在位置上是极性的或侧向的（Lowe 等，1987a）。根茎不断分枝，呈放射状生长，最终形成一个扩大的根状系统。根状系统促进了厌氧真菌与植物组织的定植，这种定植会增加它们在瘤胃中的停留时间。根状系统的主要功能是从底物中吸收营养物质，具有强大的穿透和降解植物组织的能力（Lowe 等，1987a）。有研究表明，将植物材料悬浮在瘤胃中 2 h 后，大量厌氧真菌游动孢子便能快速附着在这些植物碎片上，特别是维管组织。这些真菌孢子进一步发育产生孢子囊，并在底物上或者底物里面长出广泛的根状系统，从而穿刺植物组织。真菌穿刺植物碎片的主要途径是通过受损组织、裂缝或轻微的表皮损伤可能提供了较大的真菌入侵途径。此外，气孔也是一个较小的根状系统穿刺的地方。气孔入侵通常发生在禾本科植物的叶片上，真菌通过气孔以其强硬的根茎穿透角质层这一刚性结构屏障，攻击植物组织。因此，厌氧真菌根状系统独特的物理穿刺作用能使其获得细菌或原虫无法获取的生长底物，同时，也使得其可能是饲喂粗纤维日粮的反刍动物瘤胃微生物群的重要成员，在纤维消化中起重要作用。

参与植物组织穿透过程的根茎主要是丝状根。除了丝状根外，来自 *Caecomyces* 和 *Cyllamyces* 属的厌氧真菌具有球形根茎。目前鉴定的来自 *Cecomyces* 的厌氧真菌分离株包括 *Caecomyces equi*（Gold 等，1988）、*Caecomyces communis*（Bootten 等，2011）和 *Cecomyces sympodialis* W101（Chen 等，2007），它们都具有球状根茎，其中，*Caecomyces equi* 在其每个菌体上仅发育出一个球状根茎，*Caecomyces communis* 通常在菌体成熟时发育出两个或多个球状根茎，*Cecomyces sympodialis* W101 的菌体上发育出一到两个球状根茎。Bootten 等（2011）发现，*Neocallimastix frontalis* 和 *Piromyces communis*、*Caecomyces communis* 在降解苜蓿木质部圆柱体中的细胞壁过程中，*Neocallimastix frontalis* 最活跃，而 *Caecomyces communis* 最不活跃，在定植过程中，*Neocallimastix frontalis* 和 *Piromyces communis* 可以定植于细胞壁中所有类型的细胞，并完全去除木质部圆柱体中非木质化的主壁，而仅有少量 *Caecomyces communis* 的球状根茎特异性存在于次生木质部纤维中，而很少或者没有定植在木质部导管和木质化残壁薄壁细胞上，其对木质部导管和薄壁细胞周围的非木质化初生壁没有产生降解作用。这可能与 *Caecomyces communis* 的球状根茎的作用模式有很大的关系，不同于丝状根茎的连续穿透作用，球状根茎在木质化次生壁中几乎没有穿透作用，而是通过生长过程中的扩张来物理破坏一些植物组织。来自 *Cyllamyces* 的厌氧真菌分离株为 *Cyllamyces aberensis*（Ozkose 等，2001），其菌体上实际上没有根状体，其纤维降解模式还有待进一步考究。

第二节　厌氧真菌的代谢

一、胞质代谢

厌氧真菌胞质代谢的研究主要集中于单糖代谢上，葡萄糖是主要的代谢底物。早期研究表明厌氧真菌可以代谢葡萄糖、果糖和木糖（Harhangi 等，2003a；Li 等，2021），其中，葡萄糖和果糖是六碳糖，在厌氧真菌中的代谢途径大致相同，即经过己糖激酶后都以磷酸己糖的形式直接进入糖酵解途径。木糖属于五碳糖，因此其代谢途径与前两者不同。转运至胞内的木糖先经过木糖异构酶催化生成木酮糖，生成的木酮糖在木酮糖激酶的作用下磷酸化为 5- 磷酸木酮糖，5- 磷酸木酮糖与由核糖经核糖激酶作用生成的 5- 磷酸核糖一起经过磷酸戊糖途径，最终生成 3- 磷酸甘油醛和 6- 磷酸果糖后再进入糖酵解途径（图 5-1）。木糖代谢的木糖异构酶途径可能起源于细菌的水平基因转移，并导致真核氧化还原酶途径的适应性增加，因为肠道的厌氧、还原环境可能会破坏氧化还原酶途径的氧化还原平衡，导致木糖醇的积累，木糖异构酶途径受这种厌氧条件的影响较小（Bruinenberg 等，1983；Jeffries，1983），允许厌氧真菌能够通过这一途径获取能量。在 Li 等（2017）的一项试验中，当以稻秸和木糖为底物时，厌氧真菌纯培养物和厌氧真菌 - 产甲烷菌共培养物都能快速消耗了培养基中的木糖进行生长，这也证明了木糖异构酶途径的可行性。除了这三种单糖之外，Henske 等（2018）基于转录组注释结果构建了厌氧真菌 *Neocallimastix californiae* 和 *Anaeromyces robustus* 的代谢图谱，发现这两种真菌都含有代谢阿拉伯糖和半乳糖所需的酶，例如半乳糖激酶、醛还原酶和尿苷二磷酸葡萄糖 –4– 差向异构酶等，但这些酶所介导的代谢途径并不完整；而 *Neocallimastix californiae* 具有代谢甘露糖所需的完整的酶，简而言之，胞质中的甘露糖经甘露糖激酶生成 6- 磷酸甘露糖，之后由 6- 磷酸 - 甘露糖异构酶转化为 6- 磷酸果糖后进入糖酵解途径。

胞质内的单糖经糖酵解后生成磷酸烯醇式丙酮酸。一部分磷酸烯醇式丙酮酸经磷酸烯醇丙酮酸羧激酶生成草酰乙酸后进入厌氧真菌不完整的三羧酸循环中（Li 等，2016）。Cheng 等（2013）的研究佐证了厌氧真菌中不完整三羧酸循环的存在，研究人员应用基于核磁共振的代谢组技术研究发现，厌氧真菌的培养液中存在 α- 酮戊二酸和柠檬酸；而后，通过高效液相色谱技术进一步证实了 α- 酮戊二酸和柠檬酸在厌氧真菌培养液中的存在。Boxma 等（2004）的研究也表明厌氧真菌可以代谢产生琥珀酸。总之，厌氧真菌不完整的三羧酸循环包括还原支路和氧化支路；其中氧化支路的终产物为 α- 酮戊二酸，还原支路的终产物为琥珀酸。此外，还有一部分磷酸烯醇式丙酮酸经丙酮酸激酶产生丙酮酸，生成的一部分丙酮酸和不完整三羧酸循环中产生的大部分苹果酸进入氢体中被代谢，而另一部分丙酮酸直接在细胞质中经乳酸脱氢酶催化生成乳酸，或者经丙酮酸：甲酸裂解酶和乙醇脱氢酶 E 催化生成甲酸和乙醇（图 5-1）。因此，厌氧真菌胞质中的代谢终产物包括甲酸、乳酸、乙醇、琥珀酸和 α-酮戊二酸。

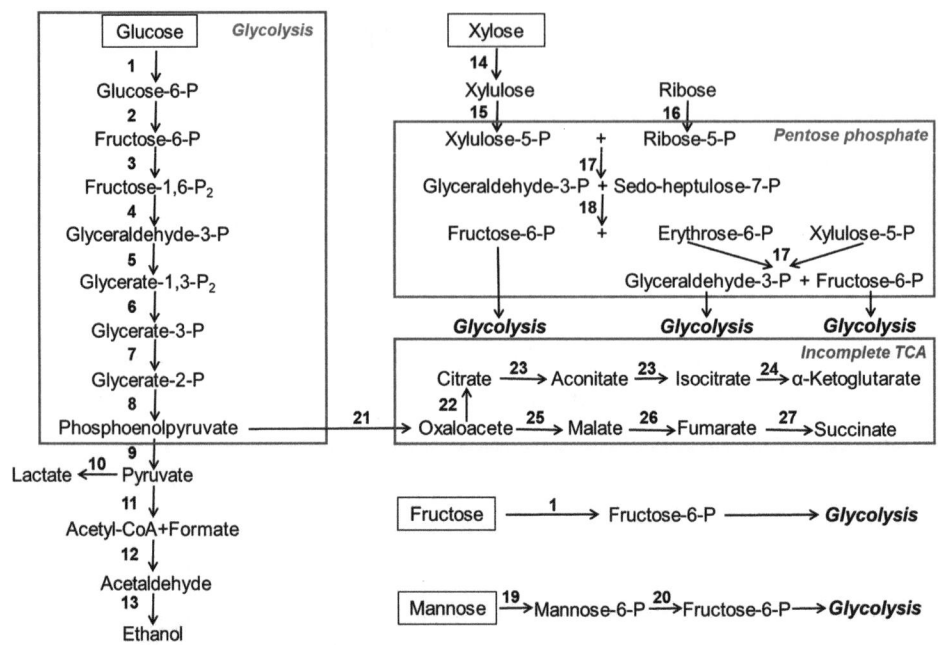

图 5-1　厌氧真菌胞质中碳水化合物代谢途径

厌氧真菌胞质中碳水化合物代谢途径基于 Boxma 等（2004）、Li 等（2017，2019，2021）和 Henske 等（2018）绘制。1. 己糖激酶；2. 6-磷酸葡萄糖异构酶；3. 6-磷酸果糖激酶；4. 果糖二磷酸醛缩酶；5. 3-磷酸甘油醛脱氢酶；6. 磷酸甘油酸激酶；7. 磷酸甘油酸变位酶；8. 磷酸丙酮酸水合酶（烯醇化酶）；9. 丙酮酸激酶；10. D-乳酸脱氢酶；11. 丙酮酸：甲酸裂解酶；12. 乙醛脱氢酶；13. 乙醇脱氢酶 E；14. 木糖异构酶；15. 木酮糖激酶；16. 核糖激酶；17. 转酮酶；18. 转醛酶；19. 甘露糖激酶；20. 6-磷酸甘露糖异构酶；21. 磷酸烯醇式丙酮酸羧激酶；22. 柠檬酸合酶；23. 顺乌头酸酶；24. 异柠檬酸脱氢酶；25. 苹果酸脱氢酶；26. 富马酸酶；27. 富马酸还原酶。

厌氧真菌胞质的代谢产物的类型基本上是不变的，但产物的生成比例可能会因生长底物和环境不同而有所调节。例如，当与产甲烷菌共培养时，厌氧真菌代谢产物中甲酸、乳酸和乙醇减少，乙酸盐浓度增加，这表明共培养导致了厌氧真菌胞质中的能量通量减少，代谢降低，而更多的碳水化合物流入氢体中被代谢（Nakashimada 等，2000；Li 等，2017，2021）。在厌氧真菌 *Piromyces* sp. 的纯培养物中，随着果糖浓度的增加，H_2 产量并没有发生明显的增加，但乳酸、乙醇、甲酸和琥珀酸的产量大幅增加；与 0.1% 的果糖浓度相比，果糖浓度为 0.5% 时，这些产物的产量增加了 3~20 倍，这些观察结果表明，可发酵碳源量的增加导致了碳代谢从氢体到胞质的相对转变（Boxma 等，2004）。在厌氧真菌 *Neocallimastix cameroonii* G341 发酵产 H_2 过程中，相比于 pH 6.8，pH 6.2~6.6 更有利于 H_2 生产；相比于纤维二糖底物，秸秆底物上的厌氧真菌的 H_2 产量也更高。此外，生物反应器中的叶轮搅拌速率的提高也促进了 H_2 生成，且在这个过程中也往往伴随着乳酸和乙醇产量的减少，表明这些外界环境对厌氧真菌胞质和氢体中的代谢调节具有很大的影响（Stabel 等，2022）。

二、氢体代谢

1973年，Lindmark和Muller发现了 *Trichomonades foetus* 的特殊细胞器，其不具有三羧酸循环、电子传递链、F0-F1 ATP酶和氧化磷酸化等典型的线粒体代谢特征，但该细胞器颗粒基质中的酶系统能够完成丙酮酸的厌氧代谢。与线粒体相反，这些细胞器直接使用质子作为末端电子受体来产生H_2，因此研究者提出将这种特殊的细胞器称为氢体（Lindmark和Muller，1973）。氢体将丙酮酸转化为各种代谢物，如甲酸盐、乙酸盐、H_2和CO_2，并且还通过底物水平的磷酸化产生ATP，促进细胞生长，充当氧不依赖性线粒体。

由于结构和酶的差异，不同微生物中的氢体代谢并不完全相同。一般来说，氢体中有许多与碳水化合物代谢相关的酶，包括苹果酸酶、丙酮酸：铁氧还蛋白氧化还原酶、PFL、铁氧还蛋白、琥珀酰辅酶A合酶、腺苷激酶、氢化酶、乙酸盐：琥珀酰辅酶A转移酶等。当葡萄糖被转移到细胞质中时，糖酵解启动；糖酵解中生成的苹果酸或丙酮酸进入氢体，前者可以在苹果酸酶和$NAD(P)^+$作用下被转化为丙酮酸和$NAD(P)H$，并释放CO_2。在 *Trichomonades* 中，PFO代替丙酮酸脱氢酶复合物，将丙酮酸转化为乙酰辅酶A和CO_2，而在厌氧真菌中，丙酮酸由PFL代谢为乙酰辅酶A和甲酸。氢小体中产生的乙酰辅酶A随后可以在氢体ASCT和SCS的联合作用下转化为乙酸盐，并通过底物磷酸化水平产生ATP。氢体中H_2生成机制并没有完全确定。基于基因组的代谢模型构建结果，研究者认为 *Orpinomyces* sp. C1A氢体含有铁氢化酶大亚基和NADH脱氢酶[复合物I]亚基E和F，与NADH的回收和H_2产生相关，即NADH脱氢酶的2个亚基可能重新氧化产生的NADH并将电子转移到铁氢化酶以产生H_2。*Orpinomyces* sp. C1A基因组中也存在氢体NADPH回收的元素，由苹果酸酶产生的NADPH能够被NADPH：醌还原酶回收以产生醌，之后电子可以转移到琥珀酸脱氢酶中，将富马酸还原为琥珀酸。最后，氢体膜上的FoF1-型ATP合酶发挥了质子泵的作用，联合ADP/ATP载体将氢体内多余的质子泵入细胞质以保持腔内pH值的稳定（Youssef等，2013）。最近，另一项基于基因组代谢模型的氢体代谢研究也探讨了厌氧真菌氢体中H_2和能量生产过程。PFL是厌氧真菌氢体中的主要丙酮酸代谢酶，但在 *Neocallimastix lanati* 和其他已经发表的厌氧真菌基因组中也注释出了PFO的存在。PFO在厌氧真菌氢体的丙酮酸代谢中可能发挥了十分有限的作用，但它是其他生物体，比如 *Trichomonades* 氢体中丙酮酸代谢的主要酶。与PFL不同，PFO在代谢过程中会产生氧化型Fdx、CO_2和H^+。氧化型Fdx和H^+能够在铁氧还蛋白氢化酶的作用下产生还原型Fdx和H_2，但这一步并不会影响氢体中的$NAD(P)H/NAD(P)$池。序列同源性表明，*Neocallimastix lanati* 氢体可能含有歧化氢化酶，该酶将通过PFO产生的Fdx将H的还原与$NAD(P)H$的氧化偶联，这种氢化酶导致了大量$NAD(P)^+$和H_2的产生，有利于更多的代谢通量被引入氢体中用于能量生产，进一步的试验结果也表明歧化氢化酶对$NAD(P)^+$和ATP的产生有很大的积极影响。此外，有研究者认为氢体中还存在氢脱氢酶指导氢体中$NAD(P)^+ H_2 \rightleftharpoons H^+ + NAD(P)H$反应进行以防止氢体中ME产生的还原当量的累积，然而，在该反应中，H_2生成方向的

ΔG 约为（34±5.9）kJ/mol，在能量上非常不利，该反应在氢体 H_2 生成中的作用也不被进一步讨论。因此，尽管 PFO 介导的反应途径更有利于 H_2 和能量产生，但厌氧真菌 *Neocallimastix lanati* 氢体中 PFL 占据了更多的能量通量，同时，假定的歧化氢化酶被认为是 *Neocallimastix lanati* 主要的产 H_2 酶。此外，厌氧真菌可能会调节 PFO 和 PFL 的表达，例如，在高糖可用性条件下，厌氧真菌可能会产生较小的较慢酶（PFL）发挥作用，而不会影响生长；相比之下，在更具挑战性的条件下，例如，当真菌使用木质纤维素作为碳源时，它可能会产生更多的 PFO（Wilken 等，2021）。因此，厌氧真菌氢体中的代谢终产物包括甲酸、CO_2、H_2、乙酸以及可能的琥珀酸。

第六章

厌氧真菌碳水化合物活性酶

植物源多糖如纤维素、半纤维素和果胶类物质，这些成分在植物细胞壁中通常相互交联缠绕致使分子聚合度提高，且溶解性较差，很难被自然降解。草食动物的胃肠道中不乏高效降解植物多糖的微生物，厌氧真菌就是一种典型的降解纤维类底物的严格厌氧微生物，也是最先定植到植物组织上的微生物之一，其参与草食动物胃肠道中70%以上植物性饲料的消化反应（成艳芬，2008；Li等，2021）。厌氧真菌能够广泛参与植物多糖的降解，一方面依靠自身菌丝形成的假根组织对植物多糖产生深层次的物理性穿透和破坏作用，使得植物多糖的结构疏松，便于微生物的附着（Dollhofer等，2015）。另一方面厌氧真菌可以分泌多种不同功能的碳水化合物活性酶，这些活性酶能充分黏附到混杂植物多糖的不同组分表面，并作用于相应的酶切位点，最终将多糖底物高效降解（Cheng等，2018）。相比之下，厌氧真菌的碳水化合物活性酶在底物降解和代谢过程中发挥的作用更加重要。

相关数据显示厌氧真菌的全基因组中存在大量编码碳水化合物活性酶的基因，这些碳水化合物活性酶架构组成多样且有着较高的酶活性（Solomon等，2016b）。按架构组成可分为游离酶（模块化酶）和嵌合酶（纤维小体），依据底物特异性（生物学功能）的差异可划分为纤维素酶、半纤维素酶、酯酶、果胶酶、辅酶以及各类糖基转移酶（Drula等，2022；Haitjema等，2017）。游离酶很多是由多个不同功能的结构域组成，且各功能区域之间通过肽链（Linkers）连接从而呈现模块化结构。另外，有的酶除了催化功能域，还存在帮助活性酶识别和靶向底物的非催化区域——碳水化合物结合模块（Carbohydrate-binding modules，CBMs）（Armenta等，2017）。与游离酶相比，厌氧真菌的嵌合酶在结构组成上更加复杂且分子量更大，通常可达到几百 kDa，这种嵌合酶也称纤维小体，是由多种植物多糖水解酶通过锚定蛋白（Dockerins）与脚手架蛋白（Scaffoldin）上的一排黏连蛋白（Cohesins）发生分子间相互作用而组装在一起的复杂酶分子机器（Fontes和Gilbert，2010）。这些活性酶都广泛参与到厌氧真菌对植物细胞壁多糖的降解及利用过程中，且不同酶之间还存在明显的分子间协同作用。

本章主要对厌氧真菌所分泌的碳水化合物活性酶进行一个系统的结构组成上的分类，并对相关酶的功能和作用机制进行详细阐述。理解不同活性酶在酶解过程中的作用，最终凸显厌氧真菌在降解植物性多糖方面表现出的独特潜力和应用价值。

第一节　厌氧真菌游离的模块化酶

基于JGI（Joint Genome Institute）数据库，厌氧真菌基因组中所编码的碳水化合物活性酶（CAZymes）绝大多数是游离的模块化酶，这些酶通常具有多功能结构域，并带有可以识别与黏附底物的碳水化合物结合模块（CBMs）（Grigoriev等，2014；Ma等，2022）。按照作用底物的不同，这些酶又可分为纤维素酶、半纤维素酶、酯酶、果胶酶、辅酶以及各类糖基转移酶。各类酶在CAZy（Carbohydrate active enzymes database）数据库中又隶属于不同家族，分类比较系统化。

一、厌氧真菌中的纤维素酶

（一）纤维素酶的组成

1. 按照功能和作用方式划分

植物组织中的纤维素是由纤维素微纤丝组成，每根微纤丝又由多条葡萄糖糖链堆积而成，不同糖链间会形成分子间氢键从而使得整个纤维素的结晶度很高，呈高度的聚合结构，有着很强的防降解抗性（Chirayil等，2014；Lankiewicz等，2022；图6-1）。厌氧真菌分泌的纤维素酶实质上是一种多酶复合系，包括直接作用于纤维素主链的内切葡聚糖酶（Endo-glucanase）、从外端开始作用的外切葡聚糖酶（Exo-glucanase）和降解纤维二糖的 β-葡萄糖苷酶（β-glucosidase）。在厌氧真菌纤维素酶系发挥作用时，这些酶通常协同互作。先是在内切葡聚糖酶的作用下将晶体纤维素水解成大量的低聚非晶体纤维素片段，然后在外切葡聚糖酶和 β-葡萄糖苷酶的催化下，最终将底物水解成纤维二糖或葡萄糖（Windham和Akin，1984；图6-2）。

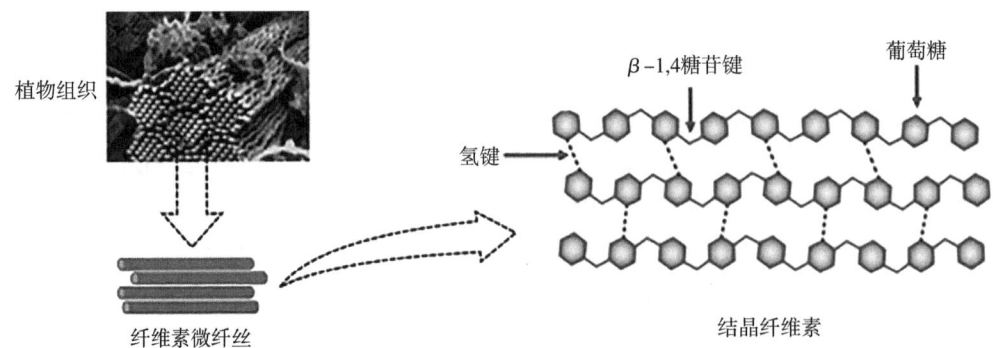

图6-1　植物组织中纤维素的微观结构及其葡萄糖分子间的 β-1,4糖苷键和氢键作用力
（Chirayil等，2014；Lankiewicz等，2022）

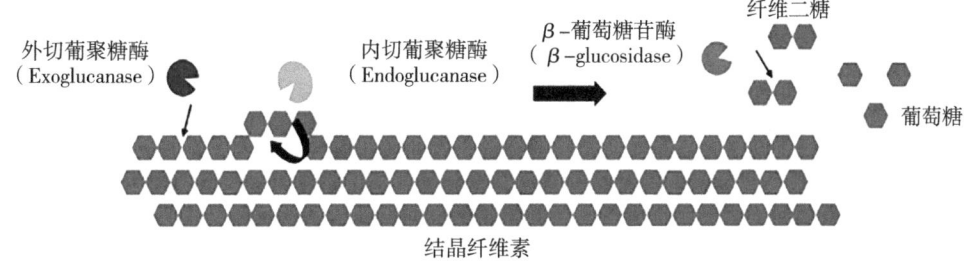

图 6-2　厌氧真菌纤维素酶系降解结晶纤维素的过程

2. 按照序列同源性划分

厌氧真菌的所有纤维素酶系组分在CAZymes数据库中隶属于糖苷水解酶家族（Glycoside Hydrolase Families, GHs），按照序列的相似度归类，最终被分成不同的GHs家族。内切葡聚糖酶包括GH5-9、GH12、GH44-45、GH48、GH51、GH64、GH71、GH74、GH81、GH124和GH131家族，外切葡聚糖酶包括GH1、GH3、GH5-7、GH9、GH39、GH48、GH51、GH55和GH131家族中的部分亚家族及其成员，β-葡萄糖苷酶则包括GH1-3家族和GH5、GH30、GH39及GH116家族中的部分亚家族（Drula等，2022；Solomon等，2016b）。

（二）纤维素酶催化底物的分子机制

厌氧真菌源纤维素酶催化纤维素糖链最终生成纤维二糖和葡萄糖，主要是断开两个相邻葡萄糖分子间的β-1,4糖苷键，生成新的还原末端，具体的作用模式见图6-3（Wardman等，2022）。与外切糖苷水解酶不同的是，内切糖苷水解酶是在糖链的中间断裂其内部的β-1,4糖苷键，而外切糖苷水解酶一般从糖链的一端以低聚葡萄糖为单元来断裂β-1,4糖苷键。

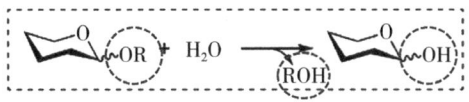

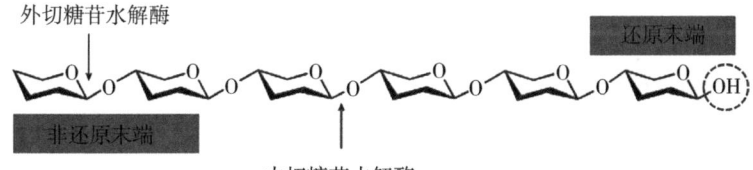

图 6-3　厌氧真菌纤维素酶系催化降解纤维素糖链的分子机制（Wardman等，2022）

（三）厌氧真菌源纤维素酶的表达与表征

1. 厌氧真菌源纤维素酶基因的挖掘与鉴定

目前有关厌氧真菌源的纤维素酶的表达和酶活性鉴定的研究不是很多，尽管如此，厌氧真菌源的纤维素酶不失为一种重要的酶资源，对其深度的挖掘有利于揭示厌氧真菌降解纤维素的生物学功能，拓宽微生物的酶资源库。为了更好地了解目前已被表达和鉴定的厌氧真菌的各种纤维素酶，表 6-1 进行了一个较为全面的总结。

表 6-1　厌氧真菌纤维素酶基因的挖掘与酶活性鉴定

糖苷水解酶家族/酶活性	厌氧真菌属/种	参考文献
糖苷水解酶 1 家族 β- 葡萄糖苷酶	*Neocallimastix patriciarum* W5 *Orpinomyces* C1A *Piromyces* E2	Wang 等，2011 Youssef 等，2013 Harhangi 等，2002
糖苷水解酶 3 家族 β- 葡萄糖苷酶	*Neocallimastix patriciarum* W5 *Orpinomyces* C1A *Piromyces* E2	Wang 等，2011 Youssef 等，2013 Harhangi 等，2002
糖苷水解酶 5 家族 内切 β-1, 4- 葡聚糖酶	*Neocallimastix patriciarum* W5 *Orpinomyces joyonii* SG4 *Orpinomyces* sp. PC-2	Wang 等，2011 Ye 等，2001 Chen 等，1998
糖苷水解酶 6 家族 纤维二糖水解酶	*Neocallimastix patriciarum* W5 *Neocallimastix patriciarum* J11 *Orpinomyces* sp. PC-2 *Orpinomyces* C1A *Piromyces* E2 *Piromyces equi*	Wang 等，2011 Li 等，1997 Youssef 等，2013 Harhangi 等，2003b
糖苷水解酶 8 家族 内切 β-1, 4- 葡聚糖酶	*Neocallimastix patriciarum* W5 *Orpinomyces* C1A	Wang 等，2011 Youssef 等，2013
糖苷水解酶 9 家族 内切 β-1, 4- 葡聚糖酶	*Neocallimastix patriciarum* W5 *Orpinomyces* C1A *Piromyces* E2	Wang 等，2011 Youssef 等，2013 Steenbakkers 等，2002
糖苷水解酶 45 家族 内切 β-1, 4- 葡聚糖酶	*Piromyces equi*	Eberhardt 等，2000
糖苷水解酶 48 家族 内切 β-1, 4- 葡聚糖酶/ 纤维二糖水解酶	*Neocallimastix patriciarum* W5 *Orpinomyces* C1A	Wang 等，2011 Youssef 等，2013

2. 厌氧真菌源纤维素酶的结构表征

基于目前 CAZy 数据库，厌氧真菌所有被结构表征的纤维素酶仅包括来自糖苷水解酶 5 家族下 4 亚家族的一个内切 β-1, 4- 葡聚糖酶成员（Drula 等，2022）。该酶的折叠构象呈 β/α-8- 提姆桶结构，与纤维三糖的复合物晶体结构如图 6-4 所示（Tseng 等，2011）。

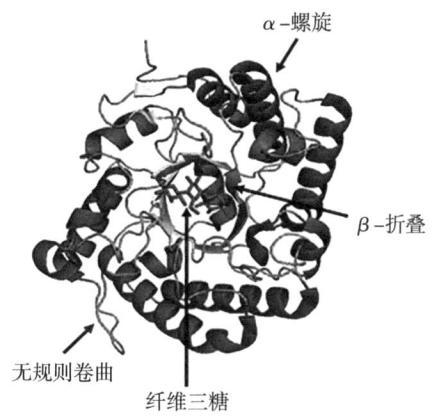

图 6-4 厌氧真菌 *Piromyces rhizinflatus* 来源的 GH5_4（内切葡聚糖酶）与纤维三糖的复合物晶体结构
（PDB ID: 3AYS）（Tseng 等，2011；PDB ID: 3AYS）（彩图 6）

二、厌氧真菌中的半纤维素酶

（一）半纤维素酶的组成

1. 按照功能和作用方式划分

植物细胞壁中的半纤维素是覆盖在纤维素表层的一种异质性多糖，与纤维素相比其具有更高的底物可及性。阿拉伯木聚糖是一种最典型的半纤维素，其以木糖分子间通过 β-1,4 糖苷键形成的木聚糖为主链，侧链带有的不同取代残基的混杂组成显著提高了结构抗性（Rogowski 等，2015）。其侧链的组成一般为：阿魏酸通过阿魏酸酯键和阿拉伯糖基相连，另外，还有乙酰基、半乳糖基和葡萄糖醛酸基的侧链修饰，进一步降低了其可消化性（Seppala 等，2017；图 6-5）。

对于这样一个异质性很高的杂多糖来说，厌氧真菌需要分泌能够降解不同主侧链成分的混合酶系才能将其充分降解。因此，厌氧真菌的半纤维素酶包括作用于木糖主链的内切 β-1,4- 木聚糖酶（Endo-β-1,4-xylanase），降解生成木寡糖的外切木聚糖酶（Exo-β-1,4-xylanase）和 β- 木糖苷酶（β-xylosidase）（Mountfort 和 Asher，1989）。当然还包括分别降解侧链阿拉伯糖基、半乳糖基和葡萄糖醛酸基的 α-L- 阿拉伯呋喃糖苷酶（α-L-arabinfuranosidase）、β- 半乳糖苷酶（β-galactosidase）和 β- 葡萄糖醛酸酶（β-glucuronidase）（Pereira 等，2021）。

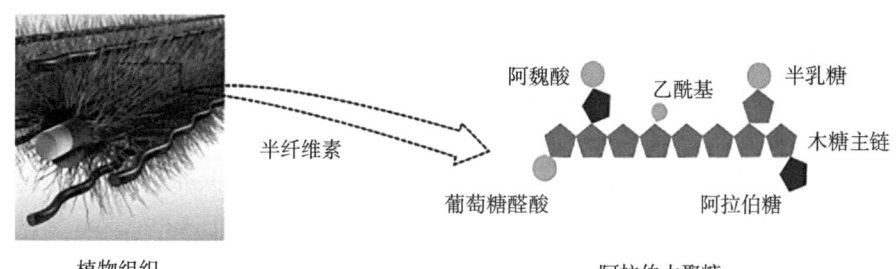

图 6-5 植物组织中半纤维素（阿拉伯木聚糖）的微观结构及其木糖链组成（Seppala 等，2017）

2. 按照序列同源性划分

厌氧真菌的内切 β- 木聚糖酶包括 GH10-11 家族、GH5、GH43、GH51、GH141 家族中部分亚家族和 GH30 家族中的 8 亚家族，β- 木糖苷酶包括 GH1-3、GH30、GH39、GH43、GH51-52 和 GH54 家族中的部分亚家族及其成员。此外，α-L- 阿拉伯呋喃糖苷酶包括 GH2-3、GH39、GH43、GH51、GH54 家族中的部分亚家族以及 GH62 和 GH142 家族，β- 半乳糖苷酶包括 GH1-2 和 GH39 家族中的部分成员，β- 葡萄糖醛酸酶包括 GH1-2 家族中的部分成员。

（二）半纤维素酶催化阿拉伯木聚糖的酶学机理

一般来说，厌氧真菌需要先将阿拉伯木聚糖侧链上的非糖残基（包括阿魏酰基和乙酰基）脱除后再对木糖主链及侧链发挥水解作用。此过程与纤维素酶的水解类似，厌氧真菌首先分泌 β-1,4- 木聚糖酶将木聚糖主链降解成许多低聚木糖，再通过外切木聚糖酶、β- 木糖苷酶以及其他侧链糖基水解酶的联合作用彻底生成木二糖、木糖、阿拉伯糖、半乳糖和葡萄糖醛酸等小分子（成艳芬，2008；Pereira 等，2021；施其成，2020）。详细的参与降解的酶系组合示意图见图 6-6（Dodd 和 Cann，2009）。

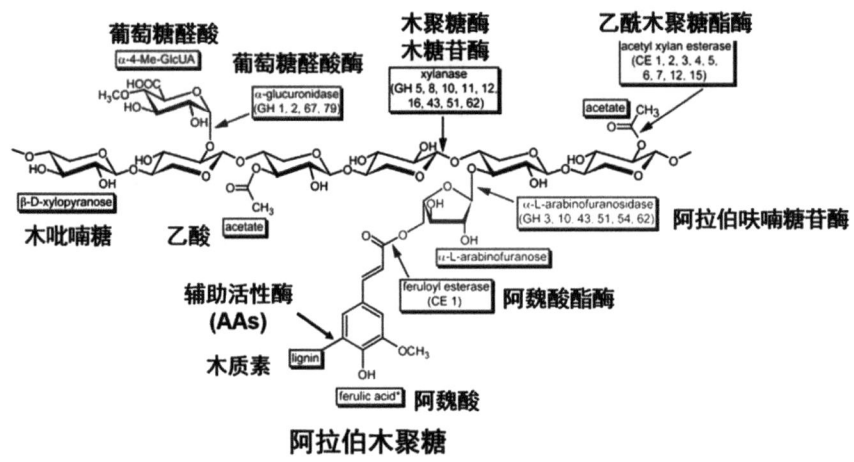

图 6-6　厌氧真菌分泌参与降解阿拉伯木聚糖的酶系组合（Dodd 和 Cann，2009）

（三）厌氧真菌源半纤维素酶的表达与表征

1. 厌氧真菌源半纤维素酶基因的挖掘与鉴定

1989 年 Mountfort 和 Asher 首次分析了厌氧真菌 *Neocallimastix frontalis* 在以木聚糖为底物的培养基中分泌的粗木聚糖酶，并在上清中检测出该酶的比酶活为 26.6 U/mL，最适温度和 pH 值分别为 55 ℃ 和 5.5（Mountfort 和 Asher，1989）。1997 年 Dijkerman 等人使用超滤的方法从厌氧真菌 *Piromyces* sp. E2 和 *Neocallimastix patriciarum* N2 培养液上清中获得了高活性的纯木聚糖酶，且这些酶具有较高的稳定性（Dijkerman 等，1997）。现今有关厌氧真菌源的半纤维素酶基因体外表达与酶活性鉴定的研究仍十分有限，对已经被体外表达并生化表征的这些酶基因总结发现，以来自 GH10 和 GH11 家族的木聚糖酶为主，同时还有 GH39 家族的 α-L- 阿拉伯呋喃糖苷酶（表 6-2）。

表 6-2 厌氧真菌半纤维素酶基因的体外表达与酶活性鉴定

厌氧真菌属 / 种	酶基因编号 / 酶活性	参考文献
Anaeromyces robustus	ORX71682.1/ORX87577.1 内切 β-1,4- 木聚糖酶（GH10）	Wen 等，2021 Liu 等，2022
Neocallimastix patriciarum	S71569/ EU030626/ FJ529209 内切 β-1,4- 木聚糖酶（GH10） AAF14365.1 内切 β-1,4- 木聚糖酶（GH11）	Black 等，1994；Liu 等，2008； Pai 等，2010 Liu 等，1999
Neocallimastix frontalis	ASF57707.1 α-L- 阿拉伯呋喃糖苷酶（GH39）	Jones 等，2017
Orpinomyces sp. PC-2	OSU57819 内切 β- 木聚糖酶（GH11）	Li 等，1997
Orpinomyces sp. OUS1	AJ863170 内切 β-1,4- 木聚糖酶（GH11）	Nicholson 等，2005
Piromyces sp.	X91858 内切 β-1,4- 木聚糖酶（GH11）	Fanutti 等，1995
Pecoramyces sp. F1	OM927728.1 内切 β-1,4- 木聚糖酶（GH10）	Ma 等，2023

2. 厌氧真菌源半纤维素酶的结构表征

依据最新的 CAZymes 数据库，厌氧真菌所有被结构表征的半纤维素酶仅包括来自糖苷水解酶 11 家族的内切 β-1,4- 木聚糖酶和糖苷水解酶 39 家族的 α-L- 阿拉伯呋喃糖苷酶（Drula 等，2022）。来自 GH39 家族的 α-L- 阿拉伯呋喃糖苷酶，具有和前面提到的厌氧真菌纤维素酶（GH5_4 家族）一样的 β/α-8-barrel（提姆桶）折叠构象。而来自 GH11 家族的内切 β-1,4- 木聚糖酶具有 β-jelly roll（果冻卷）的折叠构象，其与木二糖、木三糖的复合物晶体结构如图 6-7 所示（Cheng 等，2014）。

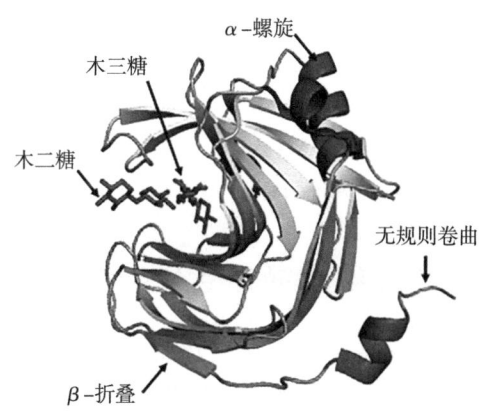

图 6-7 厌氧真菌 *Neocallimastix patriciarum* 来源的 GH11（内切木聚糖酶）与木二糖、木三糖的复合物晶体结构（Cheng 等，2014；PDB ID: 3WP6）（彩图 7）

三、厌氧真菌中的碳水化合物酯酶

（一）碳水化合物酯酶的组成

1. 按照功能和作用方式划分

植物细胞壁多糖的外层主要由半纤维和果胶这两类多糖组成，通常半纤维素的侧链上存在很多非糖基修饰，如阿魏酰基和乙酰基，而果胶类多糖侧链也会连有甲基和乙基等取代官能团，且半纤维素和果胶之间还会错综交联，这些复杂多糖间的连接主要依靠各种酯键的作用（Seppala等，2017；Ma等，2023）。这样来说，碳水化合物酯酶（Carbohydrate esterases，CEs）在植物多糖的降解过程中，发挥着重要的辅助作用。目前厌氧真菌基因组中存在的各类碳水化合物酯酶依据不同底物的催化功能可分为：阿魏酸酯酶、乙酰木聚糖酯酶、乙酰甘露糖酯酶、乙酰酯酶、果胶甲酯酶、果胶乙酯酶、葡萄糖醛酸甲酯酶及糖胺类去乙酰化酶（Drula等，2022）。

2. 按照序列同源性划分

依据序列的相似度划分，厌氧真菌源的阿魏酸酯酶属于CE1家族，乙酰木聚糖酯酶同时来源于CE1-7家族，乙酰甘露糖酯酶来源于CE17家族，乙酰酯酶来源于CE16家族，果胶甲酯酶来源于CE8家族，果胶乙酯酶来源于CE12-13家族，葡萄糖醛酸甲酯酶来源于CE15家族，而糖胺类去乙酰化酶来源于CE9、CE11、CE18家族。

（二）碳水化合物酯酶催化底物的分子机制

碳水化合物酯酶作为植物多糖降解过程中一种重要的辅酶，可以特异性催化断裂各类多糖中的酯酶。其催化底物的分子机制是断开任意糖基与羧酸或糖醛酸之间的酯键，游离出羧酸或糖醛酸，同时让糖环上的羟基或氨基被还原（Wardman等，2022；图6-8）。

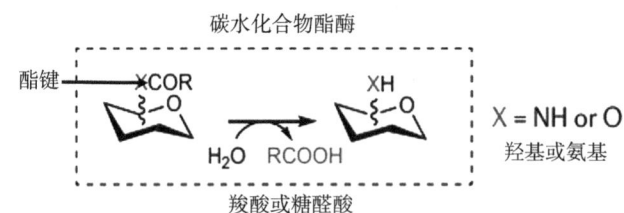

图6-8　厌氧真菌碳水化合物酯酶发挥催化作用的分子机制（Wardman等，2022）

（三）厌氧真菌源碳水化合物酯酶的表达与表征

按照功能划分，厌氧真菌源参与半纤维素和果胶降解的酯酶主要包括阿魏酸酯酶、乙酰木聚糖酯酶、果胶甲酯酶和果胶乙酯酶。而近年来，有关厌氧真菌来源的酯酶研究也是相当有限，其中报道最多的是阿魏酸酯酶（EC: 3.1.1.73），对这些酶的研究也只是限于其表达和生化特性鉴定。Borneman等（1992）分离纯化到厌氧真菌 *Neocallimastix*

MC-2 源的两种阿魏酸酯酶 FAE-Ⅰ和 FAE-Ⅱ，发现它们的分子量分别为 69 kDa 和 24 kDa，最适 pH 值范围分别为 5.5～6.8 和 6.4～7.6。Fillingham 等（1999）从厌氧真菌 *Piromyces equi* 中鉴定出一个模块化阿魏酸酯酶，该酶由 536 个氨基酸组成，分子量约为 55 kDa，最适酶反应温度和 pH 值分别在 50～60 ℃和 5.8～7.7。Qi 等（2011b）从厌氧真菌 *Anaeromyces mucronatus* 中纯化并表征到一种阿魏酸酯酶（Fae1A），对阿魏酸甲酯有着很高的亲和力，能够从大麦秸秆中释放大量的阿魏酸。周皓芹等（2012）从瘤胃液的厌氧真菌群中分离出了一种阿魏酸酯酶，研究发现该酶的最适温度和 pH 值分别是 40 ℃和 8.0，且有着很强的稳定性，但不知道该酶具体的属种来源。

四、厌氧真菌中的多糖裂解酶

（一）多糖裂解酶的组成

厌氧真菌基因组中的多糖裂解酶（Polysaccharide Lyases，PLs）主要是果胶裂解酶，主要分布于 PL1 的 1～8 亚家族和 PL2～4、PL9 家族（Ma 等，2022）。

（二）多糖裂解酶催化底物的分子机制

不同于糖苷水解酶和酯酶的作用模式，多糖裂解酶通过 β- 消除机制断开果胶杂多糖分子间的连接。具体的作用机制是断开于杂多糖中的 α-1,4- 糖苷键，生成 C=C 双键从而实现多糖的解聚，同时形成糖的还原末端（Wardman 等，2022；图 6-9）。

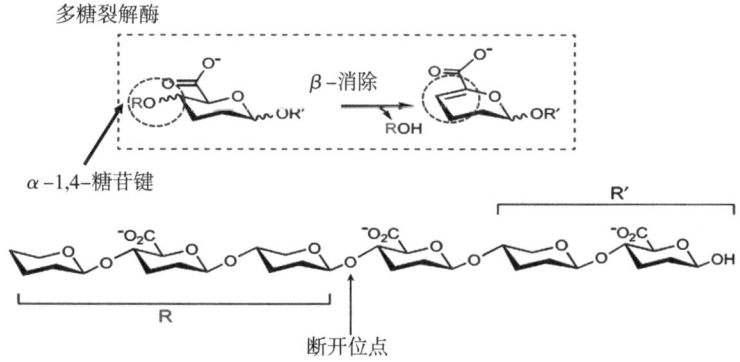

图 6-9 厌氧真菌多糖裂解酶发挥催化作用的分子机制（Wardman 等，2022）

五、厌氧真菌中的辅助活性酶

（一）辅助活性酶的组成

辅助活性酶（Auxiliary Activities，AAs）是断开植物组织中木质素与其他多糖之间的连接的一种辅助酶，作用是脱除木质素。厌氧真菌基因组中注释到的 AAs 家族很少，仅包括 AA4 和 AA6 家族，它们分别表现出香草醇氧化酶和苯醌还原酶活性。

（二）辅助活性酶催化底物的分子机制

厌氧真菌辅助活性酶（AAs）脱木质素的分子机制是作用于木质素-多糖中的糖苷键，生成过氧化物产物和C=O不饱和键从而分离木质素和多糖物质（Wardman等，2022；图6-10）。

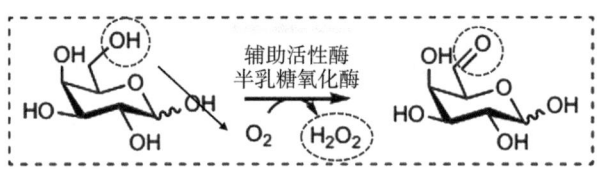

图6-10　厌氧真菌辅助活性酶发挥催化作用的分子机制（Wardman等，2022）

六、厌氧真菌中的糖基转移酶

（一）糖基转移酶的组成

与前面提到的几种酶不同，糖基转移酶（Glycosyl Transferases，GTs）是参与各种糖的合成及修饰过程中的糖基转移的，属于合成酶非降解酶，但同样参与多糖的代谢过程（Drula等，2022）。按照作用底物的不同，厌氧真菌的糖基转移酶（GTs）可大致分成单糖基、寡糖基和多糖基转移酶，其中家族包括GT2-10、GT15、GT20、GT22、GT28、GT33、GT39、GT50等家族，主要的功能是参与厌氧真菌细胞壁中几丁质多糖的生物合成。

（二）糖基转移酶催化底物的分子机制

厌氧真菌中糖基转移酶发挥作用的分子机制可参照图6-11（Wardman等，2022）。

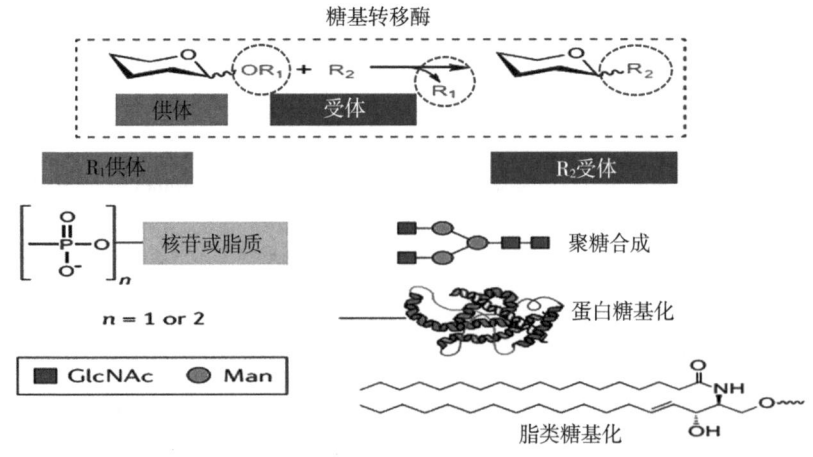

图6-11　厌氧真菌糖基转移酶发挥催化作用的分子机制（Wardman等，2022）

七、厌氧真菌中的碳水化合物结合模块

（一）碳水化合物结合模块的分类

不同碳水化合物活性酶（CAZymes）介导植物多糖降解和合成过程中，一般还需要相关联的非催化性碳水化合物结合模块（Carbohydrate-binding modules，CBMs）来帮助酶识别、黏附底物以便更好地发挥酶解作用。依据CBMs底物结合口袋的拓扑结构，可将CBMs分为A、B、C三种不同类型。A型CBMs又称为平面结合型（Surface-binding type），通常结合微晶纤维素的微观平面层。B型CBMs又称为内结合型（Endo-binding type），一般内部结合多糖主链。C型CBMs又称为外结合型（Exo-binding type），倾向于结合单糖、二糖以及侧链糖基（Shi等，2023；图6-12）。

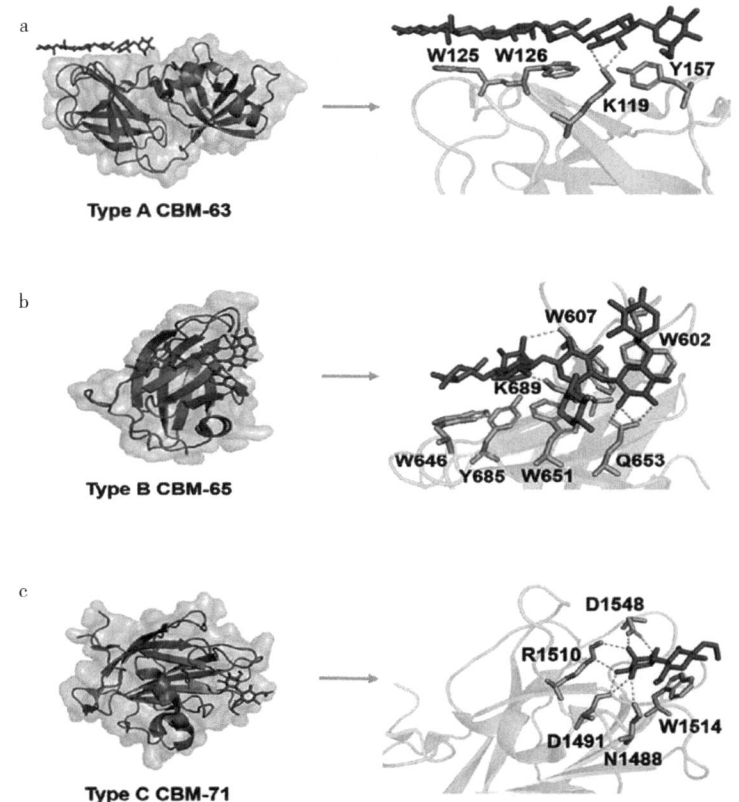

图6-12　厌氧真菌碳水化合物结合模块的三种不同构象及其底物结合口袋中的分子间相互作用
（Shi等，2023）（彩图8）

（二）碳水化合物结合模块的组成

厌氧真菌源的基因组数据经过db_CAN数据库注释后，发现存在许多编码碳水化合物结合模块（CBMs）的基因，且这些模块绝大多数与各种碳水化合物活性酶相连，在

碳水化合物的代谢过程中发挥着重要的生物技术潜力（Swift 等，2019）。按照家族组成，厌氧真菌的 CBMs 包括 CBM1-2、CBM6、CBM10、CBM13、CBM18、CBM22、CBM25-26、CBM35、CBM48、CBM50、CBM57 等家族，其中 CBM1 和 CBM18 家族成员最多。

（三）碳水化合物结合模块发挥作用的分子机制

厌氧真菌碳水化合物结合模块（CBMs）在帮助各种碳水化合物活性酶催化底物时的分子机制遵循一般微生物来源的 CBMs，这里列举了植物细胞壁中纤维素和半纤维素的酶解过程，涉及三种不同类型（Type A，B 和 C）CBMs 的联合作用。如图 6-13 所示，A 型 CBMs 识别合适的结合位点并完成纤维素微纤维的黏附，然后通过肽接头引导纤维素酶分子向底物迁移。当纤维素酶的催化结构域（CD）固定在纤维素微纤维表面时，一条葡萄糖链与 CD 的通道结合（Beckham 等，2011；Mudinoor 等，2020）。在这里，CD 的关键芳香族氨基酸与葡萄糖链的寡糖单元相互作用，引起构象变化，释放产物。寡糖单元的构象变化引发一定的势能差，驱动相邻的寡糖单元以穿线的形式运动（Pascual-Garcia 等，2010）。低聚糖单元的连续穿线运动推动了整个葡萄糖链的可持续解构，同时，A 型 CBMs 可以迁移穿过纤维素的平坦表面，完成其他葡萄糖链的水解，直到纤维素酶失活（Mudinoor 等，2020）。同样，半纤维素的木糖主链通过低聚木糖单元的穿线运动不断降解为木糖和木二糖。与同源纤维素不同，半纤维素是支链多糖，在侧链上连接了阿拉伯糖和阿魏酸（Vries 和 Visser，2001）。因此，半纤维素酶主要与结合位点呈狭窄凹槽状的 B 型 CBMs 或结合顽固的半纤维素侧链的 C 型 CBMs 相连（Liu 等，2021）。三种 CBMs 的共同作用揭示了它们在植物多糖持续和充分降解方面的不可替代作用（Shi 等，2023；图 6-13）。

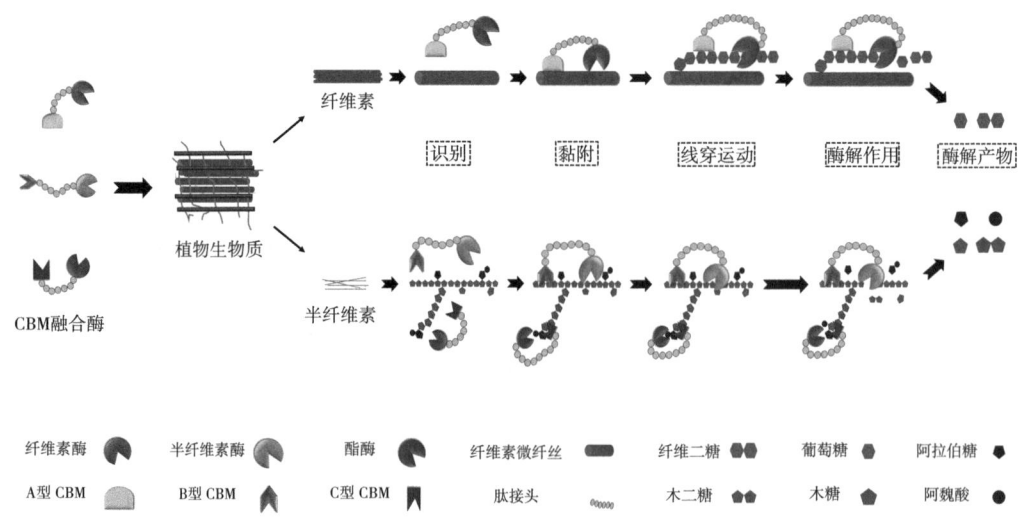

图 6-13　三种不同类型 CBMs 协同参与纤维素和半纤维素酶解的分子机制（Shi 等，2023）

第二节　厌氧真菌的多酶复合体——纤维小体

之前的研究发现厌氧的细菌能够分泌一种降解纤维素的超大酶蛋白分子，定义为纤维小体（Bayer 等，2004）。之后的报道证实厌氧真菌除了分泌各种游离的碳水化合物活性酶协同参与植物多糖的代谢外，还可以将这些酶通过肽链组装起来形成多酶复合体——纤维小体（Raghothama 等，2001）。与游离酶不同，纤维小体含有多种不同功能的植物多糖降解酶及其碳水化合物结合模块，且不同酶之间通过锚定蛋白和黏连蛋白相互作用，并被固定在蛋白支架上从而具有很高的稳定性和酶催化活性（Bayer 等，1998；Shoham 等，1999）。

一、厌氧真菌中纤维小体的架构及分类

与单个游离酶相比，纤维小体的分子量更大，通常达到 700 kDa 以上，参与组装成纤维小体的酶和多肽至少可达 15 个（Bayer 等，1998；Shoham 等，1999）。结构组成上分为活性酶组成的催化亚基和起组装作用的非催化亚基，活性酶以糖苷水解（纤维素酶）为主，起组装作用的是支架蛋白及支架蛋白上的锚定蛋白（Dockerins）- 黏连蛋白（Cohesins）连接体。按照作用的功能可将这些组成划分为催化模块、组装模块、底物结合模块以及细胞结合模块 4 类（Haitjema 等，2017；图 6-14）。

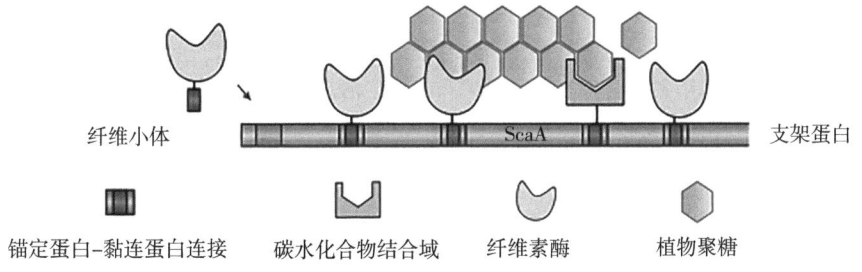

图 6-14　厌氧真菌源纤维小体的架构组成（Haitjema 等，2017）

目前已知的包括厌氧真菌在内产生的纤维小体都是来自厌氧微生物，按照组装后的结构可分成三大类：固有无细胞纤维小体、简单型和复杂型吸附细胞表面纤维小体（Artzi 等，2017；图 6-15）。固有无细胞纤维小体的组装过程较为简单，即各种游离活性酶上的锚定蛋白直接与无细胞结合支架蛋白上的黏连蛋白发生蛋白 - 蛋白间相互作用，产生酶分子复合体。简单型吸附细胞表面纤维小体的组装需要游离酶先和锚定细胞表面支架蛋白上的黏连蛋白发生相互作用才能组装成一个酶复合体。复杂型吸附细胞表面纤维小体的组装是最为复杂的，先是游离酶上的锚定蛋白和游离适配支架蛋白上的黏连蛋白发生相互作用，形成一个复合物中间体，这个中间体再和锚定细胞表面支架蛋白上的黏连蛋白发生互作，最终形成复杂型吸附细胞表面纤维小体。另外纤维小体的自组

装过程中，用于支撑酶蛋白的支架蛋白还可以分成初级支架蛋白、单价衔接支架蛋白、多价衔接支架蛋白和锚定细胞支架蛋白四种（Artzi 等，2017）。

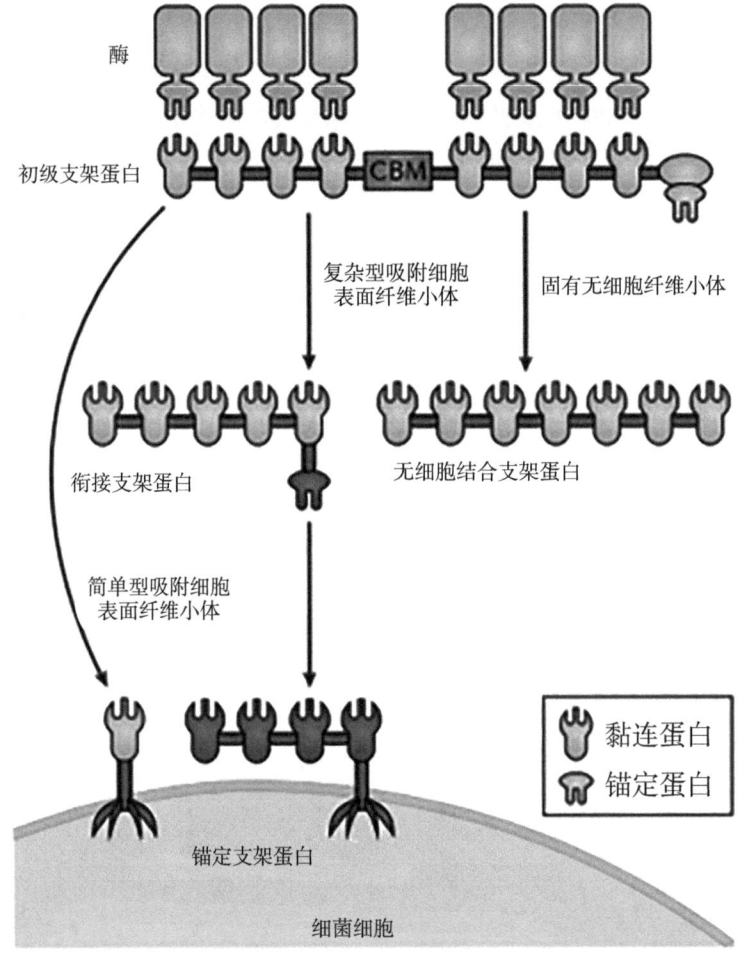

图 6-15　厌氧微生物纤维小体的类型（Artzi 等，2017）

二、厌氧真菌纤维小体的作用机理

与游离酶一样厌氧真菌纤维小体同样带有碳水化合物结合模块（CBMs），可以帮助整个大分子紧密附着在植物组织表面，提高纤维小体的底物降解率（Haitjema 等，2014；2017）。厌氧真菌纤维小体降解植物细胞壁多糖时，和游离酶不同的是其依赖锚定蛋白（Dockerins）和黏连蛋白（Cohesins）的可塑性相互作用以及各个酶的分子内协同作用去发挥底物降解功能（Fontes 和 Gilbert，2010；Gilbert，2007）。研究发现厌氧真菌中纤维小体更多的是分泌到胞外的无细胞结合的形式，相比于细胞结合型的纤维小体其有着更大的灵活性和底物降解效率（Steenbakkers 等，2001）。纤维小体中连接的活性酶以纤维素酶为主，同时包括其他植物多糖降解酶，如半纤维素酶及其辅助酶等，这样就可以实现对植物细胞壁多糖中不同组分的同时降解，显著地提高了酶解效率（Haitjema 等，

2014）。典型的纤维小体参与结晶纤维素的降解过程如图 6-16 所示，图中显示纤维小体中的内切葡聚糖酶先将排列整齐的纤维素晶体以长葡萄糖链的形式解离出来，然后在外切葡聚糖酶和葡萄糖苷酶的作用下最终生成葡萄糖分子（Gilmore 等，2015）。

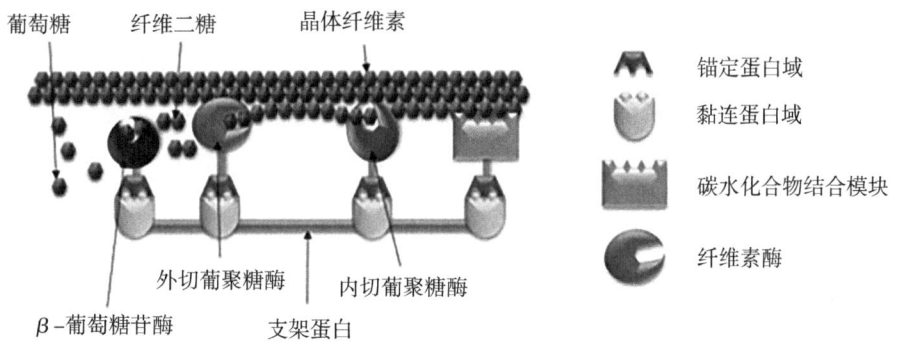

图 6-16　厌氧真菌纤维小体降解结晶纤维素的分子机制（Gilmore 等，2015）

三、厌氧真菌纤维小体的表达、表征及其改造

厌氧真菌纤维小体的体外表达研究主要集中在对其组成中不同酶、锚定蛋白和支架蛋白的研究，同时还会研究锚定蛋白和支架蛋白的相互作用，形式多样且复杂。Harhangi 等（2003b）成功表达了一种来自 *Piromyces* sp. E2 纤维小体中的外切葡聚糖酶，分子量为 55 kDa。Lillington 等（2021）利用抗原-抗体反应追踪了厌氧真菌 *Piromyces finnis* 生命周期过程中一种纤维小体的位置变化，并将该大分子上所有的蛋白体外表达，具有很高的操作性（Lillington 等，2021；图 6-17）。

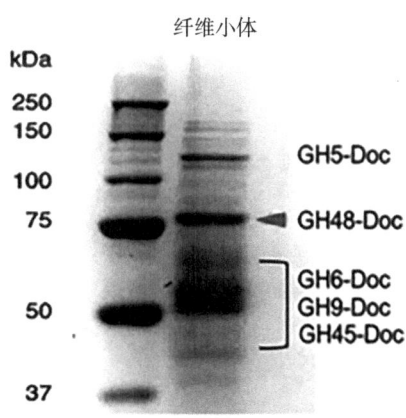

图 6-17　厌氧真菌 *Piromyces finnis* 源纤维小体各组分蛋白的 SDS-PAGE 胶图（Lillington 等，2021）
注：Doc 表示该蛋白含有至少一个融合的 dockerin 结构域。

此外，由于厌氧真菌纤维小体中的锚定蛋白（Dockerins）和黏连蛋白（Cohesins）是通过某种相互作用去让各种活性酶识别并催化不同底物的，受此启发就可以对厌氧真菌的纤维小体进行适当改造。Gilmore 等就对厌氧真菌 *Piromyces finnis* 中的一个 GH5 家族的纤维素酶进行改造，将锚定蛋白上的纤维素酶和另一个来自 *Thermotoga maritima* 的 GH5 家族酶进行替换，结果得到一个全新的嵌合酶并发现酶的催化活性显著提高（图 6–18；Gilmore 等，2020）。这样来说，厌氧真菌纤维小体在未来的工程进化中会有更加广阔的研究价值和开发潜力，尽管目前对其直接的表达纯化很困难，但如果对其各个组分分开表达，再通过体外融合技术进行深度的组装和改造，其对复杂碳水化合物的降解潜力甚至可能会超过游离配伍酶系。

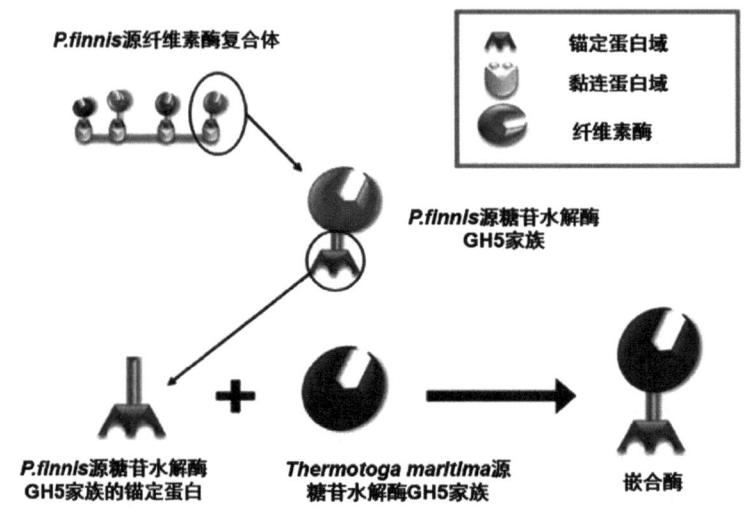

图 6–18　厌氧真菌 *Piromyces finnis* 源纤维小体的分子改造（Gilmore 等，2020）

第七章
分子生物学技术在厌氧真菌研究中的应用

第一节 扩增子测序技术研究厌氧真菌菌群结构

一、ITS 扩增子测序技术

ITS 扩增子测序技术是一种广泛应用于微生物学领域的分子生物学技术，用于研究微生物的系统进化、多样性和功能等方面。ITS 指的是核糖体 RNA 基因间隔区域，是核糖体 RNA 基因的两个相邻基因之间的序列区域，其中 ITS1 位于核糖体 RNA 基因的 18S 和 5.8S 基因之间，ITS2 位于核糖体 RNA 基因的 5.8S 和 28S 基因之间。ITS 扩增子测序技术的原理是通过 PCR 扩增真菌的 ITS 区域，得到大量的扩增子，然后将这些扩增子测序，通过比对数据库中的 ITS 序列，进行物种鉴定和分类（Schoch 等，2012）。ITS 区域在不同物种之间具有高度的变异性，这使得 ITS 扩增子测序技术成为了一种快速、准确和高通量的微生物分类和多样性研究方法。

值得注意的是，由于 ITS 区域在不同物种之间存在高度变异性，因此在使用 ITS 扩增子测序技术进行微生物分类和多样性研究时，需要选择适当的引物和 PCR 条件，以避免 PCR 扩增偏向和假阳性结果的出现（Dollhofer 等，2016）。此外，还需要注意样品的保存、提取和 PCR 扩增等步骤中的污染问题，以确保测序结果的准确性和可重复性。ITS 扩增子测序技术在厌氧真菌研究中被广泛应用。迄今为止，培养物中厌氧真菌的分子学鉴定主要是使用 Sanger 测序完成的，它可以很好地应对 ITS1 区域的 AT 碱基含量高的情况（Wibberg 等，2021）。ITS1 还被证明可以揭示不同环境或宿主厌氧真菌在菌群结构、分类学和生态学上的差异，对于深入了解厌氧真菌的多样性和功能具有重要意义。

在 DNA 条形码出现之前，运输活的培养物存在困难，以及这些真菌没有任何已建立的数据库，使得全球实验室间比较和研究这些菌株变得非常困难。然而，通过 GenBank 数据库共享数据也为对这些真菌进行更科学的评估提供了依据。对厌氧真菌的基因型分析于 1991 年由 Dore&Stahl 发起，他们使用核糖体 RNA（18S rRNA）小亚基（SSU；总共约 1 800 bp）的部分序列来表征厌氧真菌的单系性。然而，18S 区域在厌氧真菌门水平上高度保守，因此很难确定门以下水平分类群之间的关系。随后的遗传分类研究主要集中在 rRNA 基因座的可变性更大的内部转录间隔（ITS）区域，2012 年开始科学家们一致认为可以将其作为所有真菌的主要 DNA 条形码区域（Schoch 等，2012）。

ITS 区域的 PCR 扩增依赖于与高度保守的侧翼 18S 和 28S（大亚基；LSU）区域结合的引物，产生 600 ～ 700 bp 的扩增子。ITS 区域包含两个 I 型内含子（ITS1 和 ITS2），被 5.8S rRNA 亚基（长 159 bp）分开，后者为设计保守引物和分别扩增 ITS1 或 ITS2 提供了额外区域（Fliegerova 等，2010）。迄今为止，ITS1 区域已成为比较广泛使用的扩增子，用于比较厌氧真菌的不同属和种。这些分析始终支持形成多鞭毛虫游动孢子的两个属（*Neocallimastix* 和 *Orpinomyces*）与形成球状固着物的两个属（*Caecomyces* 和 *Cyllamyces*）之间的密切关系（Nicholson 等，2005）。然而，根茎属与单鞭毛游动孢子（*Piromyces* 和 *Anaeromyces*）的系统发育相关性不太清楚，*Piromyces* 属似乎是多系的，需要对其重新评估。

在过去十年中，ITS1 区域的下一代测序已经允许对各种宿主动物的厌氧真菌多样性和群落结构进行大规模分析（Liggenstoffer 等，2010）。然而，获得的大量序列不允许对单个序列进行基于树的评估，而是使用基于 OTU 的方法（Kittelmann 等，2013）。有限的序列读取长度也限制了生成可靠的系统发育分析的能力，特别是由于厌氧真菌 ITS1 区域存在大尺寸多态性。因此，代表 OTU 的序列通过序列相似性（BLAST）搜索公共数据库（例如 GenBank、UNITE 或 ITSoneDB）。然而，这些数据库的质量在很大程度上取决于相关内容的数量和贡献者的科学严谨性，数据库越全面，定期手动管理的任务就越具有挑战性（Fliegerova 等，2010）。因此，过去发现 GenBank 中的大量厌氧真菌序列在属水平上被错误命名也就不足为奇了。这些缺点凸显了研究界需要一种更精心策划的方法来对厌氧真菌序列数据进行分类学分析。理想情况下，这将由稳定的厌氧真菌系统发育来指导，其中参考基因组已完全测序，避免在较高的分类等级上进行未表征的分类（即未分类的 Neocallimastigales）（Kittelmann 等，2012）。

基于 ITS1 标记的分子调查表明存在几种新型厌氧真菌进化枝，但由于缺乏足够的 ITS1 序列与系统发育信息，它们与已知属的相关性仍然没有定论。ITS1 系统发育的不确定性是由该区域的碱基多态性造成的。虽然 ITS1 异质性问题不容易克服，但二级结构信息可用于序列比对来改进 ITS1 序列数据的分析。Tuckwell 等（2005）在厌氧真菌的 ITS1 中定义了四个可变区域，并为不同的属生成了诊断指纹。最近，Koetschan 等（2014）为厌氧真菌的 ITS1 提出了一个共同的二级核心结构，并开发了一种自动折叠和对齐方法。对于 ITS2，这种方法以前甚至可以用于阐明高水平的系统发育关系，从而导致更稳健和更准确的树重建（Coleman，2003；Buchheim 等，2012）。同样，对于 ITS1，一级序列和二级结构信息现在可以使用 4SALE 软件进行序列比对（Seibel 等，2006），以及使用 ProfDistS 进行系统发育分析（Wolf 等，2008），从而允许计算更稳定的厌氧真菌 ITS1 系统发育。

根据 Koetschan 等（2014）指定的最新版本的 ITS1 系统发育，将厌氧真菌分为 8 个属和 12 个尚未分离培养的属或种级进化枝。相应的序列数据库和分类文件与 mothur（Schloss 等，2009）和 QIIME（Caporaso 等，2010）等分析流程兼容，并能够对原始序列进行物种分类。由于大量新数据和根据新分离菌株的代表正式命名的进化枝的出现，该数据库需要定期的整理更新（Callaghan 等，2015；Hanafy 等，2017）。尽管 ITS1 作为条形码标记对厌氧真菌的发展发挥了巨大的推进作用，但它作为系统发育标记的应用具有很大的局限性。在单一培养物中，多个克隆的 ITS1 序列在 ITS1 重复序列之间的差异可能高达 13%，并且 ITS1 区域本身的大小也可能不同（Edwards 等，2008）。因此，很难区分一种新的 ITS1 序列类型是否确实代表了一个新的物种/属。因此，近年来一直在探索使用 LSU rRNA 作为条形码位点的应用潜力。然而，ITS1 仍将是识别厌氧真菌的重要条形码标记，尤其是旨在表征给定样本中整个真菌生物群（包括新美鞭毛菌门）的环境调查（Belila 等，2017）。因此，ITS1 数据库的可用性对于厌氧真菌的分类鉴定具有特别重要的意义。

第二节 （宏）基因组学技术在厌氧真菌研究中的应用

一、宏基因组在厌氧真菌研究中的应用

宏基因组和 ITS 序列都是用于微生物群落分析的常用工具。它们的差异在于它们所代表的数据层面和信息类型。ITS 序列是核糖体 RNA 基因转录产物的一部分，其长度通常为 150～1 000 bp，是真核生物中用于物种鉴定和分类的标准 DNA 条形码序列。ITS 序列对于研究真菌和细菌的多样性和进化关系非常有用。因为这些序列在不同物种之间具有高度的可变性和高度保守性，在同一物种中也具有足够的变异性，可以用于推断不同物种之间的亲缘关系。宏基因组则是指对整个微生物群落的基因组进行测序和分析，这个过程不需要进行单个细胞的分离纯化。宏基因组测序能够同时获取所有微生物的基因组信息，不仅包括常规的 16S rRNA 基因或 ITS 序列，还包括其他功能基因组和代谢途径等信息。它可以更全面、更深入地了解微生物群落的组成和功能。ITS 序列通常用于研究特定物种的多样性和进化关系，而宏基因组测序则更适合于研究整个微生物群落的功能和组成，更能揭示微生物群落的生态学特征和生物地理学特征。尽管宏基因组学可以从生成的短读长数据中组装古菌、细菌，甚至是病毒的全基因组，但扩增子测序通常仍是研究微生物菌群及其对外部因素潜在响应的第一步。

瘤胃微生物群落是细菌、古细菌、厌氧真菌和原生动物的联合体。就细胞数而言，细菌和古细菌占微生物的主要部分，然而，就微生物生物量而言，真核厌氧真菌和原生动物也占很大比例。迄今为止，大多数瘤胃宏基因组学研究都集中在细菌和古细菌微生物群落上，缺乏对真核基因的针对性分析（Hess 等，2011；Pope 等，2012）。只有少数提到的研究检测到低水平的真核基因（Wang 等，2013）。此外，Brulc 等（2009）从来自纤维和非纤维瘤胃样本的宏基因组学数据分析了真核 SSU 基因和环境基因标签（Environmental Gene Tags，EGTs）。系统发育分析未鉴定出真菌序列，但检测到的真核 EGTs 中有 19% 被分配给真菌，不包括采样环境中预期的厌氧真菌。这些结果令人困

惑，因为它们将瘤胃真核生物描述为瘤胃微生物生态系统中的一个微不足道的群体。然而，这些结果并不意味着瘤胃中没有或仅有少量真核生物存在。

在宏基因组学研究中检测到的真核基因很少的原因可能是由于缺乏针对真核生物的采样策略，瘤胃中真核 DNA 含量低，样品保存方法不恰当和缺乏真核生物的遗传信息，限制了生物信息学分析和真核生物注释基因（Qi 等，2011a）。对在大肠杆菌中克隆的奶牛宏基因组文库进行基于活性的筛选，其中厌氧真菌占已鉴定编码序列的 5%，结果表明，如果应用合适的方法，所有现有的瘤胃微生物群都能被检测到（Ferrer 等，2005）。

当只对有限数量的已知真菌感兴趣时，探针特异性方法，如 Denman 等（2008）开发的自动核糖体基因间隔区分析已经足够了，并且能够长时间追踪目标真菌的丰度。近期，Dollhofer 等（2016）发表了基于 PCR 的方法，能够允许快速且相对廉价地进行真菌菌群组装，以及对基于 18S rRNA、28S rRNA 基因和编码 GH5 内切葡聚糖酶基因的纤维素分解活力进行初步评估。尽管真菌扩增子领域中有这些进展，但是主要的难点仍是所有真菌分类标记基因可实现的分辨率相当低。随着培养品种数量的增加，以及这些标记基因参考数据库的增加，该难题可能最终被克服。

从瘤胃的角度来看，需要将可用的厌氧真菌基因组数据与生态学和功能联系起来，从而建立一个更全面的数据库。在此基础上，可以开发能够识别和注释厌氧真菌基因的生物信息学方法，使科学家能够筛选瘤胃宏基因组数据集的厌氧真菌基因含量。此外，形态学和基因组的特征阻碍了厌氧真菌个体以及自然丰度低的厌氧真菌基因组信息的获取和分析，样品制备技术如尼龙袋技术的孔径大小阻碍厌氧真菌在瘤胃中的生长与繁殖，可能是阻碍宏基因组数据中真菌重叠群共组装的重要因素。从宏基因组数据中成功共组装较长真核细胞片段的研究偶有报道，但这种情况很少（Sharon 等，2013；Quandt 等，2015）。为了从不同微生物群落的宏基因组数据中组装真核生物片段，加州大学伯克利分校的班菲尔德实验室开发了一种基于 *k-mer* 的方法，称为 *EukRep*，以识别来自不同环境样本的数据集的真核生物序列组装，从而提高基因预测的质量和进一步的合并决策（West 等，2018）。他们在先前发表的 268 Gbp 瘤胃宏基因组数据测试这种方法时，*EukRep* 没有发现任何真核生物组装，表明取样方法对宏基因组数据中真菌基因挖掘的重要性（未发表的数据）。在这个特例中，将磨碎的植物材料放置在一个孔径为 50 μm 的原位尼龙袋中，在瘘管奶牛瘤胃内培养 72 h，使瘤胃原核生物能够进入并定植于磨碎的生物质中，但这可能导致瘤胃厌氧真菌对纤维的定植不充分，从而无法在生成的宏基因组中检测其遗传物质（Hess 等，2011）。

二、厌氧真菌基因组的研究进展

基因组测序为进一步了解厌氧真菌生物学功能提供了基础。厌氧真菌被认为是木质纤维素分解过程的关键角色，它们通过物理穿透和不同系列细胞壁降解酶的酶活力共同完成。分子生物学和计算生物学技术的进步促进了实验和技术标准的建立，使我们现在能够破译复杂的真菌基因组和单个真菌的生物学功能，而不需要广泛的生物信息学网络和训练有素的专业人员。2005 年 Nicholson 等（2005）使用定向质粒文库对厌氧真菌各种基因组片段的基因、基因间和 rRNA 编码区域进行了首次全面分析。该研究提供了关于控制内含子边界的规则、观察到的不同类型基因的密码子偏倚以及厌氧真菌启动子序列的观察结果。然而，真菌基因组中异常高的 A+T 含量、大量的非编码基因间隔区，真菌基因组内的基因重复，以及厌氧真菌未知的倍数性和复杂的生命周期，使得对获得的数据进行核酸测序和分析变得相当困难（Chen 等，2006）。近年来，现已发表并公开提供 12 株厌氧真菌基因组，这是得益于长度长测序技术的发展，例如，*Piromyces* sp. E2、*Pecoramyces ruminantium* C1A、*Neocallimastix californiae*、*Piromyces finnis* 和 *Anaeromyces robustus*（Youssef 等，2013；Haitjema 等，2017）。尽管如此，研究人员发现在组装这些基因组的过程中采用和/或开发的方法在应用于其他厌氧真菌时并不完全适用。最近的许多研究在生成高质量的基因组，组装短读序列数据和注释新测序的基因组方面都没有达到预期的效果。在本节中，我们回顾了组装和分析厌氧真菌基因组时面临的挑战，并总结了迄今为止已经获得的宝贵经验。

（一）厌氧真菌的培养和基因组 DNA 提取

厌氧真菌的培养条件会影响提取 DNA 的产量和质量。为了获得较高的 DNA 产量，通常采集接种到培养基生长 3～4 天（对数生长中期或者后期）的培养物，用于 DNA 的提取（Youssef 等，2013；Solomon 等，2016a）。关于采集的培养量，通常通过汇集几个较小的平行培养基及培养物到一个 1～2 L 的大容器中。有学者认为，收集游动孢子进行 DNA 的提取是未来试验的趋势，因为在这个特定的生长阶段缺乏顽固的细胞壁会简化提取程序（Calkins 等，2016）。此外，这也将使科研工作者能够以更标准化的方式比较不同厌氧真菌的基因组和表观基因组，因为所有厌氧真菌都处于相似的生长状态。当然为了更有效地做到这一点，使用统一的培养基进行厌氧真菌的富集也是非常有必要的（Hur 等，2011）。

除了厌氧真菌的培养外，基因组测序还受到提取的 DNA 的质量和数量的影响。用于测序的 DNA 要求无 RNA、蛋白质和有机化合物等杂质，此外要求总量 > 12 μg 且片段 > 10 kb。在满足这些条件的同时，还有几个问题阻碍了厌氧真菌基因组工作的进展。厌氧真菌的细胞壁中含有丰富的几丁质，使得常规的试剂和方法提取效果较差。可以在应用化学或基于试剂盒的提取方法之前进行冷冻干燥、液氮研磨和锆珠研磨等机械处理，以提高 DNA 的产量（Solomon 等，2016a）。然而，在机械处理过程中应该谨慎地进行条件的摸索，因为强烈的机械破坏会导致热诱导的 DNA 剪切，从而导致 DNA 分子量较低。Solomon 等（2016a）报道，只有裂解酶处理可以提高 DNA 产量和纯度，所以额外的裂解酶也可能在提取工作流程中进行添加。此外，RNA、蛋白质和碳水化合物残留也给纯化基因组 DNA 带来了巨大的挑战。Solomon 等比较了几种基于化学和试剂盒的提取方法，包括 Youssef 等（2013）在成功对 *Piromyces ruminantium* C1A（后鉴定为 *Pecoramyces*）进行基因组测序时使用的十六烷基三甲基溴化铵（CTAB）方案。最终发现，市售的 PowerPlant®Pro DNA 分离试剂盒和 Youssef 等（2013）使用的 CTAB 方法对 *Piromyces*、*Neocallimastix* 和 *Anaeromyces* 属的 DNA 提取效果最好。然而，在科研界尽管使用了一种或多种方法结合，许多研究人员仍然在分离高质量、高分子量的 DNA 上面临着巨大的挑战，特别是从球茎真菌中进行分离。

（二）厌氧真菌基因组测序与组装

对于基因组组装，可能存在一些非分离菌株的 DNA 污染。首先，在含有瘤胃液的培养基中存在小的污染 DNA 片段。因此，一些研究人员转而使用无瘤胃液的基础培养基与青霉素、链霉素和氯霉素等抗生素相结合，以消除背景 DNA 和潜在来自甲烷菌和细菌的污染 DNA。随着测序技术的发展，这些小的污染 DNA 片段可以通过使用长读长 PacBio 单分子实时（SMRT）测序文库制备中典型的 DNA 大小选择轻松去除。例如，Haitjema 等（2017）采用 BluePippin 纯化仅选择高分子量（> 10 kb）DNA 片段，用于 *Piromyces finnis*、*Neocallimastix californiae* 和 *Anaeromyces robustus* 的基因组测序。该过程去除了瘤胃液中存在的污染 DNA，这些 DNA 通常以小片段形式存在，尤其是在对培养基进行高压灭菌后。为了进一步提高 DNA 分离和纯度，建议采用含有可溶性糖（例如纤维二糖和葡萄糖）而不是纤维植物材料的培养基进行富集培养（Youssef 等，2013；Haitjema 等，2017）。虽然这些生长条件在所有已经测序的厌氧真菌中都有不错的表现，但这种培养方法是否可以应用于所有厌氧真菌还有待进一步实践。

在过去，只有少数研究机构能负担得起厌氧真菌的测序工作。在测序过程中遇到的困难以及如何解决的一个很好的例子是 *Piromyces* sp. E2 的基因组草图的绘制。*Piromyces* sp. E2 是一种高产的生物质降解菌。2011 年，美国能源部联合基因组研究所利用 Sanger 测序（读长 800～900 bp）进行了初步组装（https://genome.jgi.doe.gov/PirE2_1/ PirE2_1.info.html）。6 年后，使用 Illumina Solexa（读长 2 × 75 bp）测序数据结合 Sanger 测序测序数据，使用 Velvet 进行初步组装，为解释 *Piromyces* sp. E2 的生物学和分子机制提供了有用的见解。但是由于使用的测序技术产生的读长较短，仅实现了片段化组装，其中 39.7% 的 scaffolds 之间存在 gap 且 contig 的数量也多。Youssef 等（2013）仅使用 HiSeq 2000（读长 2 × 100 bp）测序平台对 *P. ruminantium* C1A 进行测序，对所获的基因组测序数据进行组装后也发现了类似的结果。由 HiSeq 2000 产生的测序数据不足以进行全基因组组装，因为该数据产生的组装（也是用 Velvet 完成的）高度碎片化，有 82 325 个 contigs，其中 32.4% 的 contigs 非常短。最近，PacBio 开发的"单分子实时"（SMRT）测序技术为基因组测序开辟了新的可能性。SMRT 技术产生长读长时伴随的高出错率可以通过 Illumina 修正 SMRT 数据解决。两种测序平台产生的数据集进行混合组装大大提高了基因组的连续性（降低片段化），此外，还识别到仅使用 Illumina 数据时未检测到的内含子，这可能是由于各序列中 GC（8.1%）含量较低，且微卫星出现的频繁高导致有些内含子未被探测到。

在最近测序的基因组中（*Anaeromyces robustus*、*Piromyces finnis* 和 *Neocallimastix californiae*），仅使用 PacBio SMRT 测序对高分子量 DNA 片段（> 10 kb）进行了测序，所获的测序数据使得基因组组装质量得到了大大的改善，并获得了迄今为止报道的最高质量厌氧真菌基因组（Haitjema 等，2017）。与 Youssef 等（2013）使用的混合组装方法相比（Illumina + SMRT），Falcon（https://github.com/PacificBiosciences/FALCON）、FinisherSC（Lam 等，2015）和 Quiver（https://github.com/PacificBiosciences/GenomicConsensus）的组装产生了更优的组装结果。这种提高可能是高分子量 DNA 分离和长读长测序技术的改进有密切的关系。表 7-1 列出了目前所有厌氧真菌基因组组合的比较。由于长读长序列测序技术（PacBio 和 Nanopore）目前是厌氧真菌基因组测序的金标准，他们能够测序低 GC 含量的基因组，并提供具有较少的 contig 数量和较高的 scaffold 长度的非片段化的组装结果。因此，许多新型厌氧真菌分离株目前正在排队等待通过三代测序平台在 DOE-JGI 进行基因组测序，以丰富高质量厌氧真菌基因组数据库。

表 7-1 已有厌氧真菌基因组信息

名称[a]	测序技术	组装软件	大小（Mbp）	测序深度	Contigs	Contig N50	scaffolds	Scaffold N50	Max Scaffold（Mbp）
Anaeromyces sp. S4	PacBio	Falcon+FinisherSC	71.69	20×	1 035	141 798	—	—	0.67
Caecomyces churrovis A	PacBio	Falcon	165.50	88.81×	7 737	30 837	—	—	0.63
Neocallimastix californiae G1	PacBio	Falcon+FinisherSC	193.03	20×	1 819	443 414	—	—	1.84
Neocallimastix lanati	PacBio	MECAT	200.97	62.05×	969	1 031 807	—	—	4.01
Neocallimastix sp. Gf-Ma3-1	PacBio	Flye	209.5	25.8×	383	2 497 137	—	—	8.43
Neocallimastix sp. WI3-B	PacBio	Flye	206.81	23.17×	302	2 681 480	—	—	6.75
Pecoramyces ruminantium	Illumina+PacBio	Celera	100.95	94.4×	32 574	3 373	—	—	0.02
Pecoramyces sp. F1	Illumina	SOAPdenovo	106.83	270.5×	19 426	10 106	10 442	40 524	0.27
Piromyces sp. Finn	PacBio	Falcon	56.46	20×	232	749 539	—	—	2.63
Piromyces sp. E2	Sanger+Illumina	Newbler	71.02	18～19×	17 855	2 723	1 656	144 455	0.84
Piromyces sp. UH3-1	PacBio	Falcon	84.10	33.02×	84	7 299 973	—	—	11.05

[a] 数据来自 https://genome.jgi.doe.gov/neocallimastigomycota/。

（三）厌氧真菌基因组基因预测与功能注释

虽然现在可以生成高质量的厌氧真菌基因组，但给新的厌氧真菌基因进行正确的功能注释仍然是一个挑战。当比较所有可用的已测序厌氧真菌基因组的 KOG（euKaryotic

Orthologous Groups，KOG）数据时，这一点变得很明显。有超过 6% 的基因功能仍然未知，而 19% 的基因功能只能进行一般功能预测。因此，25% 的厌氧真菌基因无法简明扼要地描述其功能。由于现有数据库如 KEGG（Kyoto Encyclopedia of Genes and Genomes，KEGG）和 PFAM（Protein FAMily database，PFAM）中缺乏厌氧真菌基因内容；在这个问题得到解决之前，功能的准确注释仍然是一个具有挑战性的问题。最近的一项研究使用表观遗传工具作为改善真菌基因注释的手段。他们发现早期分支真菌谱系（包括厌氧真菌）在表达基因的转录起始位点时显示出较高程度的甲基化（N6－甲基脱氧腺嘌呤）（Mondo 等，2017）。随着检测表观遗传修饰能力的不断提高，这些工具可能对研究缺乏 KOG、KEGG 和 PFAM 数据的真菌基因组变得非常宝贵。

然而，尽管存在这些功能注释挑战，通过常规注释策略对 *Pecoramyces ruminantium* C1A 基因组的分析发现了新美鞭毛菌门可能特有的基因组特征，这些特征与它们的厌氧生活方式紧密相关（Youssef 等，2013）。*Pecoramyces* 氢化酶体的重建可以清楚地跟踪厌氧真菌中能量的产生和代谢，揭示不完整的三羧酸循环和混合酸发酵依赖的能量形成。*Pecoramyces ruminantium* C1A 中的碳水化合物活性酶（CAZymes）的表征也显示出大量多样的木质纤维素分解基因，包括 357 种糖苷水解酶（GH）、24 种多糖裂解酶（PL）和 92 种碳水化合物酯酶（CE）。从 *Fibrobacter succinogenes*（一种专门利用木质纤维素的瘤胃细菌）的基因组中，表征了 95 个 GH、5 个 PL 和 17 个 CE，这一结果表明，*Pecoramyces ruminantium* C1A 拥有广泛的碳水化合物活性酶系统。

最近，通过对多个高质量厌氧真菌基因组的分析，使人们对厌氧真菌 CAZymes 有了更多的了解。（基因组可通过 Mycocosm 网站 http://genome.jgi.doe.gov/programs/fungi/index.jsf 获得）（Haitjema 等，2017）。正如预期的那样，在基因组的不同区域发现了丰富的 CAZymes 结构域，包括数百个含有厌氧真菌原生蛋白质的非催化 dockerin 结构域。这些结构域与真菌纤维小体有关，真菌纤维小体是一种多酶复合物，能够用于加速木质纤维素的降解。特别是，基于这些菌株获得的全部蛋白质组学数据开发的隐马尔可夫模型揭示了厌氧真菌特有的一个大的非催化蛋白质结构域，后来被确定为真菌纤维素体的支架蛋白结构域（Haitjema 等，2017）。这些高质量的厌氧真菌基因组使得比较基因组分析成为可能，这是第一次量化了瘤胃环境中厌氧细菌 CAZymes 结构域水平基因转移的频率。总的来说，这些高质量的基因组不仅为解释厌氧真菌的代谢行为奠定了基础，而且还为解释这些微生物可能产生的独特代谢物奠定了基础——可能是为了协调它们与瘤胃微生物组中其他微生物的相互作用。

三、单细胞基因组学

自 20 世纪 90 年代基础 PCR 方法被研发出，以及 10 年后先进的等温 DNA 扩增方法被开发，分子测序技术已经成为解读人类细胞基因组变异的有力工具（Zhang 等，1992；Dean 等，2001）。不久后，单细胞基因组学（Single-Cell Genomics, SCG）就成功用于古菌和细菌的基因组测序（Raghunathan 等，2005；Zhang 等，2006）。甚至组装了一种不可培养的瘤胃微生物（Hess 等，2011）和海洋单细胞真核生物的基因组草图

（Yoon 等，2011）。真菌 SCG 有关的难题与传统测序方法的难题相同（例如高倍数性，线粒体基因组干扰、多染色体、转座子和广泛的 GC 变化）。但是，对于 SCG，难以破碎的真菌细胞壁是一个更严重的问题，因为它阻碍了后续扩增 DNA 的获取，在下游过程使用的目标生物数量有限。为了克服这一障碍，Ahrendt 等（2018）开发了一种稳健捕获和从头组装的实验方法，使得需氧真菌单细胞基因组组装的完成度达到 88%，在测序前结合目标生物的多个细胞时，可使完成度额外提高至约 97%。这种强大的技术应用到厌氧真菌获取基因组仅仅是时间问题。

第三节 （宏）转录组学技术在厌氧真菌研究中的应用

一、宏转录组在厌氧真菌研究中的应用

用宏转录组学研究混合群落中的真核衍生活动具有许多优势，特别是研究反刍动物中厌氧真菌和其他瘤胃微生物之间发生的相互作用（Marmeisse 等，2017）。与单个真菌分离物的表达谱分析类似，许多与真菌宏基因组相关的生物信息学难题可以通过宏转录组学方法来解决。但是到目前为止，对瘤胃相关真菌菌群表达谱的深入研究仅仅是完整菌群表达谱的副产品，很少在其结果中发现大量厌氧真菌的转录产物。虽然有研究发现大量与 GH48 纤维素酶相关的厌氧真菌碳水化合物结合域（CBM10），但是厌氧真菌只能与不到 1% 的测序片段相关（Dai 等，2015）。相反，Qi 等（2011a）报道了由 2.8 Gbp 宏转录组测序数据组装、平均长度为 310 个碱基对（bp）的 59129 个重叠群。这些数据是对两头麝牛固态瘤胃内容物总 mRNA 进行聚腺化 mRNA 富集后生成的，聚腺化 mRNA 是真核生物 RNA 加工的特点。在预测编码蛋白质的读长中，约 14.4% 属于真菌，其中约一半来自新美鞭菌门（Neocallimastigomycota）的成员。进一步分析发现了各种 CAZymes 的存在，包括属于纤维素酶的 GH（即 GH5、GH6、GH7、GH9、GH45 和 GH48），属于内切纤维素酶的 GH（即 GH8、GH10、GH11、GH26 和 GH28），属于脱支酶的 GH（即 GH67 和 GH78），属于低聚糖降解酶的 GH（即 GH1、GH2、GH3 和 GH38），以及多种 CEs、PLs 和 CBMs，例如 CBM1、CBM6、CBM10、CBM13、CBM18 和 CBM29。Qi 等（2011）还鉴定了几个含有多种 CAZymes 结构域的高表达基因，在大多情况下一个 CBM10 与一个 GH6 或 GH48 结合，表明厌氧真菌利用含有 GH6 或 GH48 催化结构域的纤维素小体。总之，这些工作提供了第一手的组学证据，证明真菌菌群在复杂碳水化合物中发挥重要作用，真菌菌群利用酶的多模块机制，促进瘤胃生态系统中难降解植物材料的分解。

在瘤胃发生活性降解的情况下，饲喂后 1 h 两头奶牛瘤胃混合菌群的转录组数据总读长中仅有约 0.12% 来自厌氧真菌（Dai 等，2015）。这些真菌的读长大多来自 *Piromyces* 或 *Neocallimastix*，分别占真菌读长的 54% 和 41%。尽管真菌的转录本丰度较低，但它们约占已鉴定的 GH48 总量的 14%，表明它们是这种蛋白的主要生产

者。此外，也检测到了真菌转录本编码的纤维素酶（即 GH6、GH9、GH48），半纤维素酶（即 GH10 和 GH11），β-葡糖苷酶（GH1 和 GH3），以及 CBM6 和纤维素小体特异性的 CBM10。类似的研究使用 Illumina 双端测序技术生成了混合菌群 mRNA 的表达谱，结果表明泌乳奶牛的厌氧真菌在活跃的自由漂浮菌群中约占 7.5%，其中 *Neocallimastigacea* 的成员对纤维素酶转录本的基因表达谱数量具有显著贡献（Sollinger 等，2018）。这些发现表明，厌氧真菌在瘤胃生态系统的植物生物量降解作用被低估。早先认为真菌通过机械和酶学方法使难分解生物量更容易获取，随后被 *Prevotellacea* 等微生物定植，这些微生物的基因组具有丰富的与半纤维素、淀粉和蛋白质降解相关的基因，而不是与纤维素降解相关的基因（Flint 等，2012），混合瘤胃 mRNA 的这两个宏转录组中真菌纤维素酶转录本丰度增加，表明真菌在纤维素降解中起重要作用。然而，更详细地了解生物量降解过程中积极表达的真菌基因库和更多如 Foster 等以真菌为目标的宏组学方法将是至关重要的。否则，我们将继续评估真菌的冰山一角。

最近，三项研究使用总 RNA 测序（未去除 rRNA）来调查瘤胃中活跃的微生物群落（Poulsen 等，2013；Li 等，2016；Elekwachi 等，2017）。然而，只有 Elekwachi 等（2017）的研究发现厌氧真菌在瘤胃中具有重要贡献。该研究发现总 rRNA 读数的 10%～16% 是厌氧真菌来源的，这些属主要由 *Neocallimastix*（56%）、*Cyllamyces*（36%）和 *Orpinomyces*（8%）组成。这一研究与未识别许多厌氧真菌序列的研究之间的主要差异可归因于动物饮食和样品制备的差异。

二、厌氧真菌转录组学的研究进展

虽然基于基因组的分析可以深入了解厌氧真菌的基础生物学，但基因表达使我们对它们的实际活动和新陈代谢的理解更近了一步。相比于传统基因组学研究真菌的整体代谢潜力，转录组学可以通过基因表达和蛋白质组成的整合分析，更好地研究真菌的代谢功能。此外，转录组研究还克服了真核基因组中包含非编码内含子的问题。

以杂交为基础测定细菌基因表达谱的方法在 20 世纪 90 年代末已被广泛使用，但是在真菌学方面使用较少（Nilsson 等，2019）。基于功能的杂交检测，如 CAZyChip、FibroChip 和 GeoChip 被开发用于快速定量关键酶的表达，即使是在复杂的微生物群落也可进行（Tu 等，2014；Abot 等，2016；Comtet-Marre 等，2018）。这些检测方法包含探针检测法，能允许量化那些在序列上足够相似，且可以与连接在阵列矩阵上探针结合的基因。由于关键基因可能没有足够的亲和力，诱饵和目的基因需要有相对较高的相似性是一个明显的缺点。随着核酸测序和序列分析成本的不断降低，预计这些杂交阵列方法将变得不那么常见。

Reymond 等（1992）测定了一种厌氧真菌的 cDNA 序列（即来自 *Neocallimastix frontalis* 的磷酸烯醇丙酮酸羧激酶编码基因），并对该基因的预测蛋白结构分析，结果表明该催化区域在厌氧真菌和动物中高度保守，但与酵母序列却没有相似性。Gilbert 等（1992）从瘤胃厌氧真菌 *Neocallimastix patriciarum* 中分离并鉴定了木聚糖酶 cDNA。序列分析表明，该酶与细菌木聚糖酶具有显著的同源性，这表明该基因在瘤胃细菌和厌氧真菌之间存在水平转移。随后，该课题组建立了 *Neocallimastix patriciarum* 的 cDNA 文库，筛选木聚糖酶，随后他们对木聚糖酶 cDNA 进行修饰，使其在大肠杆菌中具有较高的表达水平。

虽然也有许多基于 cDNA 文库的研究，但大多数都集中在水解酶上。Kwon 等（2009）进行了第一项基于高通量数据的研究，他们构建了厌氧真菌 *Neocallimastix frontalis* 的表达序列标签（Expressed Sequence Tags，EST）文库。对这些功能基因进行分析，以阐明该厌氧真菌的碳水化合物代谢途径。然而，随着新一代测序技术的发展，基于转录组的分析已成为首选方法。转录组学既可以研究作为不同条件（即 RNAseq）的功能的整体基因表达，也可以研究用于从头组装/注释的转录组的生成（通常与基因组测序相结合）。

对 *Anaeromyces robustus*、*Neocallimastix californiae* 和 *Piromyces finnis* 的转录组分析表明，*Neocallimastix californiae* 和 *Piromyces finnis* 的木聚糖水解酶活力比商业的 *Aspergillus* 酶混合物提高了 3 倍，约 2% 的转录本编码木质纤维素糖苷水解酶（GH）和其他碳水化合物活性酶（Solomon 等，2016b）。与 *Trichoderma* 和 *Aspergillus* 相比，上述 3 种厌氧真菌都表达了更多的半纤维素酶（即 GH10）和果胶降解酶，使它们在去除半纤维素和果胶，从而获取植物细胞内富含能量的碳水化合物方面更有优势。有趣的是，*Anaeromyces robustus* 更偏好葡萄糖，而不是更复杂的碳水化合物，这种对简单糖类的倾向表明一旦植物纤维中复杂的成分被其他微生物消化，*Anaeromyces robustus* 对植物材料的降解更为重要。

除了被分类为纤维素酶和半纤维素酶的转录编码 GH 家族外，转录组学还表明，与单糖底物相比，在以复杂植物纤维为底物时，这些真菌表达的辅助酶（AAs）和羧酸酯酶（CEs）基因数量明显增加。这也解释了为什么 Neocallimastigomycota 门的成员，包括 *Pecoramyces ruminantium* 能够降解一系列富含木质素，且未经前处理的饲草（Couger 等，2015；Solomon 等，2016b）。Wang 等（2011）结合 Roche 和 Illumina 的 NGS 技术鉴定了瘤胃厌氧真菌 *Neocallimastix patriciarum* W5 在以稻秸为底物时积极表达的 288 个独特的类 GH 重叠群。这些类 GH 重叠群可编码多种纤维素酶、半纤维素酶，包括 GH10 家族成员、几丁质酶和包含非催化的锚定结构域（NCDDs）的开放性阅读框，后者则是纤维素小体的特征（Gilmore 等，2015）。

有研究鉴定了大量的 CAZymes，分别占 *Anaeromyces mucronatus*、*Neocallimastix frontalis*、*Orpinomyces joyonii* 和 *Piromyces rhizinflata* 总转录本的 8.1%、9%、11.2% 和 8.9%（Gruninger 等，2018）。此外，与需氧真菌、非瘤胃细菌和瘤胃细菌转录组相比，上述 3 种瘤胃厌氧真菌的 12 个 CAZymes 家族和 10 个碳水化合物结合模块（CBMs）的转录组丰度增加了 2 倍以上。在这些厌氧真菌转录组中，富集的 CAZymes 家族包括 GH6、GH11、GH48、CE1，以及 CBM1、CBM26 和 CBM29 的丰度甚至提高了 5 倍。更引人注意的是，这些表达谱中，纤维素特异性的 CBM10 和几丁质结合的 CBM18 的转录本丰度提高了 20 倍以上。

这些 NCDDs 是纤维小体的一部分，由于这些 NCDDs 缺乏整体相似性，因此前人认为真菌纤维小体是独立进化的,但是通过水平基因转移,真菌在瘤胃生态系统从共存的细菌获取一些有益的特性(如催化域)(Haitjema 等,2017)。*Caecomyces churrovis* 是一种缺乏大量假根系统的厌氧真菌,这与其他已知肠道真菌的特点不同,通过 Illumina 的短读长数据,研究者首次深入了解了 *Caecomyces churrovis* 的基因表达(Henske 等,2017)。Henske 等证明,在 *Caecomyces churrovis* 的 CAZyme 转录本中,含有 NCDDs 的转录本比例较低(15%),而已报道具有假根的厌氧真菌有约 30% 的 CAZymes 转录本与至少一种 NCDD 相关。基于这一现象,他们猜想 *Caecomyces churrovis* 更依赖 CAZymes 降解植物碳水化合物,而不是基于纤维小体的生物降解策略。

虽然最近的基因组和转录组研究为许多厌氧真菌的分子机制提供了重要的见解,但是数据采集、分析和报告的差异使得很难直接比较这些数据。尽管存在这些难题,这些研究的结果已经证实了真菌的 CBMs 和含有催化结构域的 CAZymes 在瘤胃厌氧生态系统中降解复杂植物物质中发挥关键作用。所有厌氧真菌基因组的 GH 家族中,GH5、GH6、GH9、GH45 和 GH48 属于纤维素酶。有趣的是,这些 GH 的代表菌通常也与纤维素小体特异性 CBMs 相关,部分研究已提供了充分的细节。GH10 和 GH11 也是如此,预计它们的目标是木糖,且是一组被归类为低聚糖降解的 GH。虽然厌氧真菌使用的所有半纤维素酶库总是包含 GH10 和 GH11 的成员,一组额外 GH 家族在真菌个体半纤维素成分降解过程中略有变化。这些额外的半纤维素酶属于 GH8、GH26 和 GH53,它们分别属于包含处理木聚糖内切酶、木聚糖酶以及内切 $-1,4-\beta-$ 半乳聚糖酶活力的家族。

尽管这些 CAZymes 无处不在,更为详细的转录组研究揭示了以前通常被忽略的 AAs,CEs 和多糖裂解酶(PLs)的重要性。这些酶通过分解和调整晶体纤维素核心周围的难降解组分,从而机械性地削弱纤维素结构,增强目前研究报道较多的 GH 的催化活性(Gilbert,2010;Makela 等,2018)。在 *Anaeromyces mucranatus*、*Neocallimastix frontalis*、*Orpinomyces joyonii* 和 *Piromyces rhizinflata* 中鉴定出分类为 AA4 和 AA6 的转录本(Gruninger 等,2018),而 CEs(即 CE1、CE4 和 CE6)来自 *Pecoramyces ruminantium*(Couger 等,2015),*Anaeromyces robustus*、*Neocallimastix californiae*、*Piromyces finnis* 的转录组,以及 *Piromyces* sp. E2 的基因组(Solomon 等,2016b;Haitjema 等,2017)。据报道,PLs 中的 PL1、PL3 和 PL4 家族存在于 *Anaeromyces mucranatus*、*Neocallimastix frontalis*、*Orpinomyces joyonii*、*Piromyces rhizinflata*(Gruninger 等,2018),以及 *Pecoramyces ruminantium* 中,此外,PL5 和 PL9 也在 *Pecoramyces ruminantium* 的转录本中检测到(Couger 等,2015)。 在 *Anaeromyces robustus*、*Neocallimastix californiae*、*Pecoramyces ruminantium*、*Piromyces finnis* 和 *Piromyces* sp. E2 的基因组中也检测到了含有 NCDD 的 PL4 成员(Haitjema 等,2017)(图 7-1)。

基因表达是一个人们仍知之甚少的复杂且严格调控的过程。非编码 RNA 链的转录,然后与编码链相互作用,这一过程是在生命的所有领域中调控基因表达控制的主要机制(Wagner 和 Simons,1994)。基于反义的表达调控能迅速适应进化压力(Yan 和 Wang,2012),但是更重要的是它能实现类开关响应(Pelechano 和 Steinmetz,2013),这也解释了为什么天然反义转录本(Natural Antisense Transcripts,NATs)在真菌基因组中被

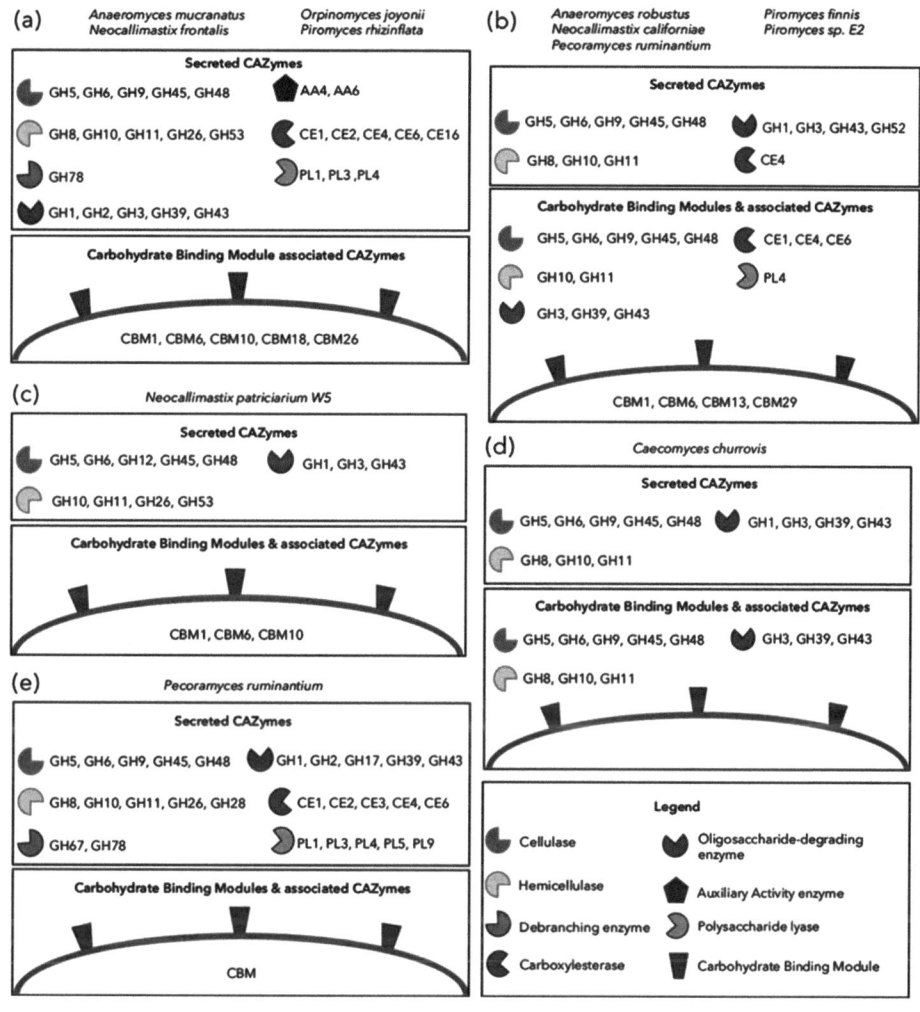

图 7-1 瘤胃厌氧真菌碳水化合物活性酶（CAZymes）库（成艳芬，2024）

（a）*Anaeromyces mucranatus*、*Neocallimastix frontalis*、*Orpinomyces joyonii* 和 *Piromyces rhizinflata* 表达谱中检测到的 CAZymes 转录本（Gruninger 等，2018）。仅报道这 4 种微生物转录组中检测到的 5 个丰度最高的 CAZymes 家族。（b）*Anaeromyces robustus*、*Neocallimastix californiae*、*Pecoramyces ruminantium* 和 *Piromyces finnis* 的表达谱（Solomon 等，2016b），*Anaeromyces robustus*、*Neocallimastix californiae*、*Pecoramyces ruminantium*、*Piromyces finnis* 和 *Piromyces sp.* E2 的基因组（Haitjema 等，2017）中检测到的 CAZymes。在 *Anaeromyces robustus*、*Neocallimastix californiae*、*Pecoramyces ruminantium* 和 *Piromyces finnis* 的转录组，以及所有 5 种微生物（即 *Anaeromyces robustus*、*Neocallimastix californiae*、*Pecoramyces ruminantium*、*Piromyces finnis* 和 *Piromyces sp.* E2）的基因组中，仅报道检测到的 5 个最丰富的 CAZyme 家族。（c）*Neocallimastix patriciarium* W5 表达谱中检测到的 CAZymes（Wang 等，2011）。仅报道检测到的 5 个最丰富的 CAZyme 家族。（d）*Caecomyces churrovis* 的表达谱中检测到的 CAZymes（Henske 等，2017）。仅报道检测到的 5 个最丰富的 CAZyme 家族。（e）*Pecoramyces ruminantium* 的表达谱中检测到的 CAZymes（Couger 等，2015）。仅报道检测到的 5 个最丰富的 CAZyme 家族。图中英文注释：Secreted CAZymes, 分泌的 CAZymes；Carbohydrate Binding Module associated CAZymes, 与 CAZymes 有关的碳水化合物结合模块；Carbohydrate Binding Modules & associated CAZymes, 碳水化合物结合模块和相关 CAZymes；Legend, 图例；Cellulase, 纤维素酶；Hemicellulase, 半纤维素酶；Debranching enzyme, 脱支酶；Carboxylesterase, 羧酸酯酶；Oligosaccharide-degrading enzyme, 低聚糖降解酶；Auxiliary activity enzyme, 辅助活性酶；Polysaccharide lyase, 多糖裂解酶。

发现，并且在它们的代谢过程中扮演重要角色。最近的一项研究显示，在瘤胃厌氧真菌 *Anaeromyces robustus*、*Neocallimastix californiae* 和 *Piromyces finnis* 中 NATs 介导的基因调控是保守的。尽管在这三个研究样本中普遍存在，但是 NATs 的丰度低于其他真菌，因此作者推断这可能反映了厌氧真菌的早期分化，以及与细菌水平基因转移的显著率。在比较分析中鉴别的 NATs 调控过程约 10% 与木质纤维素降解有关，表明为了充分了解厌氧真菌的生物量降解表型，以及其他可能的表现，可能需要对相应的 NATs 图谱进行全面分析。

据我们所知，目前还没有旨在生成全球蛋白质图谱或者鉴定厌氧真菌未知酶的独立蛋白质组学研究。目前生成的蛋白质图谱仅用于确定早先鉴定的 CAZymes 家族或者溶质转运载体，这些 CAZymes 或载体参与 *Neocallimastix patriciarium* W5、*Anaeromyces robustus*、*Neocallimastix californiae*、*Pecoramyces ruminantium* 和 *Piromyces finnis* 碳水化合物代谢（Wang 等，2011；Solomon 等，2016b）。Wang 等（2011）通过质谱法验证了 *Neocallimastix patriciarum* W5 中属于纤维素酶（即 GH6，GH9，GH45 和 GH48）、半纤维素酶（即 GH10 和 GH11），以及其他低聚糖降解酶家族（即 GH1，GH3 和 GH43）的蛋白分泌。*Anaeromyces robustus*、*Neocallimastix californiae* 和 *Piromyces finnis* 分泌相同的纤维素酶和半纤维素酶库（Solomon 等，2016b），为这些生物使用相似的蛋白质库来克服复杂植物聚合物的抗性这一猜想提供了额外的支持。

第八章

厌氧真菌纤维降解酶的开发与利用潜力

第一节 厌氧真菌菌株的开发与利用

厌氧真菌使用独特的根状组织和多种纤维降解酶降解木质纤维素材料,产生可溶性糖和多种代谢产物,如 H_2、CO_2、甲酸盐、乳酸、乙酸盐和乙醇,这使得其在木质纤维素材料的生物燃料化中有着很大的应用潜力。一方面,厌氧真菌能够高效释放可溶性糖,可以用作乙醇的生产底物;另一方面,其代谢产物——H_2 本身就是一种清洁燃料,且 H_2 和 CO_2(主要产甲烷底物)、甲酸和乙酸(次要产甲烷底物)能够被产甲烷菌吸收作为甲烷的生产底物。这种利用木质纤维素产生生物燃料的方式极大地缓解了工业用粮的需求问题,有很大的利用前景。

一、厌氧真菌用于乙醇生产

近年来,厌氧真菌在生物乙醇生产中的潜力受到了越来越多的关注。厌氧真菌能够将木质纤维素物质降解为五碳糖和六碳糖,这些可溶性糖进一步被用于生物乙醇生产。之前有研究对厌氧真菌培养物发酵复杂底物时的乙醇产量进行了定量,显然,这些实验的乙醇收率较低(Li 等,2017)。厌氧真菌产乙醇的关键优势是它们能够在厌氧条件下将木质纤维素物质发酵成乙醇,这消除了在有氧和厌氧条件之间间歇切换的需要。基于上述厌氧真菌乙醇产量低的缺点和发酵环境容易控制的优势,若要利用其作为工业规模生物乙醇生产的工程菌株,需要进一步优化发酵过程或进行代谢通路改造以提高其产乙醇效率,并提高厌氧真菌对其代谢产物的耐受性。

酿酒酵母(*Saccharomyces cerevisiae*)和运动单胞菌(*Zymomonas mobilis*)具有高效的乙醇生产能力,它们具有高乙醇耐受性,但不利用多糖底物,而是利用葡萄糖发酵产生乙醇(Wang 等,2018;Xu 等,2009)。将木质纤维素材料转化为生物乙醇包括三个步骤:预处理、糖化(水解)和发酵(Ebrahimi 等,2017),其中,发酵过程可以由酿酒酵母和运动单胞菌来进行,而厌氧真菌由于其强大的纤维降解能力,或许可以代替传统方法对木质纤维素材料进行预处理和糖化,因此,厌氧真菌和这些产乙醇菌的组合似乎可以通过一体化生物加工过程(Consolidated bioprocessing,CBP)创建一个可持续的生物乙醇生产工艺。Li 等(2022)报道了一种以木质纤维素材料生产乙醇的新型环保综合工艺，该工艺利用厌氧真菌 Pecoramyces sp. F1 培养物对稻草进行预处理和糖化，同时，添加 Zymomonas mobilis 进行乙醇生产，结果显示，发酵 4 天后，乙醇产量随着 Zymomonas mobilis 添加量的增加而显著增加，最高生产量为 0.32 g 乙醇/g 葡萄糖。一些微生物的生长速率和代谢需求与厌氧真菌不匹配，导致这些微生物不能与厌氧真菌共培养，因此，需要开发一种两阶段发展策略，第一阶段用于厌氧真菌对木质纤维素生物材料的预处理和糖化，第二阶段用于另一种微生物的乙醇生产。例如，Henske 等（2018）预先接种厌氧真菌到芦苇金丝雀草上对其进行水解后再接种 Saccharomyces cerevisiae，前者产生的过量糖支持了后者的生长和发酵；大肠杆菌（Escherichia coli）也是一种高效乙醇生产细菌，Ranganathan 等（2017）首先在玉米秸秆上接种厌氧真菌 Pecoramyces ruminantium C1A 水解底物，随后，终止糖化，加入 Escherichia coli K011 启动发酵，结果显示，在糖化阶段结束时，培养基中积累了 74.6 mg 的总葡萄糖和木糖，添加 K011 后这些糖被快速地转化为 43.49 mg 乙醇，葡萄糖发酵在木糖之前。

总而言之，使用厌氧真菌从木质纤维素材料中生产生物乙醇具有多种优势：第一，这些方法简化了生物转化过程。厌氧真菌本身就能对木质纤维素底物进行强有力的降解，可以减少对这些底物的复杂且昂贵的预处理程序，这些程序通常会留下残留的化学物质或产生干扰产乙醇发酵的副产物（Ouellet 等，2011；Yang 和 Wyman，2008）；第二，它减少了外源酶的利用成本。用于从木质纤维素材料中提取可溶性糖的酶占生产成本的很大一部分，估计在 0.10～1.47 美元/加仑（Klein-Marcuschamer 等，2012），且并不一定获得理想的提取效率。而在基于厌氧真菌水解的无外源酶的糖化方法中，木质纤维素底物在初始阶段不可避免地促进了真菌生长和大量、各种碳水化合物活性酶的产生，因此可以省略外源酶的添加和相应的成本；第三，这些方法条件温和，环境友好。整个过程在恒定的中等温度下的单个反应容器中进行。在单个反应容器中将木质纤维素转化为所需产品而不添加酶，被认为是以木质纤维素材料生产可持续生物燃料的最经济可行的方法（Olson 等，2012）。虽然目前对利用厌氧真菌和合适的产乙醇菌去进一步提高生物乙醇产量的探索仍较少，但有望通过筛选和组合更强的菌株、改变发酵操作、代谢通路改造来增强产乙醇效率。

二、厌氧真菌用于沼气生产

可再生、环保能源的一个重要来源是从木质纤维素底物的厌氧消化中产生沼气。厌氧消化的一个常见问题是木质纤维素材料的降解率低，纤维素和木质素的晶体结构都可以保护多糖免受酶促攻击，这使得木质纤维素材料中纤维素和半纤维素等多糖的水解成为消化过程中重要的限速步骤（Bayane 和 Guiot，2011）。瘤胃可有效降解木质纤维素材料，并在消化过程中高效生产甲烷（Weimer 等，2009），厌氧真菌和产甲烷菌的共培养是瘤胃粗饲料降解的重要组成。

已发表的研究表明，厌氧真菌和氢营养型产甲烷菌之间存在密切的代谢互作。在共培养物中，产甲烷菌非常接近或直接附着于厌氧真菌的根状物和孢子囊上，这种密切的物理相互作用被认为促进了种间氢转移，且不会对真菌产生负面影响（Jin 等，2011；

Leis 等，2014；Li 等，2016）；厌氧真菌通过根状体的穿透作用（Lee 等，2000a）结合一系列纤维降解酶降解纤维底物产生 H_2，随之发生的种间氢转移导致产甲烷菌中的甲烷产生和厌氧真菌中氧化核苷酸（NAD^+，$NADP^+$）的更有效再生（Dollhofer 等，2015；Li 等，2016）；此外，最近一项关于厌氧真菌代谢酶表达水平的研究发现，在产甲烷菌存在的情况下，厌氧真菌内 105 种碳水化合物活性酶基因的表达上调，上调的基因编码的酶可能涉及纤维素分解、木糖分解和碳水化合物转运等代谢途径，且其中许多酶是纤维小体的一部分（Swift 等，2019）。因此，共培养甲烷菌可以加速厌氧真菌的生长，并且可以增强厌氧真菌对木质纤维素物质的降解能力。工业中常用的木质纤维素物质的沼气生产方法包括预处理、糖化、能源生产等步骤（Taherzadeh 等，2008），但是这些方法伴随着能源消耗和设备损耗，且预处理后的酸碱回收也是一个重大的环境挑战，与之相比，共培养中使用的集成程序涉及同时进行预处理、糖化和生产步骤，这节省了时间，降低了运营成本，且避免了二次环境污染物的产生，因此，在可持续性沼气开发中有很大的应用前景（Li 等，2020）。

多年来，已有多项研究报道了厌氧真菌和产甲烷菌共培养在改善木质纤维素物质厌氧消化和甲烷生产方面的应用。如之前 Li 等（2021）的综述中所述，Bauchop 和 Mountfort（1981）使用共培养的厌氧真菌和 H_2- 甲酸盐利用型产甲烷菌发酵滤纸条，孵育 3 天后获得 1.78 mmol/ g 底物的甲烷。Mountfort 等（1982）报道，以剑麻双纤维为底物，厌氧真菌和 *Methanobrevibacter* sp. strain RAl 共培养 3 天可生成 2.1 mmol 甲烷 /g 底物，而厌氧真菌和两种产甲烷菌（*Methanobrevi bacter* sp. strain RAl 和 *Methanosarcina barkeri* strain 227）的混合培养物在 19 天内产生 10.1 mmol 甲烷 /g 底物。Joblin 等（2002）的研究表明，*Neocallimastix frontalis* 和 *Methanobrevibacter smithii* 的共培养降解了（30±1）% 的黑麦草茎，在 6 天后合成了 10.75 mL 甲烷 /g 底物。相比之下，使用大麦秸秆作为底物，Cheng 等（2009）使用厌氧真菌和产甲烷菌的自然富集物，在 3 天内产生最多 1.75 mmol 甲烷 /g 底物。Jin 等（2011）报告说，厌氧真菌和产甲烷菌的两种共培养物在 4 天内产生了大约 1.6 mmol 甲烷 /g 和 1.8 mmol 甲烷 /g 甘蔗渣。Wei 等（2016）报道，从牦牛中分离出的 *Neocallimastix frontalis* 和 *Methanobrevibacter ruminantium* 的共培养物在 7 天后可产生 3.0 mmol 甲烷 /g 小麦秸秆、3.29 mmol 甲烷 /g 玉米秸秆和 3.15 mmol 甲烷 /g 水稻秸秆。Shi 等（2019）利用厌氧真菌和产甲烷菌的共培养来消化未经处理和蒸汽爆炸的玉米秸秆，并在 3 天内分别生产了 37.1 mL 甲烷 /g 底物和 32.2 mL 甲烷 /g 底物。总体而言，厌氧真菌和相关产甲烷菌共培养物能够以多种木纤维素秸秆为底物产生甲烷，但是需要进一步寻找更高效的共培养组合。此外，Prochazka 等（2012）以沼气厂厌氧发酵罐中猪粪浆液发酵产生的厌氧污泥混合不同种类的粗饲料底物为发酵体系，通过分批培养、补料分批培养和半连续培养实验测试了 5 个厌氧真菌菌株融入用于沼气生产的厌氧微生物生态系统的能力以及它们在提高沼气产量中的作用，所有试验均表明厌氧真菌对沼气产量和品质有积极作用，将沼气产量提高了 4%～22%。需要注意的是，在这场试验中，厌氧真菌在融入厌氧污泥中原本存在的微生态系统中不久后便失去了活性，但其仍对之后的沼气产生表现出积极影响，可能归因于其强大的酶系和根茎在初始发酵阶段对底物的作用，因此，毋庸置疑，持续存在的厌氧真菌将在沼气生产中将发挥极大的效力，这提示若将互惠共生的厌氧真菌和产甲烷菌培养物应用于工业发酵产甲烷时，必须要注意体系中其他微生物对厌氧真菌存活和活跃性的不利影响，或者要保证足够大的接种量。

综上所述，厌氧真菌和产甲烷菌共培养物似乎是厌氧消化和木质纤维素沼气生产中一种非常有前途的接种剂。然而，目前的各种试验技术都是在实验室规模下进行的，而将它们整合到更大规模系统中仍存在许多挑战，不只包括上述所说的寻找更高效的共培养组合和消除体系中其他微生物对厌氧真菌存活和活跃性的不利影响问题，为了进一步推进其在工业产沼气中的应用，必须更深入地了解其复杂的生长要求和条件。

三、厌氧真菌用于 H_2 生产

迄今为止，研究者对厌氧真菌在工业沼气生产过程中将木质纤维素材料转化为生物甲烷的潜在用途已经进行了广泛的研究和讨论，但忽视了厌氧真菌无菌培养物生物氢生产中的应用。就燃油效率而言，使用 H_2 可能比甲烷有利，因为 H_2 具有更高的热值（HHV= 141.9 kJ/g，相比之下，甲烷的 HHV 仅为 55.5 kJ/g（Dincer 等，2015），并且，在利用过程中，燃烧 H_2 只会产生水，而甲烷的燃烧将引起大量温室气体——CO_2 的产生与排放，因此，H_2 是一种更清洁环保、更有吸引力的生物燃料。目前，全球 H_2 生产仍主要来自化石燃料的转化，存在着能源转化率低、生产成本高等问题，且造成了大量 CO_2 排放。因此，全球可持续 H_2 经济的障碍之一是对低成本、绿色 H_2 生产方法的需求，如木质纤维素材料的生物转化。厌氧真菌具有产生 H_2 的氢体和强大的木质纤维素底物降解能力，其在生物制 H_2 中的应用值得进行详细的科学探索。

厌氧真菌通过其氢体产生 H_2。当厌氧真菌从木质纤维素底物中释放出可溶性糖（主要是葡萄糖和木糖）并进行混合酸发酵时，氢体利用得到的质子作为电子受体生产 H_2，同时产生 ATP。一系列试验检测了厌氧真菌菌株生长过程中 H_2 的生产（表8-1）。氢体中质子的还原是由氢化酶催化进行的，而氢化酶受到由 H_2 产生导致的产物抑制。在没有耗 H_2 微生物存在的情况下，厌氧真菌的代谢会受到 H_2 分压的影响，增加胞质中 H_2 的替代电子流（如乳酸、乙醇和琥珀酸盐等产物）的产生（Mountfort 等，1982；Teunissen 等，1992），并抑制木质纤维素解构活性（Joblin 等，1989，1990；Cheng 等，2009；Li 等，2016；Swift 等，2019）。转录组学分析结果显示，与产甲烷菌 *Methanobacterium bryantii* 共培养相比，厌氧真菌 *Anaeromyces robustus* 纯培养物生长过程中的 CAZyme 产量降低（Swift 等，2019）。实际上，除了厌氧真菌，H_2 能够抑制一系列其他发酵微生物的生长（van Niel 等，2003；Ahring 和 Westermann，1988；Cazier 等，2015）。因此，假设 H_2 的积累限制了厌氧真菌发酵时的 H_2 产量，在不添加耗 H_2 微生物的情况下，厌氧真菌的工业生长将需要整合合适的原位 H_2 去除技术以促进其正常的生长和发酵。

H_2 去除技术在厌氧真菌（在没有产甲烷古菌存在的情况下）生长中的开发和应用是一个需要被关注的研究领域，以确保这些微生物充分实现最大产 H_2 潜力。实际上，

有许多技术已在实验室规模上应用于细菌发酵，以减少 H_2 的产物抑制效应并显著增加 H_2 生产。相关研究正在进行中，这些技术的例子包括搅拌反应器的叶轮优化（Nino-Navarro 等，2016）、气体喷射（Mizuno 等，2000）、超声波（Cho 等，2018）、膜气体分离（Ramirez-Morales 等，2019）、低压发酵环境的维持（Kisielewska 等，2015）和电化学去除（Massanet-Nicolau 等，2016）。发酵反应器内的流体力学通过影响液体中 H_2 的质量转移而对生物 H_2 生成起着重要的作用（Bastidas-Oyanedel 等，2012），生物 H_2 在液相中产生，然后通过质量转移被释放到气相中，然而，过高的 H_2 分压将抑制其产生，因此，可以通过促进生物 H_2 的质量转移，降低反应器顶部空间的 H_2 分压并提高其产量（Bastidas-Oyanedel 等，2012；Nino-Navarro 等，2016）。优化搅拌反应器的叶轮配置可以改变反应器内部的流体动力学，可以通过调整叶轮之间的距离、叶轮离底间隙、搅拌速率或通过改变叶轮类型来实施该策略，以便在反应器内具有更合适的流动模式并更好地控制混合条件。通过这些优化策略，发酵 H_2 产量成功增加了 2 倍以上（Nino-Navarro 等，2016）。此外，气体的喷射也能够影响发酵体系的流体动力学和顶空气体成分的物理化学性质（Bastidas-Oyanedel 等，2012），从而改变产 H_2 效率，例如，通过使用 N_2 流连续喷射发酵系统，可以将厌氧微生物丛的 H_2 产量从 0.85 mol H_2/mol 己糖提高至 1.43 mol H_2/mol 己糖（Mizuno 等，2000）；同样，使用 CO_2 喷射系统也能得到类似的 H_2 产量的提高（Kim 等，2006）。除此之外，Ramirez-Morales 等（2019）成功地使用高分子膜从微生物群落发酵烟草废水过程中产生的顶空气体中分离 H_2，他们的新型膜生物反应器的运行使 H_2 产量提高了 16%。Massanet-Nicolau 等（2016）利用基于质子交换膜和微电流的电化学方法从厌氧发酵的混合气流中原位分离 H_2，从而降低 H_2 分压，该技术与 CO_2 脱除技术结合使用将 H_2 产量从 0.07 mol H_2/mol 己糖提高到 1.79 mol H_2/mol 己糖，并且，这种方法可以产生相对纯净的气体产品。Kisielewska 等（2015）通过减压发酵，显著提高了高有机负荷率条件下的生物 H_2 产能。虽然目前这些技术仅在细菌发酵产 H_2 中进行了试验，但它们的发展和成熟也有望运用于厌氧真菌的发酵产 H_2 实践中。

最近一项观测厌氧真菌 *Neocallimastix cameroonii* G341 小型发酵罐系统中发酵产 H_2 的报道指出，H_2 产生与底物类型有关，以纤维二糖为底物时的厌氧真菌代谢比以秸秆为底物时更强，但后者导致了 H_2 的绝对产量和相对产量更高。迄今为止，厌氧真菌仅在静止的瓶子中培养。在这项研究中，研究者发现增加搅拌可以提高 H_2 产量，生物反应器中 H_2 产量随着搅拌器速度的增加而增加，这可能是由于搅拌增加了液相和气相之间的质量传递，从而降低了溶解的具有抑制作用的 H_2 的浓度；另外，它可以防止真菌中典型的"垫子"形成。在静止条件下，产生的气体会积聚在垫子下，这导致生长真菌附近的局部 H_2 浓度很高，从而抑制了 H_2 的产生。在反应器实验中，施加的搅拌方案不会完全破坏真菌细胞垫，又可以使其周围的 H_2 尽快溶解和扩散。在这种情况下，只使用了靠近容器的单个 Rushton 涡轮机，因此，为了更好地形态控制和工艺优化，可以进一步尝试在反应器的不同高度测试几种类型的搅拌器。这是第一份将厌氧真菌确定为暗发酵产 H_2 的微生物菌株的报告，该程序需要进一步完善（Stabel 等，2022）。

到目前为止，报道的厌氧真菌发酵产 H_2 的生产价值仍然很低（表 8–1），利用葡萄糖产 H_2 的最高产量为 3 464 μmol/g（0.624 mol H_2/mol 己糖）(Lowe 等，1987b)，接近于细菌发酵产 H_2 的 0.57～2.80 mol H_2/mol 己糖范围的下限（Saady，2013）。值得注意的是，厌氧真菌 2261 μmol/g 小麦秸秆（54.3 mL H_2/g）的 H_2 产量与先前的细菌研究相当，其在添加酶的碱预处理麦秸发酵中的产率为 58.78 mL H_2/g（Reilly 等，2014）。鉴于厌氧真菌在木质纤维素材料上的极大的发酵产 H_2 潜力，亟须 H_2 产量提高的工艺优化（Saye 等，2021）。

表 8–1 厌氧真菌发酵时的 H_2 产量（Saye 等，2021）

厌氧真菌菌株	底物	H_2 产量（μmol/g）	参考文献
Piromyces sp. E2	纤维二糖	54	Teunissen 等，1992
Neocallimastix sp. R1	葡萄糖	3 464	Lowe 等，1987b
Piromyces sp. F1	葡萄糖	≈377*	Li 等，2016
Piromyces sp. E2	葡萄糖	70	Teunissen 等，1992
Piromyces sp. E2	果糖	161	Teunissen 等，1992
Piromyces sp. E2	乳糖	106	Teunissen 等，1992
Piromyces sp. E2	甘露糖	88	Teunissen 等，1992
Piromyces sp. E2	木糖	106	Teunissen 等，1992
Neocallimastix sp. R1	木糖	8 020	Lowe 等，1987b
Neocallimastix frontalis	纤维素	2 177	Bauchop 和 Mountfort，1981
Sphaeromonas communis	纤维素	2 880	Marvin-Sikkema 等，1990
Neocallimastix sp. N1	纤维素	2 520	Teunissen 等，1992
Neocallimastix sp. N2	纤维素	2 600	Teunissen 等，1992
Piromyces sp. E2	纤维素	2 220	Teunissen 等，1992
Piromyces sp. R1	纤维素	2 460	Teunissen 等，1992
Piromyces sp. E2	纤维素	159	Teunissen 等，1992
Neocallimastix frontalis	木聚糖	≈2 381*	Joblin 等，1990
Piromyces sp. E2	麦秸	2 261	Teunissen 等，1992
Piromyces sp. E2	麦麸	1 370	Teunissen 等，1992
Piromyces sp. E2	甘蔗渣	1 957	Teunissen 等，1992
Neocallimastix frontalis	杨木屑	1 984***	Joblin 等，1989
Piromyces sp. E2	木聚糖	134	Teunissen 等，1992

注：* 假设参考文章中报道的 H_2 体积是在 1atm 的条件下的值。所有底物在发酵前都经过高压灭菌，并在分批培养中发酵。

第二节　厌氧真菌次级代谢产物的开发与利用

次生代谢物是由生物体（包括细菌、植物和真菌）产生的生物活性分子，通常具有低分子量，在生命周期的特定阶段作为相关化合物家族产生，其产生通常与形态分化的特定阶段相关。次生代谢物具有神秘性，即生产者可以在不合成这些代谢物的情况下生长；此外，次生代谢物具有有限的物种分布，即某种代谢物只能由一小部分生物体产生（Keller 等，2005）。与初级代谢物不同，大多数次生代谢物对于体外条件下生物体的生长、发育或繁殖不是必需的，然而，它们可以在生物体与环境因素之间产生拮抗相互作用时，为这些生物体提供保护（Khaldi 等，2010）。

真菌能够生产很多次生代谢物，参与次级代谢的基因通常成簇排列在整个真菌基因组中（Keller 等，2005；Keller，2019）。真菌次生代谢物来源于四个主要化学类别：聚酮、非核糖体肽、萜烯和吲哚生物碱。其中，聚酮是最丰富的真菌次生代谢物，遗传学上表征最佳的聚酮体包括 Aspergillus nidulans 孢子色素中间体萘并吡喃酮、致癌物黄曲霉毒素和商业上十分重要的降胆固醇化合物洛伐他汀，这些真菌聚酮由 I 型聚酮合酶（Polyketide synthases，PKSs）合成。当乙酰基辅酶 A 和丙二酰辅酶 A 通过酰基转移酶结构域作为硫酯负载到酰基载体结构域的 4'-磷酸泛酰巯基乙胺上时，聚酮合成启动；之后，它们与酮酰辅酶 A 合酶结构域上结合的另一个硫酯中间体发生缩合，同时，与酰基载体结合的中间体发生脱羧；由此产生的 β-酮硫酯可以通过酮还原酶结构域的作用还原，然后通过脱水酶结构域脱水；如果存在烯酰还原酶结构域，则形成不饱和中间体。非核糖体肽包括青霉素、头孢霉素、万古霉素、达托霉素等抗菌剂，这些肽是由非核糖体肽合成酶（Non-ribosomal peptide synthetases，NRPS）合成，NPRS 以模块化结构排列，每个模块包含至少三个结构域来完成肽的延伸：腺苷化结构域、泛酰化/肽基载体结构域、缩合/肽键形成结构域，最终，得到的肽通过最终模块 C 端的硫酯酶结构域。萜烯包括马兜铃烯、类胡萝卜素、赤霉素、吲哚二萜和单端孢霉烯等。常见的萜烯类别包括单萜烯，其由香叶二磷酸产生；倍半萜烯，由法呢基二磷酸产生；以及二萜和类胡萝卜素，由香叶基二磷酸产生。萜烯合成中的决定性酶是萜烯环化酶（Terpene cyclase），它对于从不同的二磷酸盐生产不同的萜烯至关重要，萜烯环化酶具有结构同源性，但它们几乎没有一级序列相似性，似乎是相对较快地从一个共同祖先分化而来的。吲哚生物碱（麦角胺等）通常来源于色氨酸和二甲基烯丙基焦磷酸盐，例如，在 Claviceps purpurea 及相关物种的麦角胺生物合成过程中，色氨酸通过二甲基烯丙基色氨酸合成酶进行异丙烯化，随后，在二甲基烯丙基色氨酸甲基化后，在一系列氧化步骤后产生麦角酸，该麦角酸由单模块 NRPS 激活，与第二个 NRPS 产生的三肽缩合，并以麦角胺的形式释放（Keller 等，2005）。这些真菌次生代谢物履行着很多功能，例如，调解一个物种内部或不同物种之间的交流、营养获取，以及共生相互作用；对于致病相互作用，次生代谢物作为毒力因子起着至关重要的作用，能够感染动物和植物，了解这些毒力因子的确切功能和作用机制可能为有效对抗真菌感染提供机会；此外，许多真菌次生代谢物，包括青霉素类，他汀类药物和环孢素类药物，具有广泛的医学应用。因此，新的次生代谢物的识别是一个快速增长的研究领域（Macheleidt 等，2016）。

厌氧真菌的次生产物的研究较少。研究者们在厌氧真菌 *Anaeromyces robustus*、*Neocallimastix californiae* 和 *Piromyces finnis* 基因组中发现了大量编码次生代谢物的基因，例如 I 型 PKSs、NRPSs（Haitjema 等，2017；Podolsky 等，2019）。使用次生代谢物未知区域查找器算法进行基因组挖掘，基于次生代谢物基因特征的隐马尔可夫模型鉴定，从 MycoCosm 真菌基因组资源中的其他四个厌氧真菌基因组中产生了 112 个 PKS、PKS 样、NRPS 和 NRPS 样基因簇（Grigoriev 等，2014；Podolsky 等，2019）。此外，在 *Anaeromyces robustus*、*Caecomyces churrovis*、*Neocallimastix californiae* 和 *Piromyces finnis* 的基因组中包含 146 个负责次生代谢物合成的编码酶基因，这些酶包括规范类别，例如 PKSs、NRPSs，以及基于 ClusterFinder 算法的推定类别（Swift 等，2021）。进一步的分析显示，与其他真菌类似，这些厌氧真菌的生物合成基因也被分离或与非常规基因聚集成簇。在位于基因簇中的骨干基因中，一些邻近基因在细菌或其他真菌的生物合成基因簇中都不常见，许多邻近基因编码假设的蛋白质或缺乏任何基于同源的注释，然而，在某些情况下，一些邻近基因中有溶质转运蛋白和负责翻译后修饰的酶（例如，磷酸化和棕榈酰化），这在生物合成基因簇中更常见。在多个基因簇中都存在的非常规邻近基因包括 C 型凝集素、肽酶及 EF-hand 超家族的钙调素相关蛋白，虽然这些基因的功能尚不清楚，但它们可能是自我抗性基因，这些非常规邻近基因在厌氧真菌基因簇中的功能以及它们是否在厌氧真菌次生代谢中发挥作用仍有待研究。在系统发育上，这些厌氧真菌的生物合成基因被认为来自其他瘤胃微生物的水平基因转移，超过一半的基因的最高命中率都是细菌来源而不是真菌。在核心生物合成基因中，PKS 基因不支持细菌的横向基因转移，而一些 NRPS 基因可能是通过单个细菌基因的基因横向转移或操纵子的转移以及随后邻近基因的丢失而获得的。大部分 PKS 基因簇是厌氧真菌所特有的，并且在厌氧真菌属之间保守，因此，无论 PKS 基因产物是独立合成聚酮还是更复杂的生物合成途径的一部分，PKS 基因的保守性表明聚酮在生物学上很重要，可能是在调节厌氧真菌复杂的生命周期（调节真菌的形态和分化）中发挥了重要作用。在实验室生长过程中，转录组学和蛋白质组学表明，厌氧真菌的大部分次级代谢是活跃的。LC-MS/MS 检测到许多次级代谢物，包括一种被推定为苯乙烯基吡喃酮鲍明的聚酮化合物，可能与抗氧化作用有关。需要进一步的实验来破译厌氧真菌的次生代谢物的功能，但很有可能，它们可以作为真菌生命周期的调节剂或防御或针对细菌竞争对手的化合物。除了其天然功能外，厌氧真菌的次生代谢物有望成为抗菌肽、抗生素的重要来源（Swift 等，2021）。

第三节　厌氧真菌纤维降解酶的开发与利用

木质纤维素主要由纤维素、半纤维素和木质素构成。其中，纤维素是由数千个 *D*-

葡萄糖通过β-1,4糖苷键连接形成的无支链聚合物,纤维素链高度聚合成微原纤维,形成了植物细胞壁的支撑棒(Burton 等,2010;Seppala 等,2017)。半纤维素是由木糖、葡萄糖、甘露糖、阿拉伯糖和半乳糖等戊糖和己糖组成的有支链的多糖异聚体(Seppala 等,2017)。木质素由香豆素醇、松柏醇和芥子醇等单木质素组成,这些单木质素通过复杂的氧化偶联反应紧紧连接在一起(Spiridon,2020)。在植物细胞壁中,微原纤维被半纤维素网络包围,富含能量的纤维素和半纤维素均被无定形的木质素包裹。除了为植物提供结构支撑外,顽固的木质素还可以保护纤维素和半纤维素免受酶水解和微生物入侵。除此之外,这些多糖的侧链上还共价连接着其他一些抗性因子,例如阿魏酸、对香豆酸等,进一步加剧了木质纤维素的聚合和复杂性(Hatfield 等,2017;Burton 等,2010;Sun 等,2002)。因此,木质纤维素的解构和进一步的降解通常需要多种酶的协同作用。附着于木质纤维素材料上的厌氧真菌能够再分泌大量碳水化合物活性酶(CAZymes),转录组学和基因组学分析也表明,厌氧真菌拥有丰富的木质纤维素降解酶库(Li 等,2021;Seppala 等,2017),这使得厌氧真菌成为CAZymes资源挖掘的优势物种。

厌氧真菌CAZymes包括糖苷水解酶(GHs)、碳水化合物酯酶(CEs)、多糖裂解酶(PLs)、糖基转移酶(GTs)、碳水化合物结合模块(CBM)和研究较少的辅助活性(AAs)。基因注释结果显示了厌氧真菌基因组中丰富的CAZymes和CBM(图 8-1)。可见,厌氧真菌中最多样化的CAZymes是GHs。

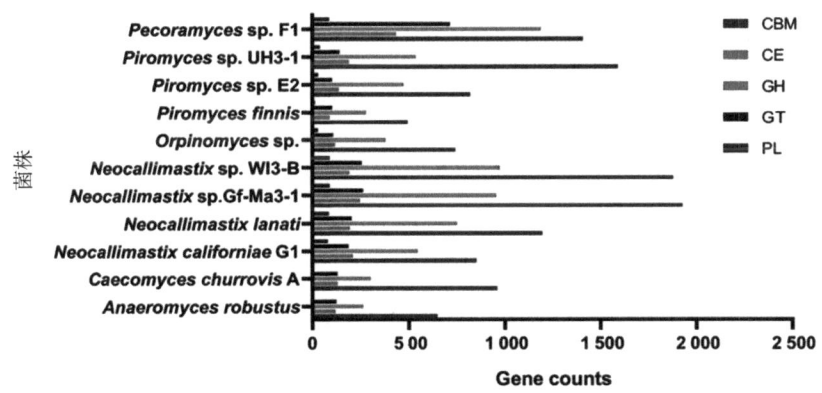

图 8-1 厌氧真菌基因组注释信息

注:*Caecomyces churrovis* A、*Anaeromyces robustus*、*Neocallimastix californiae* G1、*Neocallimastix lanati*、*Neocallimastix* sp. Gf-Ma3-1、*Neocallimastix* sp. WI3-B、*Orpinomyces* sp、*Piromyces finnis*、*Piromyces* sp. E2、*Piromyces* sp. UH3-1 的基因组以及它们在 CAZymes 数据库中的注释结果可在 JGI 的 MycoCosm 中查询[https://mycocosm.jgi.doe.gov/mycocosm/annotations/browser/cazy/summary;pEimlQ?p=neocallimastigomycetes(2021 年 12 月 10 日访问)];*Pecoramyces* sp. F1 的基因组被上传到 dbCAN2 网站进行在线注释,同时,使用 BLAST 工具对 CAZymes 数据库的基因模型进行注释。在 *Pecoramyces* sp. F1 的注释结果中有 AA 数据,但在 JGI 的 MycoCosm[https://mycocosm.jgi.doe.gov/mycocosm/annotations/browser/cazy/summary;pEimlQ?p=neocallimastigomycetes(2021 年 12 月 10 日访问)]网站上找不到其他 10 个菌株的 AA,因此未显示 AA 的数据。将 dbCAN2 和 BLAST 结果结合起来,得到 *Pecoramyces* sp. F1 基因组注释结果如图所示。

一、厌氧真菌的纤维素酶

纤维素酶催化纤维素中 $β-1,4-$ 葡萄糖苷的水解。厌氧真菌分泌 3 种纤维素酶（内切葡聚糖酶（EC 3.2.1.4）、外切葡聚糖酶（EC 3.2.1.91）和 $β-1,4-$ 葡萄糖苷酶（EC 3.2.1.21）共同水解纤维素并释放葡萄糖。内切葡聚糖酶是纤维素酶系统中最重要的成分，它可以切割纤维素内部的葡聚糖链。在 *Neocallimastix frontalis*（Mountfort 和 Asher，1985；Wood 等，1986）、*Piromyces communis*（Williams 和 Orpin，1987） 和 *Orpinomyces* sp.（Borneman 等，1989）的培养上清液中发现了高水平的内切葡聚糖酶。当真菌生长在纤维素上时，内切葡聚糖酶的产量最高，而葡萄糖的添加能完全抑制其合成，表明酶的合成受到葡萄糖浓度的调节（Mountfort 和 Asher，1985）。外切葡聚糖酶能够从纤维素链的末端切割纤维二糖和葡萄糖单元——纤维素的组成部分。外切葡聚糖酶对微晶纤维素也具有水解活性，其在培养液中的含量低于内切葡聚糖酶（Borneman 等，1989；Mountfort 和 Asher，1985）。此外，$β-1,4-$ 葡萄糖苷酶可裂解纤维二糖（前两种酶的有效抑制剂）以产生葡萄糖（Ljungdahl，2008）。

与真菌界的其他成员相比，厌氧真菌基因组中的纤维素酶基因的数量高出几倍（Seppala 等，2017），具有较大的开发前景。厌氧真菌纤维素酶分布在 GH1、GH2、GH3、GH5、GH6、GH7、GH8、GH9、GH10、GH12、GH16、GH26、GH30、GH38、GH39、GH44、GH45、GH48、GH51、GH74、GH116、GH124、GH131、GH148、GH175、GH180 等 GH 家族中（http://www.cazy.org/），其中，内切葡聚糖酶存在于 GH5、GH6、GH7、GH8、GH9、GH10、GH12、GH26、GH44、GH45、GH48、GH51、GH124、GH148 中，外切葡聚糖酶存在于 GH5、GH6、GH9、GH48 中，$β-1,4-$ 葡萄糖苷酶存在于 GH1、GH2、GH3、GH5、GH16、GH30、GH39、GH116、GH131、GH175、GH180 家族中。现有的基因组分析表明，GH3、GH5 和 GH6 在厌氧真菌中的含量普遍很高，而 GH2、GH8、GH38 和 GH74 的含量普遍很低；对于菌株来说，*Anaeromyces robustus* 基因组中的纤维素酶含量最少，接着依次是 *Piromyces finnis*、*Orpinomyces* sp、*Piromyces* sp. E2、*Neocallimastix californiae*（Kameshwar 和 Qin，2018）。在生长过程中，真菌纤维素酶的表达因真菌物种和提供的生长底物而异。例如，当将生长底物从葡萄糖、纤维二糖、滤纸、微晶纤维素、芦苇金丝雀草进行转化时，*Piromyces finnis* 的生长上清液中的羧甲基纤维素酶活性逐渐升高，并且，在滤纸、微晶纤维素、芦苇金丝雀草生长时，其 GH6 和 GH9 的表达水平有所上调（Solomon 等，2016b）；根据转录组分析，GH3、GH5 和 GH6 是 *Pecoramyces* sp. F1 中表达最高的两个家族。而 GH1 和 GH9 是表达最低的（Li 等，2019）。在 *Pecoramyces ruminantium* C1A 的基因组中，GH45 和 GH48 以葡萄糖为底物时高表达，而 GH6 则以玉米秸秆为底物时高表达（Couger 等，2015）。此外，表达出来的纤维素酶的活性也与厌氧真菌菌株的来源和类型有关，例如，分离自野生反刍动物的厌氧真菌菌株的生长上清液中的羧甲基纤维素酶活性显著高于家养反刍动物，这可能是由于厌氧真菌更喜欢含有高百分比木质素的坚硬茎秆的纤维饲料，而野生反刍动物主要依靠具有硬茎的纤维牧草生存，因此来自这些动物的真菌很可能具有更高的木质纤维素降解能力，此外，野生反刍动物具有更快的饲料流通速度，因此存在于它们体内的厌氧微生物丛可以以更快的速度降解木质纤维素（Paul，2010）；对于不同的真菌类型，有研究者认为，单中心的厌氧真菌属在生长初期具有更好的纤维素酶（羧甲基纤维素酶和微晶纤维素酶）产量，这是由于单中心厌氧真菌属具有无核的根状体，能够快速产生大量游动孢子，迅速定植、攻击和降解饲料颗粒，相反，多中心属具有有核的根状体，不一定产生孢子囊和游动孢子，因此，其根状体需要更多的时间进入饲料颗粒内部进行定植和降解，导致多中心属的细胞外酶积累较少（Dagar 等，2018；Paul，2010）。

厌氧真菌 Orpinomyces 有六个 GH6 纤维素酶，即 CelA、CelC、CelD、CelF、CelH 和 CelI。除 CelF 外，所有纤维素酶都具有相同的模块化组成，包括一个 N 端信号肽，两个非催化结合结构域，一个接头和 C 末端的催化结构域，表明这些纤维素酶与纤维小体相关（Li 等，2004；Ljungdahl，2008）。四个来自 Orpinomyces PC-2 的 GH5 纤维素酶 CelB、CelE、CelG 和 CelJ 也被研究。这些酶也是模块化的，然而，与 GH6 纤维素酶不同，它们的催化结构域位于 N 端，与 GH6 酶的催化结构域相反，它们是 C 端。因此，它们的结构表现为 N 端信号肽之后连接着 GH5 催化结构域，其后跟着一个接头和两个 C 端的非催化结合结构域（Chen 等，1998；Steenbakkers 等，2001；Ljungdahl，2008）。厌氧真菌的 GH5 纤维素酶的催化结构域与来自几个厌氧细菌的 GH 显示出同源性，因此，也有人提出，厌氧真菌中包括 GH5 纤维素酶在内的一些 CAZymes 基因最初是从瘤胃细菌转移而来的，随后经历了基因复制（Chen 等，1998；Millward-Sadler 等，1996）。β- 葡萄糖苷酶已在几种厌氧真菌中发现，包括 Neocallimastix frontalis（Wilson 等，1994；Hebraud 和 Fevre，1990；Li 等，1991）、Piromyces E2（Harhangi 等，2002；Steenbakkers 等，2003）和 Orpinomyces（Chen 等，1994）。大多数酶在培养液和细胞质中游离，且它们在不同程度上被 N- 糖基化。对 Orpinomyces 的 BglA 和 Piromyces 的 Cel1A 基因进行测序发现，它们属于 GH1 的 β- 葡萄糖苷酶，分子量分别为 75 kDa 和 76 kDa，序列同一性为 72%（Harhangi 等，2002；Li 等，2004）。除了短信号肽和催化结构域外，它们没有明显的非催化结合结构域，因此与纤维小体无关。它们与几种细菌 β- 葡萄糖苷酶具有显著的同源性，被认为具有细菌来源。目前已知有几种 GH1 的 β- 葡萄糖苷酶的三维结构，它们的保守的氨基酸残基参与催化和底物的结合（Sanz-Aparicio 等，1998；Isorna 等，2007）。在 Orpinomyces 中，BglA 的 Glu-250 和 Glu-523 似乎参与催化反应，Gln-82、His-260、Tyr-433、Glu-523 和 Tyr-607 识别并结合底物（Li 等，2004）。分别使用 Pichia pastoris 和 Saccharomyces cerevisiae 异源表达载体获得了 Cel1A 和 BglA 的活性酶（Harhangi 等，2002；Li 等，2004），将重组 BglA 添加到 Trichoderma reesei 的纤维素酶制剂中，极大地增强了微晶纤维素的糖化（Chen 等，1998；Li 等，2004）。来自 Piromyces sp. E2 的 β- 葡萄糖苷酶 Cel3A 也被鉴定（Steenbakkers 等，2003）。它由 867 个氨基酸残基组成，计算分子量约为 94 kDa。与上述 GH1 的 β- 葡萄糖苷酶的不同之处在于，Cel3A 在 N 端信号肽之后具有类似于真菌 GH3 的 β- 葡萄糖苷酶的催化结构域。催化结构域后面是一个辅助结构域和一个接头，在 C 端还有三个非催化结合结构域拷贝，这表明 Cel3A 与纤维小体相关。尽管是 *Piromyces* sp. E2 纤维小体的次要成分，Cel3A 是第一个鉴定的与真菌纤维小体相关的 β- 葡萄糖苷酶，负责在纤维小体复合物水解纤维素过程中将纤维二糖转化成葡萄糖。

二、厌氧真菌的半纤维素酶

半纤维素是植物主壁的主要成分。它是一种杂多糖，含有木聚糖、阿拉伯木聚糖、葡甘露聚糖，半乳甘露聚糖和木葡聚糖等多糖组分（Perez 等，2002；Purwantini 等，2014），在多糖骨架有许多由 D- 半乳糖、D- 木糖、L- 阿拉伯糖和 D- 葡萄糖醛酸等单体组成的分支。此外，半纤维素侧链通常被乙酰化，还连接有一些羟基肉桂酸，这些羟基肉桂酸，主要是阿魏酸，被认为是木质化的起始点或成核位点（Ralph 等，1995）。阿魏酸通常通过其羧基与异质木聚糖侧链的 α-L- 阿拉伯呋喃糖基残基的 C-5 以酯键连接（Hatfield 等，2017；Burton 等，2010），之后又通过其酚羟基形成的醚键与木质素共聚，生成木质素 - 阿魏酸 - 多糖复合物（Sun 等，2002），并且，这些阿魏酸之间还会通过 8-5、8-8、8-O-4、4-O-5 和 5-5 等键氧化偶联成阿魏酸二聚体，继而参与这种酯 - 醚桥的形成。酯 - 醚桥将导致木质纤维素结构更加致密，难以被破坏。因此，半纤维素的降解是一个十分复杂的过程，需要在一系列酶的协同作用下进行。

木聚糖骨架的降解需要 β-1,4- 内切木聚糖酶和 β-1,4- 木糖苷酶（de Vries 和 Visser，2001）。β-1,4- 内切木聚糖酶（EC 3.2.1.8）存在于 GH5、GH6、GH8、GH10、GH11、GH26、GH30、GH43、GH98 中（http://www.cazy.org/），负责水解木聚糖骨架的内部 β-1,4 键，产生短低聚木糖，使底物聚合度降低。不同 GH 家族中的 β-1,4- 内切木聚糖酶呈现不同的折叠、作用机制、底物特异性、水解活性和理化特性。目前，绝大多数研究都集中在 GH10 和 GH11 的 β-1,4- 内切木聚糖酶的作用机制上。两种酶家族在底物特异性方面表现出差异，来自 GH10 的木聚糖酶对木聚糖作为底物的特异性较低，并且能够在木聚糖链上靠近取代基的位点切割糖苷键，从而产生在非还原末端吡喃木糖残基上携带取代基的寡糖；来自 GH11 的木聚糖酶，通常被称为真正的木聚糖酶，对木聚糖链上未被取代的区域表现出更高的特异性（Moreira 和 Filho，2016；Polizeli 等，2005）。β- 木糖苷酶（EC 3.2.1.37）存在于 GH1、GH2、GH3、GH5、GH8、GH10、GH30、GH39、GH43、GH51、GH52、GH54、GH120 中（http://www.cazy.org/），负责从这些低聚木糖的非还原末端释放木糖单元（Rohman 等，2019）。由于木聚糖是半纤维素的基本组成，木聚糖酶是迄今为止厌氧真菌半纤维素水解酶中研究最多的酶。在厌氧真菌基因组中，GH10、GH11 和 GH43 等家族的木聚糖酶的含量较高（Kameshwar 和 Qin，2018）。体外培养的厌氧真菌会分泌大量木聚糖酶来降解底物，培养上清中的木聚糖酶活性甚至远远高于羧甲基纤维素酶活性（Lowe 等，1987b；Paul 等，2010），并且，木聚糖酶活性呈现出来自野牛的真菌分离株优于来自蓝牛的真菌分离株的趋势（Paul 等，2010）。当以 2.5 mg/mL 燕麦木聚糖为底物进行摇晃生长时，厌氧真菌 *Neocallimastix frontalis* 释放到培养液中的木聚糖酶活性高达 27 U/mL；此外，厌氧真菌分泌木聚糖酶受到底物调节的作用，即木糖和阿拉伯糖的添加和积累抑制了木聚糖酶的产生，并且在木糖-木聚糖配对底物试验中，只有在木糖被优先利用后，*Neocallimastix frontalis* 才会在木聚糖上生长过程中产生木聚糖酶，说明木聚糖的存在能够刺激木聚糖酶的产生，进一步的研究也证实了这个猜测，即真菌在木聚糖酶上生长时产生的木聚糖酶活性都优于纤维二糖、葡萄糖和木糖，此外，使用来自不同来源的木聚糖（桦木或落叶松）作为生长底物时，真菌产生的木聚糖酶活性的差异较小，而在粗半纤维素（大麦草叶）为底物时，木聚糖酶的生产增加（Mountfort 等，1989）。在瘤胃中，尽管厌氧真菌的数量很少，但其木聚糖酶对瘤胃中木聚糖的降解十分重要，据研究，在降解木质纤维素过程中，瘤胃中的 *Neocallimastix* 和 *Orpinomyces* 的相对丰度与瘤胃液中木聚糖酶活性呈正相关，因此，补充和激活这些厌氧真菌或许可以有效地促进木质纤维素向生物能源的生物转化（Takizawa 等，2022）。相比之下，厌氧真菌 β-1,4-木糖苷酶的研究相对有限，这些酶主要在真菌的营养体阶段产生，并且在单中心真菌属中的活性更高（Comlekcioglu 等，2010）。厌氧真菌源的 β-1,4-内切木聚糖酶和 β-1,4-木糖苷酶经体外表征后也都具有良好的性能，例如，将两个来自 *Orpinomyces* sp. PC-2 的木聚糖酶经 *Hypocrea jecorina* 异源表达后，蛋白产物降解多种木聚糖上时的 K_{cat} 值高达 1 260～1 710 s^{-1}（Li 等，2007）；来自 *Anaeromyces robustus* 的 GH10 酶和 *Orpinomyces* sp. PC-2 的 GH11 酶经异源表达后被应用于面包加工并改善了面包质量（Passarinho 等，2019；Wen 等，2021）；来自 *Neocallimastix frontalis* 的 β-1,4-木糖苷酶经纯化后也在木二糖和低聚木糖上表现出良好的水解活性（Garcia-Campayo 和 Wood，1993）。

木葡聚糖骨架的降解需要 β-1,4-内切葡聚糖酶和 β-1,4-葡萄糖苷酶，水解方式与纤维素骨架降解相似。葡甘露聚糖和半乳甘露聚糖骨架的降解需要 β-1,4-甘露聚糖酶和 β-1,4-甘露糖苷酶（de Vries 和 Visser，2001）。β-1,4-甘露聚糖酶（EC 3.2.1.78）存在于 GH5、GH26、GH44、GH45、GH113、GH134 中（http://www.cazy.org/），是一种内切酶，负责随机切割甘露聚糖骨架上 β-1,4 键连接的内部连接，以产生新的链端。该酶获得的产物是短的 β-1,4-甘露低聚糖，主要是甘露二糖和甘露三糖。β-1,4-甘露糖苷酶（EC 3.2.1.25）存在于 GH1、GH2、GH5、GH113、GH164 中，是一种外型酶，可裂解 β-1,4 键连接的甘露糖苷，从甘露聚糖和甘露寡糖的非还原端释放甘露糖（Malgas 等，2015；Moreira 和 Filho，2008）。来自厌氧真菌 *Orpinomyces* PC-2 的 β-1,4-甘露糖酶 ManA 是纤维小体的组成成分，该酶的催化模块属于 GH5 家族，并与一个 CBM 和两个非催化结合结构域相连，经酿酒酵母异源表达后，其催化刺槐豆甘露聚糖降解的 V_{max} 高达 179 U/mg，高于很多其他来源的甘露聚糖酶活性。ManA 的 CBM 属于 CBM1 家族，能够优先与纤维素和半纤维素等不溶性多糖结合，值得注意的是，该模块对结晶纤维素和不溶性木聚糖的亲和力高于甘露聚糖，这意味着，在纤维小体中，该 CBM1 不仅帮助纤维小体降解细胞壁中的甘露聚糖，更重要的是，它可以促进整个纤维小体锚定到木质纤维素结构的网络表面（Ximenes 等，2005）。厌氧真菌 *Piromyces* 的甘露聚糖酶（Millward-Sadler 等，1996；Fanutti 等，1995）只含有 GH26 家族的催化模块和非催化结合结构域。GH26 家族的甘露聚糖之前只在细菌中发现，因此 *Piromyces* 的甘露聚糖酶可能是通过细菌基因的横向转移获得的，这种现象在瘤胃细菌和真菌之间很常见，可能是由于它们在瘤胃生态系统中存在密切的相互作用。

除了这些多糖骨架，半纤维素多糖骨架上的各种取代基团和侧链的降解还需要α-L-阿拉伯呋喃糖苷酶、α-半乳糖苷酶、α-葡萄糖醛酸酶、阿魏酸酯酶、对香豆酸酯酶和乙酰木聚糖酯酶等多种酶的参与（de Vries 和 Visser，2001）。其中，阿拉伯糖酶水解α-1,5-键连接的阿拉伯呋喃糖苷和支链阿拉伯糖；α-半乳糖苷酶参与半乳甘露聚糖的降解，从骨架的甘露糖残基中去除半乳糖；α-葡糖醛酸酶水解葡萄糖醛酸残基与葡萄糖醛酸聚糖中的β-D-木吡喃糖基骨架单元之间的α-1,2键；阿魏酸酯酶和对香豆酸酯酶切割木聚糖上的酯键，前者在阿拉伯糖和阿魏酸侧基之间切割，后者在阿拉伯糖和对香豆酸之间切割；乙酰木聚糖酯酶从乙酰木聚糖的β-D-吡喃木糖基残基上的2位和/或3位置去除O-乙酰基（Polizeli 等，2005）。虽然这些支链降解酶的作用没有主链降解酶明显，且对它们的相关研究较少，但毋庸置疑，半纤维素的有效降解需要负责切割不同键的主链降解酶和侧链降解酶之间的协同相互作用。通常来说，主链降解酶为侧链降解酶提供了更容易被降解的短链取代低聚糖，使侧链降解酶更容易发挥水解作用，反过来，侧链降解酶消除了一些取代基，并解开了各多糖主链之间的紧密连接，使主链降解酶更容易吸附到主链上，从而促进了主链降解酶的作用。已经观察到内切木聚糖酶、β-木糖苷酶、阿拉伯呋喃糖苷水解酶和乙酰木聚糖酯酶在不同的半纤维素多糖降解中的协同作用（Kormelink 和 Voragen，1993）。这些酶和其他一些木聚糖分解相关酶之间的协同作用也被进行了研究。例如，内切木聚糖酶的添加提高了阿魏酸酯酶从木聚糖中释放的阿魏酸的量（Bartolome 等，1995；de Vries 等，1997，2000）；同样，内切木聚糖酶和β-木糖苷酶都对α-葡糖醛酸酶从桦木木聚糖中释放4-O-甲基葡萄糖醛酸产生了积极影响（de Vries 等，1998）；内切木聚糖酶和阿拉伯呋喃糖苷水解酶在高粱葡糖醛酸阿拉伯木聚糖降解中也存在协同作用（Verbruggen 等，1998）；甘露聚糖酶、α-半乳糖苷酶和β-甘露糖苷酶的三元组合可协同降解甘露聚糖，且其效果通常优于二元组合（Malgas 等，2015）；最近的一项研究表明，木聚糖降解中的协同相互作用不仅存在于主链降解酶和侧链降解酶之间，而且也发生在侧链降解酶之间，几乎所有侧链降解酶都对主链降解酶的活性产生积极影响（Denison，2000）。目前，尽管已经证实了厌氧真菌中存在丰富的 CAZymes 资源，但由于这些真菌难以分离、其基因组中 A-T 碱基对含量极高、不易测序且酶基因不易被表征等原因，使得其侧链降解酶的资源开发相对有限。Morrison 等（2016a）表征了来自 *Orpinomyces* sp. C1A 的多功能 GH39 糖苷水解酶，该酶具有很强的β-木糖苷酶、β-葡萄糖苷酶、β-半乳糖苷酶活性［分别为（11.5±1.2）U/mg，（73.4±7.15）U/mg 和（54.6±2.26）U/mg］和弱木聚糖酶活性［（10.8±1.25）U/mg］，此外，该酶还对各种底物表现出高亲和力，在很宽的温度和pH值范围内保持活性，并具有出色的温度和热稳定性。Blum 等（1999）表征了来自 *Orpinomyces* sp. PC-2 的乙酰木聚糖酯酶，该酶与同一真菌来源的木聚糖酶之间存在协同作用，二者联用能够提高从乙酰化木聚糖中释放的乙酸的量。Dalrymple 等（1997）和 Fillingham 等（1999）分别表征了来自 *Neocallimastix patriciarum* 和 *Piromyces equi* 的乙酰木聚糖酯酶和阿魏酸酯酶，序列分析结果显示有些酶可能是纤维小体的组成部分。Borneman 等（1992）表

征了来自 *Neocallimastix*. MC-2 的阿魏酸酯酶，不仅能够从底物中释放阿魏酸，还能释放对香豆酸。Ma 等（2023）表征了来自 *Pecoramyces* sp. F1 的两个阿魏酸酯酶，当以阿魏酸甲酯为底物时，阿魏酸酯酶 Fae13961 的 V_{max} 高达（96.26±4.21）U/mg，这远高于其他微生物源的阿魏酸酯酶，并且，Fae13961 能够协同木聚糖酶和纤维素酶提高从稻秸、玉米茎秆和玉米秸秆叶中释放的还原糖的量。

三、厌氧真菌的纤维小体

通常，好氧微生物能够产生并分泌单独的酶，这些酶协同作用以降解木质纤维素材料。在厌氧微生物中，大部分木质纤维素降解酶不会像好氧微生物那样再自由扩散，而是组装成大分子（300 万～1 亿 Da）的多蛋白的木质纤维素降解复合物，更有效地降解纤维素和半纤维素，这些复合物被称为纤维小体（Bayer 等，2004）。*Clostridium thermocellum* 中的纤维小体首先被发现并被广泛研究（Bayer 等，2004；Lamed 等，1983）。在纤维小体中，非催化支架蛋白（Scaffolding Protein）能锚定在细胞壁上，其包含多个凝聚素（Cohesin）结构域，能够与酶亚基的锚定蛋白（Dockerin）结构域产生相互作用，从而使酶亚基自组装到支架蛋白上，从而形成一个大分子多酶复合体（Bayer 等，2004）。

厌氧真菌中也存在纤维小体。Wilson 和 Wood（1992）首先发现了来自 *Neocallimastix frontalis* 的纤维小体样复合物，该复合物的分子质量约 670 kDa，由许多大小为 68～135 kDa 的酶亚基组成，其具有内切葡聚糖酶和 β- 葡萄糖苷酶活性，在棉纤维上表现出很高的水解活性。*Piromyces* 在其各个生长阶段都能持续地分泌纤维小体，这些纤维小体具有很高的稳定性和活性，部分纤维小体至少由十种多肽组成，表现出内切葡聚糖酶、β- 葡萄糖苷酶、木聚糖酶和甘露聚糖酶多种酶活（Ali 等，1995；Dijkerman 等，1997）。*Orpinomyces* sp. PC-2 的纤维小体和多纤维小体含有至少 20 种不同的多肽，分子量为 30～190 kDa（Ljungdahl，2008）。然而，这些研究中厌氧真菌的纤维小体的分子结构仍然不清楚。到目前为止，还没有研究具体描述厌氧真菌的纤维小体的组装和功能的相关研究，对其支架蛋白和凝聚素的详细知识也较少。Haitjema 等（2017）基于比较基因组学和功能蛋白质组学技术描述了一组对厌氧真菌纤维小体组装至关重要的蛋白质，即在厌氧真菌基因组中有大量含非催化锚定蛋白结构域（non-catalytic dockerin domains，NCDDs）的蛋白质，其中绝大多数是 CAZymes，并且在 *Anaeromyces robustus*、*Neocallimastix californiae* 和 *Piromyces finnis* 中鉴定出 95 个大型与 NCDD 结合的支架蛋白，这些真菌锚定蛋白和支架蛋白结构域与细菌的没有相似之处。这些发现表明，真菌纤维小体是一种独立进化的真菌源复合物。

厌氧细菌和厌氧真菌的纤维小体在结构和功能上有很大差异。在功能上，真菌纤维小体的主要产物是葡萄糖，而不是纤维二糖，这使得真菌纤维小体在应用上是更有利的。在结构上，目前鉴定出的厌氧真菌的锚定蛋白结构域也与细菌序列完全不同；厌氧细菌的纤维小体酶仅包含一个物种特异性锚定蛋白结构域，而真菌酶含有 1～3 个拷贝的锚定蛋白结构域，并且没有确定的物种特异性，研究者认为多锚定蛋白有利于酶更高的亲和力（Nagy 等，2007）；与细菌锚定蛋白相反，真菌锚定蛋白结构域在 N 端和 C 端与酶融合，且厌氧真菌中含锚定蛋白的蛋白质的多样性显著超过细菌，这表明真菌纤维小体组分在合成复合物的构建中具有更好的相容性（Lillington 等，2021）；有研究者发现在几个单独的蛋白质上附着有某些类型的对接结构域，并认为厌氧真菌纤维小体中可能存在各种不同的支架蛋白（Steenbakkers 等，2001）；来自 *Orpinomyces* PC-2 的非催化锚定蛋白结构域与纤维小体中的至少四种蛋白质结合，表明其纤维素体中可能存在多个支架蛋白（Steenbakkers 等，2001）；此外，来自同一真菌物种的双锚定蛋白结构域和 GH3 的 β- 葡萄糖苷酶亚基可以相互结合（Nagy 等，2007），这引出了厌氧真菌小体形成的另一种理论，即锚定蛋白介导不同分泌酶之间的结合，形成了没有支架的纤维小体。尽管细节结构仍未解决，但纤维小体允许厌氧真菌以协同和更有效的方式使用木质纤维素降解酶，这是单独分泌的酶无法比拟的。

四、酶的开发与应用

重组的高效 CAZymes 的开发和使用是厌氧真菌资源开发的一种重要策略。这种策略是将厌氧真菌的 CAZymes 基因转移到其他成熟的酶生产宿主中或生物燃料生产者中，或者直接改变厌氧真菌本身的遗传能力。提高重组酶的效率、创建优化的酶混合物，以及鉴定新的和更活跃的酶一直是重组 CAZymes 研究的重点，这些研究将一系列厌氧真菌中的 CAZymes 通过 *Escherichia coli*、*Saccharomyces cerevisiae*、*Hypocrea jecorina*、*Pichia pastoris* 和 *Pichia methanolica* 等表达宿主异源表达，很多重组酶获得了很高的酶活，尤其是经真核表达宿主进行表达后获得了更理想的性能。除了异源表达单一酶外，配置多酶混合物或者构建人造纤维小体以通过酶之间的协同作用获得更大获益的研究也得到了越来越多的尝试。例如，Ma 等（2023）在木聚糖酶中添加 10% 的异源表达的 *Pecoramyces* sp. F1 源阿魏酸酯酶后，木聚糖酶对不同木聚糖底物的水解能力显著提高，而阿魏酸酯酶、木聚糖酶和纤维素酶的多酶混合物在不同的木质纤维素底物上也表现出显著的促进效果。Mingardon 等（2007）设计了纤维小体，将来自 *Neocallimastix patriciarum* 的 GH6 的内切葡聚糖酶与来自 *Clostridium cellulolyticum* 的 GH9 的细菌纤维小体内切葡聚糖酶相结合，与仅用细菌酶组装的复合物相比，获得了更显著的纤维素活性。此外，优质的厌氧真菌 CAZymes 也可以直接转化到生物燃料生产者中，这种看似"异源"表达的酶能直接对该生产者产生有益影响。目前，用于工业乙醇生产的主要微生物菌株是 *Saccharomyces cerevisiae*，然而，这种酵母的野生型菌株不能代谢木糖和阿拉伯糖，通过基因工程改造，研究者将来自 *Piromyces* 或 *Orpinomyces* 的木糖异构酶转入 *Saccharomyces cerevisiae* 中，以实现该生物体中木糖异构酶的"异源"表达，促进木糖向木酮糖的转化和更高效的乙醇生产（Kuyper 等，2005；Madhavan 等，2009；Van Maris 等，2007）。除了真菌酶的异源表达以及重组酶产品的优化，研究者也试图对真菌菌株直接进行遗传操作以增强其木质纤维素降解能力，Durand 等（1997）将含有细菌 β- 葡糖醛酸酶基因的质粒生物转化到 *Neocallimastix frontalis* 基因序列中，该质粒与真菌烯醇化酶基因的启动子序列融合；虽然转化成功实现，且在 *Neocallimastix frontalis* 中

检测到了 β- 葡糖醛酸蛋白的表达，但这种短期表达在几代后便丢失了。尽管如此，这代表了一次成功的尝试，即在厌氧真菌基因组中也能进行合理的遗传改造以充分发挥其 CAZymes 性能。

酶的异源表达与生化性能测定是一个复杂且低效的过程，在一定程度上延缓了新酶、高效酶的发现与开发。在过去的十几年中，测序技术取得了非凡的进步，这促进了研究者对许多真菌基因组的测序工作，包括难以捉摸的厌氧真菌。同时，测序的速度已经大大超过了发现工作，导致未开发的真菌酶目录不断增加。然而，生物信息学工具和方法很容易分析这些不断增长的数据集，以提供新的见解。经典的生物信息学方法包括同源性分析和隐马尔可夫模型（Hidden Markov Model，HMM）搜索，旨在基于有据可查的蛋白质中的保守特征来分析新序列（Karplus 等，1998；McGinnis 和 Madden，2004）。这些方法最近被应用于基因组和转录组序列，在厌氧真菌 *Piromyces finnis* 和 *Orpinomyces* sp. C1A 中发现了数百种新的 CAZymes（Solomon 等，2016b；Youssef 等，2013）。待测基因的样本空间可以通过基因集富集分析（Clark 和 Ma'Ayan，2011；Subramanian 等，2005）和转录组的差异表达分析（Anders 和 Huber，2010）来简化，以鉴定在特定条件下产生增强的酶（Solomon 等，2016b）。这些基因组学方法进一步与蛋白质组学方法相辅相成，蛋白质组学方法将单个蛋白质映射回表达它们的基因，以从真菌分泌物和裂解物中识别新酶（Doyle，2011；Solomon 等，2016b）。

结合转录组学和基于蛋白质组学的方法，可以鉴定肠道真菌中的新型酶。例如，Wang 等（2011）利用转录组学和分泌组学技术鉴定了 *Neocallimastix patriciarum* W5 中的 219 个假定的 GHs 重叠群，随后将其分为 25 个不同的 GH 家族；随后，19 个在真菌生长中被高效表达的基因在毕赤酵母和 / 或酿酒酵母中进行了表达和活性筛选，最终，一种 β- 葡萄糖苷酶和一种外切纤维素酶显示出特别强的活性，可能有助于商业化。另一项强调"组学"方法如何成为酶发现的强大工具的研究是转录组学引导的，以实现由来自 *Orpinomyces* sp. C1A 的各种 CAZymes 组成的酶混合物的构建，即基于真菌在不同类型的底物上生长时的转录响应，筛选出最高表达核心酶，继而从大肠杆菌中生产和纯化酶，以不同的比例混合，并测定混合酶在各种底物上的活性，从而鉴定出几种有利用前景的木质纤维素材料加工候选酶（Morrison 等，2016b）。

第九章
如何获取更多厌氧真菌的信息

一、厌氧真菌联盟

我们对厌氧真菌的了解仍然相对有限,但是有几篇文章已经很好地介绍这些有趣的微生物的生物学特点。此外,组学技术的最新进展为这些难降解生物质降解菌的分子过程提供了一些重要的见解。厌氧真菌联盟(Anaerobic Fungi Network,AFN,https://anaerobicfungi.org/)是了解厌氧真菌领域最新进展的一个非常好的网站。

(一)厌氧真菌联盟的介绍

AFN 由 Joan Edwards 博士于 2011 年建立,当时她意识到并非所有厌氧真菌研究人员都属于同一研究领域,而且许多研究人员从未有过任何交集。该组织创立的初衷是为了促进厌氧真菌的研究,建立国际合作平台,分享技术和知识,并提高人们对厌氧真菌在生态系统中的作用的认识。自成立以来,该网络现已成为国际公认的协调、促进和传播厌氧真菌知识和活动的平台。

AFN 是一个国际性的组织,致力于研究厌氧真菌的生态、代谢和进化等方面。该组织包括代表遍布全球 24 个不同国家/地区的 50 多个组织的研究人员,包括生态学家、分子生物学家、微生物学家、生物化学家等。该组织由其成员运营,为其成员服务。一个由 12 名成员组成的团队目前支持 AFN 开展的广泛活动,包括数据库、社交媒体、网站维护等。AFN 的目标是推动厌氧真菌领域的研究,促进科学家之间的合作,建立数据库和资源,分享实验方法和数据分析技术,提高对这个生态群体的认识。该联盟组织各种活动,包括工作坊、研讨会、会议等,旨在促进知识交流和合作。AFN 的重点研究方向之一是通过使用宏基因组测序技术来研究厌氧真菌的多样性和功能,从而揭示这些微生物的群落结构、多样性和生态功能。同时,他们还开发了专门的分析工具和数据库,以便更好地解释宏基因组数据并理解厌氧真菌的生态和代谢。除了研究厌氧真菌的多样性和功能,AFN 还致力于探索厌氧真菌在生态系统中的生态角色、代谢过程和相互作用。该组织号召了不同学科领域的专家团队,共同研究厌氧真菌的进化和生态学问题。他们使用先进的技术和方法,包括原位探针技术、单细胞测序技术和代谢组学等,来解析厌氧真菌的生态和代谢功能。

总之,AFN 是一个专注于厌氧真菌领域的国际性组织,致力于促进厌氧真菌研究的发展,并为该领域的科学家提供支持和资源。通过使用宏基因组等先进技术,AFN 正在揭示厌氧真菌在生态系统中的重要性和多样性。

（二）从 AFN 能获取到的信息

从该网站上可以查询到大多数厌氧真菌研究人员的名单。由 Joan Edwards 博士整理的厌氧真菌的一般介绍（https://youtu.be/VEisRWzNyfI）、生命周期的总结（https://youtu.be/x8jJbkT7t3o）和分类学（https://youtu.be/vMhb4QL5zRQ）信息可以在 Youtube 上找到，从而使我们能够快速了解该领域。还可以获得最新新闻和活动，包括会议、研讨会和论文发表等信息（https://anaerobicfungi.org/news/）。此外，AFN 还提供了一些工具和资源，包括数据库、软件、工作流程和实验协议等（https://anaerobicfungi.org/databases/）。通过 AFN，研究人员可以分享和获取关于厌氧真菌的最新研究进展，共同推动该领域的发展。

二、美国联合基因研究院网站

美国联合基因研究院（Joint Genome Institute，https://genome.jgi.doe.gov/portal/）是一个基因组学数据和工具集成的在线平台，专门用于真菌的生物信息学研究。该平台由美国能源部国家实验室的 Joint Genome Institute（JGI）开发，旨在提供高质量的基因组学数据、分析工具和资源，以支持真菌学研究。MycoCosm portal 包括多个数据库，其中包括厌氧真菌的基因组学数据、注释信息、基因预测、基因功能预测、代谢通路分析等多种资源。此外，它还提供了一个强大的搜索引擎，可以帮助用户查找、下载、分析和比较厌氧真菌的基因组学数据和注释信息。用户可以通过多种方式访问和使用这些资源，包括浏览器、搜索工具和 API。MycoCosm portal（https://mycocosm.jgi.doe.gov/mycocosm/home）为科学家和研究人员提供了一个强大的工具，可以支持真菌学研究的不同方面，包括基因组学、代谢通路分析、系统发育、宏基因组学和转录组学。由于该平台的数据和工具非常广泛且可靠，因此它已成为厌氧真菌学研究中的主要资源之一，广泛应用于科学研究、教育和工业应用等领域。

（一）MycoCosm portal: 真菌 1000 基因组计划介绍

真菌 1000 基因组计划（1000 Fungal Genomes，https://mycocosm.jgi.doe.gov/mycocosm/home）是一个旨在对 1 000 个真菌基因组进行测序和分析的国际合作项目。该项目旨在填补真菌基因组序列的空白，包括在真菌系统发育中具有重要作用的基部真菌和厌氧真菌。该项目由美国能源部的联合基因组研究所（JGI）主导，与多个国际合作伙伴共同完成。1000 Fungal Genomes 项目为广大科研人员提供了一个可靠的数据库，可用于真菌基因组学、真菌演化和真菌生态学研究。该项目将使研究人员能够比较和分析不同真菌物种的基因组，探索真菌的多样性和功能，提高我们对真菌在生态系统中的作用和对人类的重要性的认识。该项目于 2016 年启动，到 2021 年已经完成了对 1 300 个真菌基因组的测序和分析。所有数据都可以在 JGI 的 MycoCosm 门户网站上获取，并获得各种工具和资源，包括基因注释、功能预测、物种分类和基因组比较。这些数据和工具有助于研究人员深入了解真菌的进化历史、生物多样性和生态功能，以及开发真菌作为生物工厂、生物农药和药物生产的潜力。

（二）从 JGI 数据库中能获得哪些关于厌氧真菌的信息

从 JGI 数据库中，可以获得关于厌氧真菌的以下信息：①基因组序列数据：JGI 拥有大量真菌基因组的测序数据，并提供基因组装和注释的结果。对于厌氧真菌，也有一些基因组测序数据可供查询和下载。②基因注释和功能预测：JGI 使用多种方法对基因进行注释和功能预测，包括同源性比对、基于结构的预测、基于进化的预测等。③基因家族和基因集：JGI 数据库中提供了一些真菌基因家族的信息，包括蛋白质序列、结构域、保守区域等。此外，JGI 还提供了一些真菌基因集的信息，如全基因组比对、物种间的差异分析等。④基因表达数据：JGI 还提供了一些真菌基因的表达数据，包括转录组测序、芯片数据等，可用于研究基因的调控和功能。⑤生物信息学工具：JGI 数据库提供了一些生物信息学工具，可用于序列分析、序列比对、基因预测、进化分析等方面的研究。总之，JGI 数据库提供了大量的真菌基因组学数据和工具，对于研究厌氧真菌的基因组学和生物学特性非常有帮助。

三、各期刊中关于厌氧真菌的专栏

（一）*Frontiers*: Advances in the Understanding of the Commensal Eukaryota and Viruses of the Herbivore Gut

该专栏是为了致敬 Colin Orpin 教授和 Burk Dehority 教授在食草动物肠道微生物学领域作出的巨大贡献。Colin Orpin 在 20 世纪 70 年代早期的开创性工作颠覆了人们对真菌的认知，因为在他的研究工作之前，人们认为所有真菌都是有氧呼吸。1957—2013 年，Burk Dehority 率先研究了原核和真核微生物物种在消化植物纤维方面的协同作用。他揭示了驯化和非驯化食草动物中纤毛虫原生动物的多样性，并描述了不少于 21 个新物种。

厌氧真菌和纤毛虫原生动物占食草动物肠道微生物生物量的一半。它们通常被认为是反刍动物中的共生体，因为它们产生范围广泛的纤维素分解酶和淀粉分解酶，并在宿主的饲料降解中发挥关键作用。厌氧真菌尤其如此，它们具有已知生物界中最有效的纤维降解酶。这些微生物真核生物的存在使反刍动物能够消化大量高纤维底物。它们对植物纤维的最初物理和酶促攻击导致高度复杂的碳水化合物分解，释放出可供微生物群落的其余部分和潜在宿主本身使用的聚合物和单体。

食草动物肠道微生物组还包含密集且多样化的病毒种群。这些病毒中的大多数都不是短暂存在的，相反，它们会主动感染肠道微生物（例如，噬菌体和古细菌病毒）并在其中复制。这些病毒引起微生物裂解并促进微生物基因转移，在肠道微生物基因组中经常发现噬菌体。

尽管这三个分类群对我们理解食草动物肠道功能和微生物生态学具有明显的重要性，但在食草动物肠道研究中通常只表征细菌和古细菌。迫切需要采用更全面的方法来研究食草动物肠道微生物组。只有这样，才能更好地理解食草动物肠道微生物组内复杂的相互作用，促进开发新的和可持续的方法来有益于宿主的营养和健康，同时改善宿主的生态影响和环境足迹。

因此，该专题侧重于了解食草动物肠道中共生厌氧真菌、纤毛虫原生动物和病毒的作用的进展，以及与它们研究相关的挑战和机遇。该主题的范围包括哺乳动物和非哺乳动物食草动物，例如纯/无菌培养、混合培养、体外、体内和计算机模拟。同时还包含应用研究和基础研究，例如酶的生物技术的应用。

（二）*Microorganisms:* Unleashing the Hidden Potential of Anaerobic Fungi

厌氧真菌是唯一一个表现出厌氧生活方式的真菌门。自从 19 世纪初首次发现它们并于 1975 年被 Orpin 正确归入真菌界以来，许多研究人员深入研究了这些高效的木质纤维素生物质降解菌。它们的一整套水解酶使它们成为食草动物消化道的关键参与者；然而，它们在世界范围内的分布似乎并不仅仅局限于消化道。尽管对厌氧真菌进行了大量研究，但许多问题仍未得到解答，例如木质纤维素生物质的甲烷化或生物乙醇生产仍处于起步阶段。这就是像 FUNGAS（https://www.hipoaf.com）这样的国际项目的切入点，旨在回答一些基本问题，如理想的生长条件，改进和新颖的检测技术，筛选新的栖息地、菌株和酶，厌氧真菌的共生相互作用，并最终为这些独特微生物的生物技术成功实施铺平道路。这些问题也是该专刊的收录范围，包括农业、生物技术和厌氧真菌系统学、生理学、基因进化、水平基因转移和分子检测等与厌氧真菌研究相关的所有领域的最新进展。

参考文献

承磊，马诗淳，巫可佳，等，2021. 厌氧微生物培养分离：过去、现在和未来 [J]. 微生物学报，61(4)：946-968.

成艳芬，2008. 厌氧真菌与产甲烷菌共培养系统的建立及其代谢与菌群变化的研究 [D]. 南京：南京农业大学.

金巍，2009. 草食动物厌氧真菌及其共存甲烷菌的分离鉴定和体外发酵特性的初步研究 [D]. 南京：南京农业大学.

李袁飞，2017. 共培养技术研究甲烷菌对厌氧真菌代谢的影响 [D]. 南京：南京农业大学.

沈赞明，韩正康，1995. 不同日粮件下水牛瘤胃真菌纤维素酶活力的体外研究 [J]. 南京农业大学学报，18(2)：84-89.

施其成，2020. 生物强化和蒸汽爆破对共存甲烷菌的厌氧真菌降解秸秆的影响及其阿魏酸酯酶表达 [D]. 南京：南京农业大学.

孙美洲，2014. 草食动物厌氧真菌与共存甲烷菌的分离鉴定及其代谢产物分析 [D]. 南京：南京农业大学.

孙美洲，金巍，李袁飞，等，2014. 瘤胃降解粗纤维产甲烷的厌氧真菌与甲烷菌共培养物的分离鉴定 [J]. 微生物学报，54(5)：563-571.

王佳堃，和文凤，2018. 组学技术揭秘草食动物消化道真菌组成和功能 [J]. 浙江大学学报（农业与生命科学版），44(2)：131-139.

吴宏忠，丁晓娟，胡真虎，等，2003. 瘤胃微生物不同种群对小麦秸体外降解的研究 [J]. 安徽农业大学学报，30(3)：285-288.

徐晓锋，胡丹丹，郭婷婷，等，2020. 不同精粗比日粮对奶牛瘤胃真菌菌群结构变化的影响研究 [J]. 云南农业大学学报（自然科学），35(2)：269-275.

薛义涵，2022. 厌氧真菌多样性分析及骆驼 *Oontomyces* 分离鉴定与纤维降解特性评估 [D]. 南京：南京农业大学.

张亚伟，王月红，张元庆，等，2022. 厌氧真菌系统发育分类及多样性研究进展 [J]. 动物营养学报，34(2)：700-709.

赵圣国，等，2024. 瘤胃微生物学 [M]. 北京：中国农业科学技术出版社.

周皓芹，杨梅玉，佟金，等，2012. 一组厌氧真菌菌系产阿魏酸酯酶的初步研究 [J]. 微生物学杂志，32(4)：53-56.

ABOT A, ARNAL G, AUER L, et al., 2016. CAZyChip: dynamic assessment of exploration of glycoside hydrolases in microbial ecosystems[J]. BMC Genomics, 17:671.

AHRENDT S R, QUANDT CA, CIOBANU D, et al., 2018. Leveraging single-cell genomics to expand the fungal tree of life[J]. Nature Microbiology, 12: 1417-1428.

AHRING B K, WESTERMANN P, 1988. Product inhibition of butyrate metabolism by acetate and hydrogen in a thermophilic coculture[J]. Applied and Environmental Microbiology, 54(10): 2393-2397.

AKIN D E, 1994. Ulrastucture of plant cell-walls degraded by anaerobic fungi[M]. New York, CRC Press, 169-190.

ALI B R, ZHOU L, GRAVES F M, et al., 1995. Cellulases and hemicellulases of the anaerobic fungus *Piromyces* constitute a multiprotein cellulose-binding complex and are encoded by multigene families[J]. FEMS Microbiology Letters, 125(1): 15-21.

ANDERS S, HUBER W, 2010. Differential expression analysis for sequence count data[J]. Genome Biology, 11(10): R106.

ARIYAWANSA H A, HYDE K D, JAYASIRI S C, et al., 2015. Fungal diversity notes 111-252-taxonomic and phylogenetic contributions to fungal taxa[J]. Fungal Diversity, 75: 27-274.

ARMENTA S, MORENO-MENDIETA S, SANCHEZ-CUAPIO Z, et al., 2017. Advances in molecular engineering of carbohydrate-binding modules[J]. Proteins Structure Function and Bioinformatics, 85: 1602-1617.

ARTZI L, BAYER E A, MORAIS S, et al., 2017. Cellulosomes: bacterial nanomachines for dismantling plant polysaccharides[J]. Nature Reviews Microbiology, 15(2): 83-95.

ASAO N, USHIDA K, KOJIMA Y, 1993. Proteolytic activity of rumen fungi belonging to the genera *Neocallimastix* and *Piromyces*[J]. Letters in Applied Microbiology, 16: 247-250.

BAGI Z, ACS N, BALINT B, et al., 2007. Biotechnological intensification of biogas production[J]. Applied Microbiology and Biotechnology, 76: 473-482.

BARR A J, 2001. Chytridiomycota. In: McLaughlin D and Spatafora J W (Eds), The Mycota VII – Systematics and Evolution – Part A[M]. Springer-Verlag, Berlin, 93–112.

BARR D J S, 1980. An outline for the reclassification of the Chytridiales, and for a new order, the Spizellomycetales[J]. Canadian Journal of Botany, 58(22): 2380-2394.

BARR D J S, KUDO H, JAKOBER K D, et al., 1989. Morphology and development of rumen fungi: *Neocallimastix* sp., *Piromyces communis,* and *Orpinomyces bovis* gen. nov., sp. nov[J]. Canadian Journal of Botany, 67(9): 2815-2824.

BARTOLOME B, FAULDS C, TUOHY M et al., 1995. Influence of different xylanases on the activity of ferulic acid esterase on wheat bran[J]. Biotechnology and Applied Biochemistry, 22(1): 65-73.

BASTIDAS-OYANEDEL J R, MOHD-ZAKI Z, ZENG R J, et al., 2012. Gas controlled hydrogen fermentation[J]. Bioresource Technology, 110: 503-509.

BAUCHOP T, 1979. Rumen anaerobic fungi of cattle and sheep[J]. Applied and Environmental Microbiology, 38(1): 148-158.

BAUCHOP T, MOUNTFORT D O, 1981. Cellulose fermentation by a rumen anaerobic fungus in both the absence and the presence of rumen methanogens[J]. Applied and Environmental Microbiology, 42(6): 1103-1110.

BAYANE A, GUIOT S R, 2011. Animal digestive strategies versus anaerobic digestion bioprocesses for biogas production from lignocellulosic biomass[J]. Reviews in Environmental Science and Bio/Technology, 10: 43-62.

BAYER E A, BELAICH J P, SHOHAM Y, et al., 2004. The cellulosomes: multienzyme machines for degradation of plant cell wall polysaccharides[J]. Annual Review of Microbiology, 58: 521-554.

BAYER E A, CHANZY H, LAMED R, et al., 1998. Cellulose, cellulases and cellulosomes[J]. Current Opinion in Structural Biology, 8(5): 548-557.

BECKHAM G T, MATTHEWS J F, PETERS B, et al., 2011. Molecular-level origins of biomass recalcitrance: decrystallization free energies for four common cellulose polymorphs[J]. Journal of Physical Chemistry, 115: 4118-4127.

BELILA A, EL-CHAKHTOURA J, SAIKALY P E, et al., 2017. Eukaryotic community diversity and spatial variation during drinking water production (by seawater desalination) and distribution in a full-scale network[J]. Environmental Science: Water Research & Technology, 3(1): 92-105.

BERBEE, M L, JAMES T Y, STRULLU-DERRIENC C, 2017. Early diverging fungi: diversity and impact at the dawn of terrestrial life[J]. Annual Review of Microbiology, 71(1): 41-60.

BERNALIER A, FONTY G, BONNEMOY F, et al., 1993. Inhibition of the cellulolytic, activity of *Neocallimastix frontalis* by *Ruminococcus flavefaciens*[J]. Journal of General Microbiology, 139: 873-880.

BERNALIER A, FONTY G, GOUET P, 1991. Cellulose degradation by two rumen anaerobic: fungi in monoculture in coculture with rumen bacteria[J]. Aminal Feed Science and Technology, 32: 131- 136.

BLACK G W, HAZLEWOOD G P, XUE G P, et al., 1994. Xylanase B from *Neocallimastix patriciarum* contains a non-catalytic 455-residue linker sequence comprised of 57 repeats of an octapeptide[J]. Biochemical Journal, 299(2): 381-387.

BLUM D L, LI X L, CHEN H, et al., 1999. Characterization of an acetyl xylan esterase from the anaerobic fungus *Orpinomyces* sp. strain PC-2[J]. Applied and Environmental Microbiology, 65(9): 3990-3995.

BOOTTEN T J, JOBLIN K N, MCARDLE B H, et al., 2011. Degradation of lignified secondary cell walls of lucerne (*Medicago sativa* L.) by rumen fungi growing in methanogenic co-culture[J]. Journal of Applied Microbiology, 111(5): 1086-1096.

BORNEMAN W S, AKIN D E, LJUNGDAHL L G, 1989. Fermentation products and plant cell wall-degrading enzymes produced by monocentric and polycentric anaerobic ruminal fungi[J]. Applied and Environmental Microbiology, 55(5): 1066-1073.

BORNEMAN W S, LJUNGDAHL L G, HARTLEY R D, et al., 1992. Purification and partial characterization of two feruloyl esterases from the anaerobic fungus *Neocallimastix* strain MC-2[J]. Applied and Environmental Microbiology, 58(11): 3762-3766.

BOWMAN B H, TAYLOR J W, BROWNLEE A G, et al., 1992. Molecular evolution of the fungi: relationship of the Basidiomycetes, Ascomycetes, and Chytridiomycetes[J]. Molecular Biology and Evolution, 9(2): 285-296.

BOXMA B, VONCKEN F, JANNINK S, et al., 2004. The anaerobic chytridiomycete fungus *Piromyces* sp. E2 produces ethanol via pyruvate: formate lyase and an alcohol dehydrogenase E[J]. Molecular Microbiology,

51: 1389-1399.

BRETON A, BERNALIER A, BONNEMOY F, et al., 1989. Morphological and metabolic characterization of a new species of strictly anaerobic rumen fungus: *Neocallimastix joyonii*[J]. FEMS Microbiology Letters, 58(2-3): 309-314.

BRETON A, BERNALIER A, DUSSER M, et al., 1990. *Anaeromyces-mucronatus* nov-gen, nov-sp-a new strictly anaerobic rumen fungus with polycentric thallus[J]. FEMS Microbiology Letters, 70: 177-182.

BRETON A, DUSSER M, GAILLARD-MARTINIE B, et al., 1991. *Piromyces rhizinflata* nov. sp., a strictly anaerobic fungus from faeces of the Saharian ass: a morphological, metabolic and ultrastructural study[J]. FEMS Microbiology Letters, 82(1): 1-8.

BROOKMAN J L, MENNIM G, TRINCI A P J, et al., 2000b. Identification and characterization of anaerobic gut fungi using molecular methodologies based on ribosomal ITS1 and 18S rRNA[J]. Microbiology, 146(2): 393-403.

BROOKMAN J L, OZKOSE E, ROGERS S, et al., 2000a. Identification of spores in the polycentric anaerobic gut fungi which enhance their ability to survive[J]. FEMS Microbiology Ecology, 31(3): 261-267.

BRUINENBERG P M, DE BOT P H, VAN DIJKEN J P, et al., 1983. The role of redox balances in the anaerobic fermentation of xylose by yeasts[J]. European Journal of Applied Microbiology and Biotechnology, 18: 287-292.

BRULC J M, ANTONOPOULOS D A, MILLER M E B, et al., 2009. Gene-centric metagenomics of the fiber-adherent bovine rumen microbiome reveals forage specific glycoside hydrolases[J]. Proceedings of the National Academy of Sciences, 106(6): 1948-1953.

BRYANT M P, 1972. Commentary on the Hungate technique for culture of anaerobic bacteria[J]. The American Journal of Clinical Nutrition, 25(12): 1324-1328.

BRYANT M P, BURKEY L A, 1953. Cultural methods and some characteristics of some of the more numerous groups of bacteria in the bovine rumen[J]. Journal of Dairy Science, 36(3): 205-217.

BUCHHEIM M A, SUTHERLAND D M, SCHLEICHER T, et al., 2012. Phylogeny of Oedogoniales, Chaetophorales and Chaetopeltidales (Chlorophyceae): inferences from sequence-structure analysis of ITS2[J]. Annals of Botany, 1: 109-116.

BURTON R A, GIDLEY M J, FINCHER G B, 2010. Heterogeneity in the chemistry, structure and function of plant cell walls[J]. Nature Chemical Biology, 6(10): 724-732.

CABRAL L, PERSINOTI G F, PAIXAO D A A, et al., 2022. Gut microbiome of the largest living rodent harbors unprecedented enzymatic systems to degrade plant polysaccharides[J]. Nature Communications, 13: 629.

CALKINS S, ELLEDGE N C, HANAFY R A, et al., 2016. A fast and reliable procedure for spore collection from anaerobic fungi: Application for RNA uptake and long-term storage of isolates[J]. Journal of Microbiological Methods, 127: 206-213.

CALLAGHAN T M, PODMIRSEG S M, HOHLWECK D, et al., 2015. *Buwchfawromyces eastonii* gen. nov., sp nov.: A new anaerobic fungus (Neocallimastigomycota) isolated from buffalo faeces[J]. MycoKeys, 9:

11-28.

CAMPBELL B C, STEFFEN - CAMPBELL J D, WERREN J H, 1994. Phylogeny of the *Nasonia* species complex (Hymenoptera: Pteromalidae) inferred from an internal transcribed spacer (ITS2) and 28S rDNA sequences[J]. Insect Molecular Biology, 2(4): 225-237.

CAPORASO J G, KUCZYNSKI J, STOMBAUGH J, et al., 2010. QIIME allows analysis of high-throughput community sequencing data[J]. Nature Methods, 5: 335-336.

CAZIER E A, TRABLY E, STEYER J P, et al., 2015. Biomass hydrolysis inhibition at high hydrogen partial pressure in solid-state anaerobic digestion[J]. Bioresource Technology, 190: 106-113.

CHEN H, HOPPER S L, LI X L, et al., 2006. Isolation of extremely AT-rich genomic DNA and analysis of genes encoding carbohydrate-degrading enzymes from *Orpinomyces* sp. strain PC-2[J]. Current Microbiology, 2006, 53(5): 396-400.

CHEN H, LI X, LJUNGDAHL L G, 1994. Isolation and properties of an extracellular beta-glucosidase from the polycentric rumen fungus *Orpinomyces* sp. strain PC-2[J]. Applied and Environmental Microbiology, 60(1): 64-70.

CHEN H, LI X-L, BLUM D L, et al., 1998. Two genes of the anaerobic fungus *Orpinomyces* sp. strain PC-2 encoding cellulases with endoglucanase activities may have arisen by gene duplication[J]. FEMS Microbiology Letters, 159(1): 63-68.

CHEN M, WOLIN M J, 1997. Influence of methane production by *Methanobacterium ruminantium* on the fermantation of glucose and lactate by *Selenomonas ruminantium*[J]. Applied and Environmental Microbiology, 34: 756-759.

CHEN Y C, HSEU R S, CHIEN C Y, 2002. *Piromyces polycephalus* (Neocallimastigaceae), a new rumen fungus. Nova Hedwigia, 75(3-4): 409-414.

CHEN Y C, TSAI S D, CHENG H L, et al., 2007. *Caecomyces sympodialis* sp. nov., a new rumen fungus isolated from *Bos indicus*[J]. Mycologia, 99(1): 125-130.

CHENG Y F, EDWARDS J E, ALLISON G G, et al., 2009. Diversity and activity of enriched ruminal cultures of anaerobic fungi and methanogens grown together on lignocellulose in consecutive batch culture[J]. Bioresource Technology, 100(20): 4821-4828.

CHENG Y F, JIN W, MAO S Y, et al., 2013. Production of citrate by anaerobic fungi in the presence of co-culture methanogens as revealed by 1H NMR spectrometry[J]. Asian-Australas Journal of Animal Science, 26(10): 1416-1423.

CHENG Y F, MAO S Y, PEI C X, et al., 2006. Detection and diversity analysis of rumen methanogens in co-cultures with anaerobic fungi[J]. Acta Microbiologia Sinica, 46: 879-883.

CHENG Y F, SHI Q C, SUN R L, et al., 2018. The biotechnological potential of anaerobic fungi on fiber degradation and methane production[J]. World Journal of Microbiology and Biotechnology, 34: 155.

CHENG Y S, CHEN C C, HUANG C H, et al., 2014. Structural analysis of a glycoside hydrolase family 11 xylanase from *Neocallimastix patriciarum*: insights into the molecular basis of a thermophilic enzyme [J]. Journal of Biological Chemistry, 289(16): 11020-11028.

CHESSON K J, DUNCAN S H, 1997. Polysaccharide degradation by rumen microorganisms[M]. Dordrecht: Springer, 329–381.

CHIRAYIL C J, JOY J, MATHEW L, et al., 2014. Isolation and characterization of cellulose nanofibrils from *Helicteres isora* plant [J]. Industrial Crops and Products, 59: 27–34.

CHO S-K, JEONG M-W, CHOI Y-K, et al., 2018. Effects of low-strength ultrasonication on dark fermentative hydrogen production: Start-up performance and microbial community analysis[J]. Applied Energy, 219: 34–41.

CLARK N R, MA'AYAN A, 2011. Introduction to statistical methods for analyzing large data sets: gene-set enrichment analysis[J]. Science Signaling, 4(190): tr4.

COLEMAN A W, 2003. ITS2 is a double-edged tool for eukaryote evolutionary comparisons[J]. Trends in Genetics, 7: 370–375.

COLIN Y, GONI-URRIZA M, CAUMETTE P, et al., 2015. Contribution of enrichments and resampling for sulfate reducing bacteria diversity assessment by high-throughput cultivation[J]. Journal of Microbiological Methods, 110: 92–97.

COMLEKCIOGLU U, OZKOSE E, YAZDIC F C, et al., 2010. Polysaccharidase and glycosidase production of avicel grown rumen fungus *Orpinomyces* sp. GMLF5[J]. Acta Biologica Hungarica, 61(3): 333–343.

COMTET-MARRE S, CHAUCHEYRAS-DURAND F, BOUZID O, et al., 2018. FibroChip, a functional DNA microarray to monitor cellulolytic and hemicellulolytic activities of rumen microbiota[J]. Frontiers in Microbiology, 9: 215.

COUGER M B, YOUSSEF N H, STRUCHTEMEYER C G, et al., 2015. Transcriptomic analysis of lignocellulosic biomass degradation by the anaerobic fungal isolate *Orpinomyces* sp. strain C1A[J]. Biotechnology Biofuels, 8: 208.

COUVREUR S, HURTAUD C, LOPEZ C, et al., 2006. The linear relationship between the proportion of fresh grass in the cow diet, milk fatty acid composition, and butter properties[J]. Journal of Dairy Science, 89(6): 1956–1969.

DAGAR S S, KUMAR S, GRIFFITH G W, et al., 2015. A new anaerobic fungus (*Oontomyces anksri* gen. nov., sp nov.) from the digestive tract of the Indian camel (*Camelus dromedarius*)[J]. Fungal Biology, 119: 731–737.

DAGAR S S, KUMAR S, MUDGIL P, et al., 2011. D1/D2 domain of large-subunit ribosomal DNA for differentiation of *Orpinomyces* spp[J]. Applied and Environmental Microbiology, 77(18): 6722–6725.

DAGAR S S, KUMAR S, MUDGIL P, et al., 2018. Comparative evaluation of lignocellulolytic activities of filamentous cultures of monocentric and polycentric anaerobic fungi[J]. Anaerobe, 50: 76–79.

DAI X, TIAN Y, LI J, et al., 2015. Metatranscriptomic analyses of plant cell wall polysaccharide degradation by microorganisms in the cow rumen[J]. Applied and Environmental Microbology, 81(4): 1375–1386.

DALRYMPLE B P, CYBINSKI D H, LAYTON I, et al., 1997. Three *Neocallimastix patriciarum* esterases associated with the degradation of complex polysaccharides are members of a new family of hydrolases[J]. Microbiology (Reading), 143(Pt 8): 2605–2614.

DAVIES D R, THEODOROU M K, BROOKS A E, et al., 1993a. Influence of drying on the survival of anaerobic fungi in rumen digesta and faeces of cattle[J]. FEMS Microbiology Letters, 106(1): 59-63.

DAVIES D R, THEODOROU M K, LAWRENCE M I, et al., 1993b. Distribution of anaerobic fungi in the digestive tract of cattle and their survival in faeces[J]. Journal of General Microbiology, 139: 1395-1400.

DE VRIES R P, KESTER H C, POULSEN C H, et al., 2000. Synergy between enzymes from *Aspergillus* involved in the degradation of plant cell wall polysaccharides[J]. Carbohydrate Research, 327(4): 401-410.

DE VRIES R P, MICHELSEN B, POULSEN C H, et al., 1997. The faeA genes from *Aspergillus niger* and *Aspergillus tubingensis* encode ferulic acid esterases involved in degradation of complex cell wall polysaccharides[J]. Applied and Environmental Microbiology, 63(12): 4638-4644.

DE VRIES R P, POULSEN C H, MADRID S, et al., 1998. aguA, the gene encoding an extracellular alpha-glucuronidase from *Aspergillus tubingensis,* is specifically induced on xylose and not on glucuronic acid[J]. Journal of Bacteriology, 180(2): 243-249.

DE VRIES R P, VISSER J, 2001. *Aspergillus* enzymes involved in degradation of plant cell wall polysaccharides[J]. Microbiology and Molecular Biology Reviews, 65(4): 497-522.

DEAN F B, NELSON J R, GIESLER T L, et al., 2001. Rapid amplification of plasmid and phage DNA using phi29 DNA polymerase and multiply-primed rolling circle amplification[J]. Genome Research, 6: 1095-1099.

DENISON S H, 2000. pH regulation of gene expression in fungi[J]. Fungal Genetics and Biology, 29(2): 61-71.

DENMAN S E, NICHOLSON M J, BROOKMAN J L, et al., 2008. Detection and monitoring of anaerobic rumen fungi using an ARISA method[J]. Letters in Applied Microbiology, 6: 492-499.

DETHERIDGE A P, BRAND G, FYCHAN R, et al., 2016. The legacy effect of cover crops on soil fungal populations in a cereal rotation[J]. Agriculture, Ecosystems and Environment, 228: 49-61.

DIETRICH C H, RAKITOV R A, HOLMES J L, et al., 2001. Phylogeny of the major lineages of Membracoidea (Insecta: Hemiptera: Cicadomorpha) based on 28S rDNA sequences[J]. Molecular Phylogenetics and Evolution, 18(2): 293-305.

DIJKERMAN R, OP DEN CAMP H J, VAN DER DRIFT C, et al., 1997. The role of the cellulolytic high molecular mass (HMM) complex of the anaerobic fungus *Piromyces* sp. strain E2 in the hydrolysis of microcrystalline cellulose[J]. Archives of Microbiology, 167(2-3): 137-142.

DINCER I, ACAR C, 2015. Review and evaluation of hydrogen production methods for better sustainability[J]. International Journal of Hydrogen Energy, 40(34): 11094-11111.

DODD D, CANN I K, 2009. Enzymatic deconstruction of xylan for biofuel production[J]. Global Change Biology Bioenergy, 1(1): 2-17.

DOLLHOFER V, CALLAGHAN T M, DORN-IN S, et al., 2016. Development of three specific PCR-based tools to determine quantity, cellulolytic transcriptional activity and phylogeny of anaerobic fungi[J]. Journal of Microbiological Methods, 127: 28-40.

DOLLHOFER V, DANDIKAS V, DORN-IN S, et al., 2018. Accelerated biogas production from lignocellulosic biomass after pre-treatment with *Neocallimastix frontalis*[J]. Bioresource Technology, 264: 219-227.

DOLLHOFER V, PODMIRSEG S M, CALLAGHAN T M, et al., 2015. Anaerobic fungi and their potential for biogas production[J]. Advances in Biochemical Engineering/Biotechnology, 151: 41-61.

DORE J, STAHL D A, 1991. Phylogeny of anaerobic rumen Chytridiomycetes inferred from small subunit ribosomal RNA sequence comparisons[J]. Canadian Journal of Botany, 69(9): 1964-1971.

DOYLE S, 2011. Fungal proteomics: from identification to function[J]. FEMS Microbiology, 321(1): 1-9.

DRULA E, GARRON M L, DOGAN S, et al., 2022. The carbohydrate-active enzyme database: functions and literature[J]. Nucleic Acids Research, 50(Database issue): D571-D577.

DURAND R, RASCLE C, FISCHER M, et al., 1997. Transient expression of the beta-glucuronidase gene after biolistic transformation of the anaerobic fungus *Neocallimastix frontalis*[J]. Current Genetics, 31(2): 158-161.

EBERHARDT R Y, GILBERT H J, HAZLEWOOD G P, 2000. Primary sequence and enzymic properties of two modular endoglucanases, Cel5A and Cel45A, from the anaerobic fungus *Piromyces equi*[J]. Microbiology (Reading), 146(Pt8): 1999-2008.

EBERSBERGER I, DE MATOS S R, KUPCZOK A, et al., 2012. A consistent phylogenetic backbone for the fungi[J]. Molecular Biology and Evolution, 29(5): 1319-1334.

EBRAHIMI M, VILLAFLORES O B, ORDONO E E, et al., 2017. Effects of acidified aqueous glycerol and glycerol carbonate pretreatment of rice husk on the enzymatic digestibility, structural characteristics, and bioethanol production[J]. Bioresource Technology, 228: 264-271.

EDWARDS J E, FORSTER R J, CALLAGHAN T M, et al., 2017. PCR and omics based techniques to study the diversity, ecology and biology of anaerobic fungi: insights, challenges and opportunities[J]. Frontiers in Microbiology, 8: 1657.

EDWARDS J E, HERMES G D A, KITTELMANN S, et al., 2019. Assessment of the accuracy of high-throughput sequencing of the ITS1 region of Neocallimastigomycota for community composition analysis[J]. Frontiers in Microbiology, 10: 2370.

EDWARDS J E, KINGSTON-SMITH A H, JIMENEZ H R, et al., 2008. Dynamics of initial colonization of nonconserved perennial ryegrass by anaerobic fungi in the bovine rumen[J]. FEMS Microbiology Ecology, 66(3): 537-545.

EDWARDS J E, SCHENNINK A, BURDEN F, et al., 2020a. Domesticated equine species and their derived hybrids differ in their fecal microbiota[J]. Animal Microbiome, 2(1): 8.

EDWARDS J E, SHETTY S A, VAN DEN BERG P, et al., 2020b. Multi-kingdom characterization of the core equine fecal microbiota based on multiple equine (sub) species[J]. Animal Microbiome, 2(1): 6.

ELEKWACHI C O, WANG Z, WU X, et al., 2017. Total rRNA-seq analysis gives insight into bacterial, fungal, protozoal and archaeal communities in the rumen using an optimized RNA isolation method[J]. Frontiers in Microbiology, 8: 1814.

ELLIOTT R, ASH A J, CALDERON-CORTES F, et al., 1987. The influence of anaerobic fungi on rumen volatile fatty acid concentrations in vivo[J]. Journal of Agricultural Science, 109(1): 13-17.

ELSHAHED M S, HANAFY R A, CHENG Y, et al., 2022. Characterization and rank assignment criteria for the anaerobic fungi (Neocallimastigomycota)[J]. International Journal of Systematic and Evolutionary Microbiology, 72(7): 005449.

FAICHNEY G J, PONCET C, LASSALAS B, et al., 1997. Effect of concentrates in a hay diet on the contribution of anaerobic fungi, protozoa and bacteria to nitrogen in rumen and duodenal digesta in sheep[J]. Animal Feed Science and Technology, 64(2-4): 193-213.

FANUTTI C, PONYI T, BLACK G W, et al., 1995. The conserved noncatalytic 40-residue sequence in cellulases and hemicellulases from anaerobic fungi functions as a protein docking domain[J]. Journal of Biological Chemistry, 270(49): 29314-29322.

FELL J W, BOEKHOUT T, FONSECA A, et al., 2000. Biodiversity and systematics of basidiomycetous yeasts as determined by large-subunit rDNA D1/D2 domain sequence analysis[J]. International Journal of Systematic and Evolutionary Microbiology, 50(3): 1351-1371.

FERRER M, GOLYSHINA O V, CHERNIKOVA T N, et al., 2005. Novel hydrolase diversity retrieved from a metagenome library of bovine rumen microflora[J]. Environmental Microbiology, 12: 1996-2010.

FILLINGHAM I J, KROON P A, WILLIAMSON G, et al., 1999. A modular cinnamoyl ester hydrolase from the anaerobic fungus *Piromyces equi* acts synergistically with xylanase and is part of a multiprotein cellulose-binding cellulase-hemicellulase complex[J]. Biochemical Journal, 343(Pt 1): 215-224.

FLIEGEROVA K HODROVA B, VOIGT K, 2004. Classical and molecular approaches as a powerful tool for the characterization of rumen polycentric fungi[J]. Folia Microbiologica, 49(2): 157-164.

FLIEGEROVA K, MRAZEK J, HOFFMANN K, et al., 2010. Diversity of anaerobic fungi within cow manure determined by ITS1 analysis[J]. Folia microbiologica, 55(4): 319-325.

FLIEGEROVA K, MRAZEK J, VOIGT K, 2006. Differentiation of anaerobic polycentric fungi by rDNA PCR-RFLP[J]. Folia microbiologica, 51(4): 273.

FLINT H J, SCOTT K P, DUNCAN S H, et al., 2012. Microbial degradation of complex carbohydrates in the gut[J]. Gut microbes, 3(4): 289-306.

FONTES C M, GILBERT H J, 2010. Cellulosomes: highly efficient nanomachines designed to deconstruct plant cell wall complex carbohydrates[J]. Annual Review of Biochemistry, 79: 655-681.

GAILLARD - MARTINIE B, BRETON A, DUSSER M, et al., 1995. *Piromyces citronii* sp. nov., a strictly anaerobic fungus from the equine caecum: a morphological, metabolic, and ultrastructural study[J]. FEMS Microbiology Letters, 130(2-3): 321-326.

GAILLARD - MARTINIE B, CITRON A, 1989. Ultrastructural study of two rumen fungi: *Piromonas communis* and *Sphaeromonas communis*[J]. Current Microbiology, 18(2): 83-86.

GARCIA-CAMPAYO V, WOOD T M, 1993. Purification and characterisation of a beta-D-xylosidase from the anaerobic rumen fungus *Neocallimastix frontalis*[J]. Carbohydrate Research, 242: 229-245.

GILBERT H J, 2007. Cellulosomes: microbial nanomachines that display plasticity in quaternary structure[J]. Molecular Microbiology, 63(6): 1568-1576.

GILBERT H J, 2010. The biochemistry and structural biology of plant cell wall deconstruction[J]. Plant

Physiology, 2: 444-455.

GILBERT H J, HAZLEWOOD G P, LAURIE J I, et al., 1992. Homologous catalytic domains in a rumen fungal xylanase: evidence for gene duplication and prokaryotic origin[J]. Molecular Microbiology, 15: 2065-2072.

GILMORE S P, HENSKE J K, O'MALLEY M A, 2015. Driving biomass breakdown through engineered cellulosomes[J]. Bioengineered, 6(4): 204-208.

GILMORE S P, LILLINGTON S P, HAITJEMA C H, et al., 2020. Designing chimeric enzymes inspired by fungal cellulosomes[J]. Synthetic and Systems Biotechnology, 5(1): 23-32.

GOLD J J, HEATH I B, BAUCHOP T, 1988. Ultrastructural description of a new chytrid genus of caecum anaerobe, *Caecomyces equi* gen. nov., sp. nov., assigned to the Neocallimasticaceae[J]. Biosystems, 21(3-4): 403-415.

GORDON G L R, PHILLIPS M W, 1993. Removal of anaerobic fungi from the rumen of sheep by chemical treatment and the effect on feed consumption and *in vivo* fibre digestion[J]. Letters in Applied Microbiology, 17(5): 220-223.

GREENING R C, LEEDLE J A Z, 1989. Enrichment and isolation of *Acetitomaculum ruminis*, gen. nov., sp. nov.: acetogenic bacteria from the bovine rumen[J]. Archives of Microbiology, 152: 399-406.

GRIFFITH G W, OZKOSE E, THEODOROU M K, et al., 2009. Diversity of anaerobic fungal populations in cattle revealed by selective enrichment culture using different carbon sources[J]. Fungal Ecology, 2(2): 87-97.

GRIGORIEV I V, NIKITIN R, HARIDAS S, et al., 2014. MycoCosm portal: gearing up for 1000 fungal genomes[J]. Nucleic Acids Research, 42(Database issue): D699-704.

GRUNINGER R J, NGUYEN T T M, REID I D, et al., 2018. Application of transcriptomics to compare the carbohydrate active enzymes that are expressed by diverse genera of anaerobic fungi to degrade plant cell wall carbohydrates[J]. Frontiers in Microbiology, 9: 1581.

GRUNINGER R J, PUNIYA A K, CALLAGHAN T M, et al., 2014. Anaerobic fungi (phylum Neocallimastigomycota): advances in understanding their taxonomy, life cycle, ecology, role and biotechnological potential[J]. FEMS Microbiology Ecology, 90(1): 1-17.

HAITJEMA C H, GILMORE S P, HENSKE J K, et al., 2017. A parts list for fungal cellulosomes revealed by comparative genomics[J]. Nature Microbiology, 2: 17087.

HAITJEMA C H, SOLOMON K V, HENSKE J K, et al., 2014. Anaerobic gut fungi: Advances in isolation, culture, and cellulolytic enzyme discovery for biofuel production[J]. Biotechnology and Bioengineering, 111(8): 1471-1482.

HANAFY R A, DAGAR S S, GRIFFITH G W, et al., 2022. Taxonomy of the anaerobic gut fungi (Neocallimastigomycota): a review of classification criteria and description of current taxa[J]. International Journal of Systematic and Evolutionary Microbiology, 72(7): 005322.

HANAFY R A, ELSHAHED M S, LIGGENSTOFFER A S, et al., 2017. *Pecoramyces ruminantium*, gen. nov., sp nov., an anaerobic gut fungus from the feces of cattle and sheep[J]. Mycologia, 109: 231-243.

HANAFY R A, ELSHAHED M S, YOUSSEF N H, 2018. *Feramyces austinii,* gen. nov., sp. nov., an anaerobic gut fungus from rumen and fecal samples of wild Barbary sheep and fallow deer[J]. Mycologia, 110(3): 513–525.

HANAFY R A, JOHNSON B, ELSHAHED M S, et al., 2018. *Anaeromyces contortus*, sp. nov., a new anaerobic gut fungal species (Neocallimastigomycota) isolated from the feces of cow and goat[J]. Mycologia, 110(3): 502–512.

HANAFY R A, JOHNSON B, YOUSSEF N H, et al., 2020a. Assessing anaerobic gut fungal diversity in herbivores using D1/D2 large ribosomal subunit sequencing and multi - year isolation[J]. Environmental Microbiology, 22(9): 3883–3908.

HANAFY R A, LANJEKAR V B, DHAKEPHALKAR P K, et al., 2020b. Seven new Neocallimastigomycota genera from wild, zoo-housed, and domesticated herbivores greatly expand the taxonomic diversity of the phylum[J]. Mycologia, 112: 1212–1239.

HANAFY R A, YOUSSEF N H, ELSHAHED M S, 2021. *Paucimyces polynucleatus* gen. nov, sp. nov., a novel polycentric genus of anaerobic gut fungi from the faeces of a wild blackbuck antelope[J]. International Journal of Systematic and Evolutionary Microbiology, 71(6): 004832.

HARHANGI H R, AKHMANOVA A S, EMMENS R, et al., 2003a. Xylose metabolism in the anaerobic fungus *Piromyces* sp. strain E2 follows the bacterial pathway[J]. Archives of Microbiology, 180(2): 134–141.

HARHANGI H R, FREELOVE A C, UBHAYASEKERA W, et al., 2003b. Cel6A, a major exoglucanase from the cellulosome of the anaerobic fungi *Piromyces* sp. E2 and *Piromyces equi*[J]. Biochimica Biophysica Acta, 1628(1): 30–39.

HARHANGI H R, STEENBAKKERS P J, AKHMANOVA A, et al., 2002. A highly expressed family 1 β-glucosidase with transglycosylation capacity from the anaerobic fungus *Piromyces* sp. E2[J]. Biochimica et Biophysica Acta (BBA)–Gene Structure and Expression, 1574(3): 293–303.

HATFIELD R D, RANCOUR D M, MARITA J M, 2017. Grass cell walls: a story of cross–linking[J]. Frontiers in Plant Science, 7: 2056.

HEATH I B, BAUCHOP T, SKIPP R A, 1983. Assignment of the rumen anaerobe *Neocallimastix frontalis* to the Spizellomycetales (Chytridiomycetes) on the basis of its polyflagellate zoospore ultrastructure[J]. Canadian Journal of Botany, 61(1): 295–307.

HEBRAUD M, FEVRE M, 1990. Purification and characterization of an aspecific glycoside hydrolase from the anaerobic ruminal fungus *Neocallimastix frontalis*[J]. Applied and Environmental Microbiology, 56(10): 3164–3169.

HENSKE J K, GILMORE S P, KNOP D, et al., 2017. Transcriptomic characterization of *Caecomyces churrovis*: a novel, non–rhizoid–forming lignocellulolytic anaerobic fungus[J]. Biotechnology for Biofuels, 10(1): 305.

HENSKE J K, WILKEN S E, SOLOMON K V, et al., 2018. Metabolic characterization of anaerobic fungi provides a path forward for bioprocessing of crude lignocellulose[J]. Biotechnology and Bioengineering, 115(4): 874–884.

HESS M, SCZYRBA A, EGAN R, et al., 2011. Metagenomic discovery of biomass-degrading genes and genomes from cow rumen[J]. Science, 331(6016): 463-467.

HIBBETT D S, BINDER M, BISCHOFF J F, et al., 2007. A higher-level phylogenetic classification of the Fungi[J]. Mycological research, 111(5): 509-547.

HILLMAN E T, LI M, HOOKER C A, et al., 2021. Hydrolysis of lignocellulose by anaerobic fungi produces free sugars and organic acids for two-stage fine chemical production with *Kluyveromyces marxianus*[J]. Biotechnology Progress, 37(5): e3172.

HO Y W, ABDULLAH N, JALALUDIN S, 1994b. *Orpinomyces intercalaris*, a new species of polycentric anaerobic rumen fungus from cattle[J]. Mycotaxon, 50: 139-150.

HO Y W, BARR D J S, 1995. Classification of anaerobic gut fungi from herbivores with emphasis on rumen fungi from Malaysia[J]. Mycologia, 87(5): 655-677.

HO Y W, BARR D J S, ABDULLAH N, et al., 1993a. *Neocallimastix variabilis*, a new species of anaerobic fungus from the rumen of cattle[J]. Mycotaxon, 46: 241-258.

HO Y W, BARR D J S, ABDULLAH N, et al., 1993b. A new species of *Piromyces* from the rumen of deer in Malaysia[J]. Mycotaxon, 47, 285-293.

HO Y W, BARR D J S, ABDULLAH, et al., 1993c. *Piromyces spiralis*, a new species of anaerobic fungi from the rumen of goat[J]. Mycotaxon, 48: 59-68.

HO Y W, KHOO I Y S, TAN S G, et al., 1994a. Isozyme analysis of anaerobic rumen fungi and their relationship to aerobic chytrids[J]. Microbiology, 140(6): 1495-1504.

HO Y, BAUCHOP T, 1991. Morphology of three polycentric rumen fungi and description of a procedure for the induction of zoosporogenesis and release of zoospores in cultures[J]. Microbiology, 137(1): 213-217.

HO Y, BAUCHOP T, ABDULLAH N, et al., 1990. *Ruminomyces elegans* gen. et sp. nov., a polycentric anaerobic rumen fungus from cattle[J]. Mycotaxon, 38: 397-405.

HODROVA B, KOPECNY J, 1996. Interactions of the rumen Chitinolytic bacterium, *Clostridium terium* with anaerobic fungi[J]. Annales de Zootechnie, 45: 288.

HUME I D, WARNER A C I, 1980. Evolution of microbial digestion in mammals[M]. Dordrecht: Springer, 665-684.

HUNGATE R E, 1969. A roll tube method for cultivation of strict anaerobes[J]. Methods in Microbiology, 3: 117-132.

HUR J Y, PARK M C, SUH K Y, et al., 2011. Synchronization of cell cycle of *Saccharomyces cerevisiae* by using a cell chip platform[J]. Molecules and Cells, 32(5): 483-488.

IRVINE H L, STEWART C S, 1991. Interaction between anaerobic Cellulolytic bacteria and fungi in the presence of *Methanobrevibacter smithii*[J]. Letters in Applied Microbiology, 12: 62-64.

ISORNA P, POLAINA J, LATORRE-GARCIA L, et al., 2007. Crystal structures of *Paenibacillus polymyxa* beta-glucosidase B complexes reveal the molecular basis of substrate specificity and give new insights into the catalytic machinery of family I glycosidases[J]. Journal of Molecular Biology, 371(5): 1204-1218.

IVARSSON M, ANNA S, BENGTSON S, et al., 2016. Anaerobic fungi: A potential source of biological H_2 in the oceanic crust[J]. Frontiers in Microbiology, 7: 674.

JAMES T Y, KAUFF F, SCHOCH C L, et al., 2006. Reconstructing the early evolution of fungi using a six-gene phylogeny[J]. Nature, 443(7113): 818-822.

JANSSEN P H, KIRS M, 2008. Structure of the archaeal community of the rumen[J]. Applied and Environmental Microbiology, 74(12): 3619-3625.

JEFFRIES T W, 1983. Utilization of xylose by bacteria, yeasts, and fungi[J]. Advances in Biochemical Engineering/Biotechnology, 27: 1-32.

JENSEN E A, HAMMOND D M, 1964. A morphological study of trichomonads and related flagellates from the bovine digestive tract[J]. The Journal of Protozoology, 11(3): 386-394.

JIN W, CHENG Y-F, MAO S-Y, et al., 2011. Isolation of natural cultures of anaerobic fungi and indigenously associated methanogens from herbivores and their bioconversion of lignocellulosic materials to methane[J]. Bioresource Technology, 102(17): 7925-7931.

JOBLIN K N, 1981. Isolation, enumeration, and maintenance of rumen anaerobic fungi in roll tubes[J]. Applied and Environmental Microbiology, 42(6): 1119-1122.

JOBLIN K N, 1990. Bacterial and protozoal interactions with ruminal fungi[M]. New York: Elsevier Science Publishing Co., 311-324.

JOBLIN K N, CAMPBELL G P, RIAHARDSON A J, et al., 1989. Fermentation of barley straw by anaerobic rumen bacteria and fungi in axenic culture and in co-cluture with methanogens[J]. Letters in Applied Microbiology, 9: 195-197.

JOBLIN K N, MATSUI H, NAYLOR G E, et al., 2002. Degradation of fresh ryegrass by methanogenic co-cultures of ruminal fungi grown in the presence or absence of *Fibrobacter succinogenes*[J]. Current Microbiology, 45(1): 46-53.

JOBLIN K N, NAYLOR G E, 1989. Fermentation of woods by rumen anaerobic fungi[J]. FEMS Microbiology Letters, 65(1-2): 119-122.

JOBLIN K N, NAYLOR G E, 1994. Effects of *Butyrivibrio fibrisolvens* by ruminal fungi[J]. Proceedings of the Nutrition Society, 3: 171.

JOBLIN K N, NAYLOR G E, WILLIAMS A G, 1990. Effect of *Methanobrevibacter smithii* on xylanolytic activity of anaerobic ruminal fungi[J]. Applied and Environmental Microbiology, 56(8): 2287-2295.

JONES D R, UDDIN M S, GRUNINGER R J, et al., 2017. Discovery and characterization of family 39 glycoside hydrolases from rumen anaerobic fungi with polyspecific activity on rare arabinosyl substrates[J]. Journal of Biological Chemistry, 292(30): 12606-12620.

JOSHI A, LANJEKAR V B, DHAKEPHALKAR P K, et al., 2018. *Liebetanzomyces polymorphus* gen. et sp nov., a new anaerobic fungus (Neocallimastigomycota) isolated from the rumen of a goat[J]. Mycokeys, 40: 89-110.

KAMESHWAR A K S, QIN W, 2018. Genome wide analysis reveals the extrinsic cellulolytic and biohydrogen generating abilities of Neocallimastigomycota Fungi[J]. Journal of Genomics, 6: 74-87.

KARPLUS K, BARRETT C, HUGHEY R, 1998. Hidden Markov models for detecting remote protein homologies[J]. Bioinformatics, 14(10): 846-856.

KE H M, LEE H H, LIN C Y I, et al., 2020. Mycena genomes resolve the evolution of fungal bioluminescence[J]. Proceedings of the National Academy of Sciences, 117(49): 31267-31277.

KELLER N P, 2019. Fungal secondary metabolism: regulation, function and drug discovery[J]. Nature Reviews Microbiology, 17(3): 167-180.

KELLER N P, TURNER G, BENNETT J W, 2005. Fungal secondary metabolism-from biochemistry to genomics[J]. Nature Reviews Microbiology, 3(12): 937-947.

KHALDI N, SEIFUDDIN F T, TURNER G, et al., 2010. SMURF: genomic mapping of fungal secondary metabolite clusters[J]. Fungal Genetics and Biology, 47(9): 736-741.

KIM D-H, HAN S-K, KIM S-H, et al., 2006. Effect of gas sparging on continuous fermentative hydrogen production[J]. International Journal of Hydrogen Energy, 31(15): 2158-2169.

KISIELEWSKA M, DĘBOWSKI M, ZIELIŃSKI M, 2015. Improvement of biohydrogen production using a reduced pressure fermentation[J]. Bioprocess and Biosystems Engineering, 38: 1925-1933.

KITTELMANN S, NAYLOR G E, KOOLAARD J P, et al., 2012. A proposed taxonomy of anaerobic fungi (class Neocallimastigomycetes) suitable for large-scale sequence-based community structure analysis[J]. PloS ONE, 7(5): e36866.

KITTELMANN S, SEEDORF H, WALTERS W A, et al., 2013. Simultaneous amplicon sequencing to explore co-occurrence patterns of bacterial, archaeal and eukaryotic microorganisms in rumen microbial communities[J]. PLoS ONE, 8(2): e47879.

KLEIN-MARCUSCHAMER D, OLESKOWICZ-POPIEL P, SIMMONS B A, et al., 2012. The challenge of enzyme cost in the production of lignocellulosic biofuels[J]. Biotechnology and Bioengineering, 109(4): 1083-1087.

KOETSCHAN C, KITTELMANN S, LU J, et al., 2014. Internal transcribed spacer 1 secondary structure analysis reveals a common core throughout the anaerobic fungi (Neocallimastigomycota)[J]. PloS ONE, 9(3): e91928.

KORMELINK F, VORAGEN A, 1993. Degradation of different [(glucurono) arabino] xylans by a combination of purified xylan-degrading enzymes[J]. Applied Microbiology and Biotechnology, 38: 688-695.

KUYPER M, HARTOG M M, TOIRKENS M J, et al., 2005. Metabolic engineering of a xylose-isomerase-expressing *Saccharomyces cerevisiae* strain for rapid anaerobic xylose fermentation[J]. FEMS Yeast Research, 5(4-5): 399-409.

KWON M, SONG J Y, HA J K, et al., 2009. Analysis of functional genes in carbohydrate metabolic pathway of anaerobic rumen fungus *Neocallimastix frontalis* PMA02[J]. Asian-Australasian Journal of Animal Sciences, 11: 1555-1565.

LAM K K, LABUTTI K, KHALAK A, et al., 2015. FinisherSC: a repeat-aware tool for upgrading de novo assembly using long reads[J]. Bioinformatics, 31(19): 3207-3209.

LAMED R, SETTER E, BAYER E A, 1983. Characterization of a cellulose-binding, cellulase-containing complex in *Clostridium thermocellum*[J]. Journal of Bacteriology, 156(2): 828-836.

LANKIEWICZ T S, LILLINGTON S P, O'MALLEY M A, 2022. Enzyme discovery in anaerobic fungi (Neocallimastigomycetes): Enables lignocellulosic biorefinery innovation[J]. Microbiology and Molecular Biology Reviews, 86(4): e0004122.

LEE S S, HA J K, CHENG K J. 2000. Influence of an anaerobic fungal culture administration on in vivo ruminal fermentation and nutrient digestion[J]. Animal Feed Science and Technology, 88(3-4): 201-217.

LEE S S, HA J K, CHENG K. 2000. Relative contributions of bacteria, protozoa, and fungi to in vitro degradation of orchard grass cell walls and their interactions[J]. Applied and Environmental Microbiology, 66(9): 3807-3813.

LEIS S, DRESCH P, PEINTNER U, et al., 2014. Finding a robust strain for biomethanation: anaerobic fungi (Neocallimastigomycota) from the Alpine ibex (*Capra ibex*) and their associated methanogens[J]. Anaerobe, 29: 34-43.

LI F, HENDERSON G, XU S, et al., 2016, Taxonomic assessment of rumen microbiota using total RNA and targeted amplicon sequencing approaches[J]. Frontiers in Microbiology, 7: 987.

LI G J, HYDE K D, ZHAO R L, et al., 2016. Fungal diversity notes 253-366: taxonomic and phylogenetic contributions to fungal taxa[J]. Fungal Diversity, 78: 1-237.

LI J, HEATH I B, 1992. The phylogenetic relationships of the anaerobic chytridiomycetous gut fungi (Neocallimasticaceae) and the Chytridiomycota. I. Cladistic analysis of rRNA sequences[J]. Canadian Journal of Botany, 70(9): 1738-1746.

LI J, HEATH I B, BAUCHOP T, 1990. *Piromyces mae* and *Piromyces dumbonica,* two new species of uniflagellate anaerobic chytridiomycete fungi from the hindgut of the horse and elephant[J]. Canadian Journal of Botany, 68(5): 1021-1033.

LI J, HEATH I B, CHENG K J, 1991. The development and zoospore ultrastructure of a polycentric chytridiomycete gut fungus, *Orpinomyces joyonii* comb. nov[J]. Canadian Journal of Botany, 69(3): 580-589.

LI J, HEATH I B, PACKER L, 1993. The phylogenetic relationships of the anaerobic chytridiomycetous gut fungi (Neocallimasticaceae) and the Chytridiomycota. II. Cladistic analysis of structural data and description of Neocallimasticales ord. nov[J]. Canadian Journal of Botany, 71(3): 393-407.

LI X L, CALZA R E, 1991. Kinetic study of a cellobiase purified from *Neocallimastix frontalis* EB188[J]. Biochimica et Biophysica Acta, 1080(2): 148-154.

LI X L, CHEN H, LJUNGDAHL L G, 1997. Two cellulases, CelA and CelC, from the polycentric anaerobic fungus *Orpinomyces* strain PC-2 contain N-terminal docking domains for a cellulase-hemicellulase complex[J]. Applied and Environmental Microbiology, 63(12): 4721-4728.

LI X L, LJUNGDAHL L G, XIMENES E A, et al., 2004. Properties of a recombinant beta-glucosidase from polycentric anaerobic fungus *Orpinomyces* PC-2 and its application for cellulose hydrolysis[J]. Applied Biochemistry and Biotechnology, 113-116: 233-250.

LI X L, SKORY C D, XIMENES E A, et al., 2007. Expression of an AT-rich xylanase gene from the anaerobic fungus *Orpinomyces* sp. strain PC-2 in and secretion of the heterologous enzyme by *Hypocrea jecorina*[J].

Applied Microbiology and Biotechnology, 74(6): 1264-1275.

LI Y, HOU Z, SHI Q, et al., 2020. Methane production from different parts of corn stover via a simple co-culture of an anaerobic fungus and methanogen[J]. Frontiers in Bioengineering and Biotechnology, 8: 314.

LI Y, JIN W, CHENG Y, et al., 2016. Effect of the associated methanogen *Methanobrevibacter thaueri* on the dynamic profile of end and intermediate metabolites of anaerobic fungus *Piromyces* sp. F1[J]. Current Microbiology, 73: 434-441.

LI Y, JIN W, Mu C, et al., 2017. Indigenously associated methanogens intensified the metabolism in hydrogenosomes of anaerobic fungi with xylose as substrate[J]. Journal of Basic Microbiology, 57(11): 933-940.

LI Y, LI Y, JIN W, et al., 2019. Combined genomic, transcriptomic, proteomic, and physiological characterization of the growth of *Pecoramyces* sp. F1 in monoculture and co-culture with a syntrophic methanogen[J]. Frontiers in Microbiology, 10: 435.

LI Y, MENG Z, XU Y, et al., 2021. Interactions between anaerobic fungi and methanogens in the rumen and their biotechnological potential in biogas production from lignocellulosic materials[J]. Microorganisms, 9(1): 190.

LI Y, XU Y, XUE Y, et al., 2022. Ethanol production from lignocellulosic biomass by co-fermentation with *Pecoramyces* sp. F1 and *Zymomonas mobilis* ATCC 31821 in an integrated process[J]. Biomass and Bioenergy, 161: 106454.

LIGGENSTOFFER A S, YOUSSEF N H, COUGER M B, et al., 2010. Phylogenetic diversity and community structure of anaerobic gut fungi (phylum Neocallimastigomycota) in ruminant and non-ruminant herbivores[J]. The ISME Journal, 4(10): 1225-1235.

LILLINGTON S P, CHRISLER W, HAITJEMA C H, et al., 2021. Cellulosome localization patterns vary across life stages of anaerobic fungi[J]. mBio, 12(3): e0083221.

LINDMARK D G, MULLER M, 1973. Hydrogenosome, a cytoplasmic organelle of the anaerobic flagellate *Tritrichomonas foetus*, and its role in pyruvate metabolism[J]. Journal of Biological Chemistry, 248(22): 7724-7728.

LIU J H, SELINGER B L, TSAI C F, et al., 1999. Characterization of a *Neocallimastix patriciarum* xylanase gene and its product[J]. Canadian Journal of Microbiology, 45(11): 970-974.

LIU J R, DUAN C H, ZHAO X, et al., 2008. Cloning of a rumen fungal xylanase gene and purification of the recombinant enzyme via artificial oil bodies[J]. Applied Microbiology and Biotechnology, 79: 225-233.

LIU J W, SUN D, ZHU J R, et al., 2021. Carbohydrate-binding modules targeting branched polysaccharides: overcoming side-chain recalcitrance in a non-catalytic approach[J]. Bioresources and Bioprocessing, 8: 28.

LIU Z Y, WEN S T, WU G G, et al., 2022. Heterologous expression and characterization of *Anaeromyces robustus* xylanase and its use in bread making[J]. European Food Research and Technology, 248: 2311-2324.

LJUNGDAHL L G, 2008. The cellulase/hemicellulase system of the anaerobic fungus *Orpinomyces* PC-2 and aspects of its applied use[J]. Annals of the New York Academy of Sciences, 1125: 308-321.

LOWE S E, GRIFFITH G G, MILNE A, et al., 1987a. The life cycle and growth kinetics of an anaerobic rumen fungus[J]. Journal of General Microbiology, 133(7): 1815-1827.

LOWE S E, THEODOROU M K, TRINCI A P J, et al., 1985. Growth of anaerobic rumen fungi on defined and semi-defined media lacking rumen fluid[J]. Microbiology, 131(09): 2225-2229.

LOWE S E, THEODOROU M K, TRINCI A P, 1987c. Cellulases and xylanase of an anaerobic rumen fungus grown on wheat straw, wheat straw holocellulose, cellulose, and xylan[J]. Applied and Environmental Microbiology, 53(6): 1216-1223.

LOWE S E, THEODOROU M K, TRINCI A P, 1987d. Isolation of anaerobic fungi from saliva and faeces of sheep[J]. Journal of General Microbiology, 133(7): 1829-1834.

LOWE S E, THEODOROU M, TRINCI A, 1987b. Growth and fermentation of an anaerobic rumen fungus on various carbon sources and effect of temperature on development[J]. Applied and Environmental Microbiology, 53(6): 1210-1215.

MA J, MA Y, LI Y, et al., 2023. Characterization of feruloyl esterases from *Pecoramyces* sp. F1 and the synergistic effect in biomass degradation[J]. World Journal of Microbiology and Biotechnology, 39(1): 17.

MA J, ZHONG P, LI Y Q, et al., 2022. Hydrogenosome, pairing anaerobic fungi and H_2-utilizing microorganisms based on metabolic ties to facilitate biomass utilization[J]. Journal of Fungi, 8: 338.

MACHELEIDT J, MATTERN D J, FISCHER J, et al., 2016. Regulation and role of fungal secondary metabolites[J]. Annual Review of Genetics, 50: 371-392.

MADHAVAN A, TAMALAMPUDI S, USHIDA K, et al., 2009. Xylose isomerase from polycentric fungus *Orpinomyces*: gene sequencing, cloning, and expression in *Saccharomyces cerevisiae* for bioconversion of xylose to ethanol[J]. Applied Microbiology and Biotechnology, 82(6): 1067-1078.

MAKELA M R, DILOKPIMOL A, KOSKELA S M, et al., 2018. Characterization of a feruloyl esterase from *Aspergillus terreus* facilitates the division of fungal enzymes from Carbohydrate Esterase family 1 of the carbohydrate - active enzymes (CAZy) database[J]. Microbial Biotechnology, 11(5): 869-880.

MALGAS S, VAN DYK J S, PLETSCHKE B I, 2015. A review of the enzymatic hydrolysis of mannans and synergistic interactions between β-mannanase, β-mannosidase and α-galactosidase[J]. World Journal of Microbiology and Biotechnology, 31(8): 1167-1175.

MAO S Y, HUO W J, ZHU W Y, 2016. Microbiome-metabolome analysis reveals unhealthy alterations in the composition and metabolism of ruminal microbiota with increasing dietary grain in a goat model[J]. Environmental Microbiology, 18(2): 525-541.

MARINIER S L, ALEXANDER A J, 1995. Coprophagy as an avenue for foals of the domestic horse to learn food preferences from their dams[J]. Journal of Theoretical Biology, 173(2): 121-124.

MARMEISSE R, KELLNER H, FRAISSINET-TACHET L, et al., 2017. Discovering protein-coding genes from the environment: time for the eukaryotes[J]. Trends in Biotechnology, 35(9): 824-835.

MARRELLI M T, SALLUM M A M, MARINOTTI O, 2006. The second internal transcribed spacer of nuclear ribosomal DNA as a tool for Latin American anopheline taxonomy: a critical review[J]. Memórias do Instituto Oswaldo Cruz, 101: 817-832.

MARVIN-SIKKEMA F D, RICHARDSON A J, STEWART C S, et al., 1990. Influence of hydrogen-consuming bacteria on cellulose degradation by anaerobic fungi[J]. Applied and Environmental Microbiology, 56(12): 3793-3797.

MASSANET-NICOLAU J, JONES R J, GUWY A, et al., 2016. Maximising biohydrogen yields via continuous electrochemical hydrogen removal and carbon dioxide scrubbing[J]. Bioresource Technology, 218: 512-517.

MCALLISTER T A, DONG Y, YANKE L J, et al., 1993. Cereal grain digestion by selected strains of ruminal fungi[J]. Canadian Journal of Microbiology, 39(4): 367-376.

MCDONALD J E, HOUGHTON J N I, ROOKS D J, et al., 2012. The microbial ecology of anaerobic cellulose degradation in municipal waste landfill sites: evidence of a role for fibrobacters[J]. Environmental Microbiology, 14(4): 1077-1087.

MCGINNIS S, MADDEN T L, 2004. BLAST: at the core of a powerful and diverse set of sequence analysis tools[J]. Nucleic Acids Research, 32(Web Server issue): W20-25.

MCGRANAGHAN P, DAVIES J C, GRIFFITH G W, et al., 2010. The survival of anaerobic fungi in cattle faeces[J]. FEMS Microbiology Ecology, 29(3): 293-300.

MICHEL V, FONG G, MILLET L, et al., 1993. In virto study of the proteolytic activity of rumen anaerobic fungi[J]. FEMS Microbiogy Letters, 110: 5-10.

MILLWARD-SADLER S J, HALL J, BLACK G W, et al., 1996. Evidence that the *Piromyces* gene family encoding endo-1, 4-mannanases arose through gene duplication[J]. FEMS Microbiology Letters, 141(2-3): 183-188.

MINGARDON F, CHANAL A, LOPEZ-CONTRERAS A M, et al., 2007. Incorporation of fungal cellulases in bacterial minicellulosomes yields viable, synergistically acting cellulolytic complexes[J]. Applied and Environmental Microbiology, 73(12): 3822-3832.

MIZUNO O, DINSDALE R, HAWKES F R, et al., 2000. Enhancement of hydrogen production from glucose by nitrogen gas sparging[J]. Bioresource Technology, 73(1): 59-65.

MONDO S J, DANNEBAUM R O, KUO R C, et al., 2017. Widespread adenine N6-methylation of active genes in fungi[J]. Nature Genetics, 49(6): 964-968.

MOREIRA L R, FILHO E X, 2008. An overview of mannan structure and mannan-degrading enzyme systems[J]. Applied Microbiology and Biotechnology, 79(2): 165-178.

MOREIRA L R, FILHO E X, 2016. Insights into the mechanism of enzymatic hydrolysis of xylan[J]. Applied Microbiology and Biotechnology, 100(12): 5205-5214.

MORGAVI D P, SAKURADA M, TOMITA Y, et al., 1994. Presence in rumen bacterial and protozoal populations of enzymes capable of degrading fungal cell walls[J]. Microbiology, 140: 631-636.

MORRISON J M, ELSHAHED M S, YOUSSEF N H, 2016a. Defined enzyme cocktail from the anaerobic fungus *Orpinomyces* sp. strain C1A effectively releases sugars from pretreated corn stover and switchgrass[J]. Scientic Reports, 6: 29217.

MORRISON J M, ELSHAHED M S, YOUSSEF N, 2016b. A multifunctional GH39 glycoside hydrolase from the anaerobic gut fungus *Orpinomyces* sp. strain C1A[J]. PeerJ, 4: e2289.

MORVAN B, BONNEMOY F, FONTY G, et al., 1996. Quantitative determination of H_2-utilizing acetogenic and sulfate-reducing bacteria and Methanogenic Archaea from digestive tract of different mammals[J]. Current Microbiology, 32: 129-133.

MOUNTFORT D O, ASHER R A, 1985. Production and regulation of cellulase by two strains of the rumen anaerobic fungus *Neocallimastix frontalis*[J]. Applied and Environmental Microbiology, 49(5): 1314-1322.

MOUNTFORT D O, ASHER R A, 1989. Production of xylanase by the ruminal anaerobic fungus *Neocallimastix frontalis*[J]. Applied and Environmental Microbiology, 55(4): 1016-1022.

MOUNTFORT D O, ASHER R A, BAUCHOP T, 1982. Fermentation of cellulose to methane and carbon dioxide by a rumen anaerobic fungus in a triculture with *Methanobrevibacter* sp. strain RA1 and *Methanosarcina barkeri*[J]. Applied and Environmental Microbiology, 44(1): 128-134.

MOUNTRORT D O, 1994. Regulatory constraints in the degradation and fermentation of carbohydrates by anaerobic fungi[M]. New York: CRC Press, 147-168.

MOUNTRORT D O, ASHER R A, 1983. Role of catabolite regulatory mechanisms in control of carbohydrate utilization by the rumen anaerobic fungus *Neocallimastix frontalis*[J]. Applied and Environmental Microbiology, 46(6): 1331-1338.

MUDINOOR A R, GOODWIN P M, RAO R U, et al., 2020. Interfacial molecular interactions of cellobiohydrolase Cel7A and its variants on cellulose[J]. Biotechnology for Biofuels, 13: 10.

MURPHY C L, YOUSSEF N H, HANAFY R A, et al., 2019. Horizontal gene transfer as an indispensable driver for evolution of Neocallimastigomycota into a distinct gut-dwelling fungal lineage[J]. Applied and Environmental Microbiology, 85(15): e00988-19.

NAGPAL R, PUNIYA A K, SEHGAL J P, et al., 2012. Survival of anaerobic fungus *Caecomyces* sp. in various preservation methods: a comparative study[J]. Mycoscience, 53: 427-432.

NAGY T, TUNNICLIFFE R B, HIGGINS L D, et al., 2007. Characterization of a double dockerin from the cellulosome of the anaerobic fungus *Piromyces equi*[J]. Journal of Molecular Biology, 373(3): 612-622.

NAKASHIMADA Y, SRINIVASAN K, MURAKAMI M, et al., 2000. Direct conversion of cellulose to methane by anaerobic fungus *Neocallimastix frontalis* and defined methanogens[J]. Biotechnology Letters, 22: 223-227.

NEWBOLD C J, HILLMAN K, 1990. The Effect of ciliate protozoa on the turnover of bacterial and fungal protein in the rumen of sheep[J]. Letters in Applied Microbiology, 11: 100-102.

NICHOLSON M J, MCSWEENEY C S, MACKIE R I, et al., 2010. Diversity of anaerobic gut fungal populations analysed using ribosomal ITS1 sequences in faeces of wild and domesticated herbivores[J]. Anaerobe, 16(2): 66-73.

NICHOLSON M J, THEODOROU M K, BROOKMAN J L, 2005. Molecular analysis of the anaerobic rumen fungus *Orpinomyces*-insights into an AT-rich genome[J]. Microbiology, 151: 121-133.

NILSSON R H, ANSLAN S, BAHRAM M, et al., 2019. Mycobiome diversity: high-throughput sequencing and identification of fungi[J]. Nature Reviews Microbiology, 17(2): 95-109.

NINO-NAVARRO C, CHAIREZ I, TORRES-BUSTILLOS L, et al., 2016. Effects of fluid dynamics on enhanced biohydrogen production in a pilot stirred tank reactor: CFD simulation and experimental studies[J]. International Journal of Hydrogen Energy, 41(33): 14630-14640.

OLSON D G, MCBRIDE J E, SHAW A J, et al., 2012. Recent progress in consolidated bioprocessing[J]. Current Opinion in Biotechnology, 23(3): 396-405.

ORPIN C G, 1975. Studies on the rumen flagellate *Neocallimastix frontalis*[J]. Journal of General Microbiology, 91(2): 249-262.

ORPIN C G, 1976. Studies on the rumen flagellate *Sphaeromonas communis*[J]. Microbiology, 94(2): 270-280.

ORPIN C G, 1977a. The rumen flagellate *Piromonas communis:* its life-history and invasion of plant material in the rumen[J]. Journal of General Microbiology, 99(1): 107-117.

ORPIN C G, 1977b. The occurrence of chitin in the cell walls of the rumen organisms *Neocallimastix frontalis, Piromonas communis* and *Sphaeromonas communis*[J]. Journal of General Microbiology, 99(1): 215-218.

ORPIN C G, 1977c. On the induction of zoosporogenesis in the rumen phycomycetes *Neocallimastix frontalis, Piromonas communis* and *Sphaeromonas communits*[J]. Journal of General Microbiology, 101: 181-189.

ORPIN C G, 1981. Isolation of cellulolytic phycomycete fungi from the caecum of the horse[J]. Journal of General Microbiology, 123: 287-296.

ORPIN C G, 1984. The role of ciliate protozoa and fungi in the rumen digestion of plant cell walls[J]. Animal Feed Science and Technology, 10(2-3): 121-143.

ORPIN C G, 1994. Anaerobic fungi: taxonomy, biology and distribution in nature[M]. New York: Marcel Dekker, 1-46.

ORPIN C G, BOUNTIFF L, 1978. Zoospore chemotaxis in the rumen phycomycete *Neocallimastix frontalis*[J]. Journal of General Microbiology, 104(1): 113-122.

ORPIN C G, MUNN E A, 1986. *Neocallimastix patriciarum* sp.nov., a new member of the Neocallimasticaceae inhabiting the rumen of sheep[J]. Transactions of the British Mycological Society, 86(1): 178-181.

OUELLET M, DATTA S, DIBBLE D C, et al., 2011. Impact of ionic liquid pretreated plant biomass on *Saccharomyces cerevisiae* growth and biofuel production[J]. Green Chemistry, 13(10): 2743-2749.

OZKOSE E, THOMAS B J, DAVIES D R, et al., 2001. *Cyllamyces aberensis* gen. nov. sp. nov., a new anaerobic gut fungus with branched sporangiophores isolated from cattle[J]. Canadian Journal of Botany, 79(6): 666-673.

PAI C K, WU Z Y, CHEN M J, et al., 2010. Molecular cloning and characterization of a bifunctional xylanolytic enzyme from *Neocallimastix patriciarum*[J]. Applied Microbiology and Biotechnology, 85: 1451-1462.

PASCUAL-GARCIA A, ABIA D, MENDEZ R, et al., 2010. Quantifying the evolutionary divergence of protein structures: The role of function change and function conservation[J]. Proteins Structure Function and Bioinformatics, 78: 181-196.

PASSARINHO A T P, VENTORIM R Z, MAITAN-ALFENAS G P, et al., 2019. Engineered GH11 xylanases from *Orpinomyces* sp. PC-2 improve techno-functional properties of bread dough[J]. Journal of the Science of Food and Agriculture, 99(2): 741-747.

PAUL S S, 2010. Fermentative characteristics and fibrolytic activities of anaerobic gut fungi isolated from wild and domestic ruminants[J]. Archives of Animal Nutrition, 64(4): 279-292.

PAUL S S, BU D, XU J, et al., 2018. A phylogenetic census of global diversity of gut anaerobic fungi and a new taxonomic framework[J]. Fungal Diversity, 89: 253-266.

PAUL S S, DEB S M, PUNIA B S, et al., 2010. Fibrolytic potential of anaerobic fungi (*Piromyces* sp.) isolated from wild cattle and blue bulls in pure culture and effect of their addition on in vitro fermentation of wheat straw and methane emission by rumen fluid of buffaloes[J]. Journal of the Science of Food and Agriculture, 90(7): 1218-1226.

PELECHANO V, STEINMETZ L M, 2013. Gene regulation by antisense transcription[J]. Nature Reviews Genetics, 12: 880-893.

PEREIRA G V, ABDEL-HAMID A M, DUTTA S, et al., 2021. Degradation of complex arabinoxylans by human colonic Bacteroidetes[J]. Nature Communications, 12: 459.

PEREZ J, MUNOZ-DORADO J, DE LA RUBIA T, et al., 2002. Biodegradation and biological treatments of cellulose, hemicellulose and lignin: an overview[J]. International Microbiology, 5(2): 53-63.

PODOLSKY I A, SEPPALAS, LANKIEWICZ T S, et al., 2019. Harnessing nature's anaerobes for biotechnology and bioprocessing[J]. Annuual Review of Chemical and Biomolecular Engineering, 10: 105-128.

POLIZELI M L, RIZZATTI A C, MONTI R, et al., 2005. Xylanases from fungi: properties and industrial applications[J]. Applied Microbiology and Biotechnology, 67(5): 577-591.

POPE P B, MACKENZIE A K, GREGOR I, et al., 2012. Metagenomics of the Svalbard reindeer rumen microbiome reveals abundance of polysaccharide utilization loci[J]. PloS ONE, 7(6): e38571.

POULSEN M, SCHWAB C, JENSEN B B, et al., 2013. Methylotrophic methanogenic Thermoplasmata implicated in reduced methane emissions from bovine rumen. Nature Communications, 4: 1428.

PRATT C J, CHANDLER E E, YOUSSEF N H, et al., 2023. *Testudinimyces gracilis* gen. nov, sp. nov. and *Astrotestudinimyces divisus* gen. nov, sp. nov., two novel, deep-branching anaerobic gut fungal genera from tortoise faeces[J]. International Journal of Systematic and Evolutionary Microbiology, 73(5): 005921.

PROCHAZKA J, MRAZEK J, STROSOVA L, et al., 2012. Enhanced biogas yield from energy crops with rumen anaerobic fungi[J]. Engineering in Life Sciences, 12(3): 343-351.

PURWANTINI E, TORTO-ALALIBO T, LOMAX J, et al., 2014. Genetic resources for methane production from biomass described with the Gene Ontology[J]. Frontiers in Microbiology, 5: 634.

QI M, WANG P, O'TOOLE N, et al., 2011. Snapshot of the eukaryotic gene expression in muskoxen rumen-a metatranscriptomic approach[J]. PloS ONE, 6(5): e20521.

QI M, WANG P, SELINGER L B, et al., 2011. Isolation and characterization of a ferulic acid esterase (Fae1A) from the rumen fungus *Anaeromyces mucronatus*[J]. Journal of Applied Microbiology, 110(5): 1341-1350.

QUANDT C A, KOHLER A, HESSE C N, et al., 2015. Metagenome sequence of *Elaphomyces granulatus* from sporocarp tissue reveals Ascomycota ectomycorrhizal fingerprints of genome expansion and a Proteobacteria - rich microbiome[J]. Environmental Microbiology, 17(8): 2952-2968.

RAGHOTHAMA S, EBERHARDT R Y, SIMPSON P, et al., 2001. Characterization of a cellulosome dockerin domain from the anaerobic fungus *Piromyces equi*[J]. Nature Structural and Molecular Biology, 8(9): 775-778.

RAGHUNATHAN A, JR FERGUSON H R, BORNARTH C J, et al., 2005. Genomic DNA amplification from a single bacterium[J]. Applied and Environmental Microbiology, 71(6): 3342-3347.

RALPH J, GRABBER J H, HATFIELD R D, 1995. Lignin-ferulate cross-links in grasses: active incorporation of ferulate polysaccharide esters into ryegrass lignins[J]. Carbohydrate Research, 275(1): 167-178.

RAMIREZ-MORALES J E, TAPIA-VENEGAS E, CAMPOS J L, et al., 2019. Operational behavior of a hydrogen extractive membrane bioreactor (HEMB) during mixed culture acidogenic fermentation[J]. International Journal of Hydrogen Energy, 44(47): 25565-25574.

RANGANATHAN A, SMITH O P, YOUSSEF N H, et al., 2017. Utilizing anaerobic fungi for two-stage sugar extraction and biofuel production from lignocellulosic biomass[J]. Frontiers in Microbiology, 8: 635.

REES E M R, LLOYD D, WILLIAMS A G, 1995. The effects of co-cultivation with the acetogen *Acetitomaculum ruminis* on the fermentative metabolism of the rumen fungi *Neocallimastix patriciarum* and *Neocallimastix* strain L2[J]. FEMS Microbiology Letters, 133: 175-180.

REILLY M, DINSDALE R, GUWY A, 2014. Mesophilic biohydrogen production from calcium hydroxide treated wheat straw[J]. International Journal of Hydrogen Energy, 39(30): 16891-16901.

REYMOND P, GEOURJON C, ROUX B, et al., 1992. Sequence of the phosphoenolpyruvate carboxykinase-encoding cDNA from the rumen anaerobic fungus *Neocallimastix frontalis*: comparison of the amino acid sequence with animals and yeast[J]. Gene, 110(1): 57-63.

RICHARDSON A J, STEWART C S, 1990. Hydrogen transfer between *Neocallimastix frontalis* and *Selenomonas ruminantium* grown in mixed culture[J]. Federation of European Microbiological Societies, 54: 463-466.

ROGER V, BERNAILER A, GRENET E, et al., 1993. Degradation of wheat straw and maize stem by a monocentric and a polycentric rumen fungi, alone or in association with rumen cellulolytic bacteria[J]. Animal Feed Science Technology, 42: 69-82.

ROGER V, GRENET E, JAMOT J, et al., 1992. Degradation of maize stem by two rumen fungal species, *Piromyces communis* and *Caecomyces communis*, in pure cultures or in association with cellulolytic bacteria[J]. Reproduction Nutrition Development, 32: 321-329.

ROGOWSKI A, BRIGGS J A, MORTIMER J C, et al., 2015. Glycan complexity dictates microbial resource allocation in the large intestine[J]. Nature Communications, 6: 7481.

ROHMAN A, DIJKSTRA B W, PUSPANINGSIH N N T, 2019. β-Xylosidases: Structural diversity, catalytic mechanism, and inhibition by monosaccharides[J]. International Journal of Molecular Sciences, 20(22): 5524.

SAADY N M C, 2013. Homoacetogenesis during hydrogen production by mixed cultures dark fermentation: unresolved challenge[J]. International Journal of Hydrogen Energy, 38(30): 13172-13191.

SAKAGUCHI E, 2003. Digestive strategies of small hindgut fermenters[J]. Animal Science Journal, 74: 327-

337.

SANZ-APARICIO J, HERMOSO J, MARTINEZ-RIPOLL M, et al., 1998. Crystal structure of β-glucosidase A from *Bacillus polymyxa*: insights into the catalytic activity in family 1 glycosyl hydrolases[J]. Journal of Molecular Biology, 275(3): 491-502.

SAYE L M, NAVARATNA T A, CHONG J P, et al., 2021. The anaerobic fungi: Challenges and opportunities for industrial lignocellulosic biofuel production[J]. Microorganisms, 9(4): 694.

SCHLOSS P D, WESTCOTT S L, RYABIN T, et al., 2009. Introducing mothur: open-source, platform-independent, community-supported software for describing and comparing microbial communities[J]. Applied and Environmental Microbology, 75(23): 7537-7541.

SCHOCH C L, SEIFERT K A, HUHNDORF S, et al., 2012. Nuclear ribosomal internal transcribed spacer (ITS) region as a universal DNA barcode marker for Fungi[J]. Proceedings of the National Academy of Sciences, 109(16): 6241-6246.

SEIBEL P N, MULLER T, DANDEKAR T, et al., 2006. 4SALE-a tool for synchronous RNA sequence and secondary structure alignment and editing[J]. BMC bioinformatics, 7:498.

SEPPALA S, WILKENS T E, KNOP D, et al., 2017. The importance of sourcing enzymes from non-conventional fungi for metabolic engineering and biomass breakdown[J]. Metabolic Engineering, 44: 45-59.

SHARAK-GENTHNER B R, BRYANT M P, 1987. Additional characteristics of one-carbon-compound utilization by *Eubacterium limosum* and *Acetobacterium woodii*[J]. Applied and Environmental Microbiology, 53(3): 471-476.

SHARON I, MOROWITZ M J, THOMAS B C, et al., 2013. Time series community genomics analysis reveals rapid shifts in bacterial species, strains, and phage during infant gut colonization[J]. Genome research, 23(1): 111-120.

SHI Q C, ABDEL-HAMID A M, SUN Z Y, et al., 2023. Carbohydrate-binding modules facilitate the enzymatic hydrolysis of lignocellulosic biomass: Releasing reducing sugars and dissociative lignin available for producing biofuels and chemicals[J]. Biotechnology Advances, 65: 108126.

SHI Q, LI Y, LI Y, et al., 2019. Effects of steam explosion on lignocellulosic degradation of, and methane production from, corn stover by a co-cultured anaerobic fungus and methanogen[J]. Bioresource Technology, 290: 121796.

SHOHAM Y, LAMED R, BAYER E A, 1999. The cellulosome concept as an efficient microbial strategy for the degradation of insoluble polysaccharides[J]. Trends in Microbiology, 7(7): 275-281.

SOLLINGER A, TVEIT A T, POULSEN M, et al., 2018. Holistic assessment of rumen microbiome dynamics through quantitative metatranscriptomics reveals multifunctional redundancy during key steps of anaerobic feed degradation[J]. mSystems, 3(4): e00038-18.

SOLOMON K V, HAITJEMA C H, HENSKE J K, et al., 2016b. Early-branching gut fungi possess a large, comprehensive array of biomass-degrading enzymes[J]. Science, 351(6278): 1192-1195.

SOLOMON K V, HENSKE J K, THEODOROU M K, et al., 2016a. Robust and effective methodologies for cryopreservation and DNA extraction from anaerobic gut fungi[J]. Anaerobe, 38: 39-46.

SPIRIDON I, 2020. Extraction of lignin and therapeutic applications of lignin-derived compounds. A review[J]. Environmental Chemistry Letters, 18(3): 771-785.

SRIDHAR M, KUMAR D, ANANDAN S, 2014. *Cyllamyces icaris* sp. nov., a new anaerobic gut fungus with nodular sporangiophores isolated from Indian water buffalo (*Bubalus bubalis*)[J]. International Journal of Current Research and Academic Review, 2(1): 7-24.

STABEL M, HAACK K, LUBBERT H, et al., 2022. Metabolic shift towards increased biohydrogen production during dark fermentation in the anaerobic fungus *Neocallimastix cameroonii* G341[J]. Biotechnology for Biofuels and Bioproducts, 15(1): 96.

STABEL M, HANAFY R A, SCHWEITZER T, et al., 2020. *Aestipascuomyces dupliciliberans* gen. nov, sp. nov., the first cultured representative of the uncultured SK4 clade from aoudad sheep and alpaca[J]. Microorganisms, 8(11): 1734.

STEENBAKKERS P J, LI X L, XIMENES E A, et al., 2001. Noncatalytic docking domains of cellulosomes of anaerobic fungi[J]. Journal of Bacteriology, 183(18): 5325-5333.

STEENBAKKERS P J, UBHAYASEKERA W, GOOSSEN H J, et al., 2002. An introncontaining glycoside hydrolase family 9 cellulase gene encodes the dominant 90 kDa component of the cellulosome of the anaerobic fungus *Piromyces* sp. strain E2[J]. The Biochemical Journal, 365(Pt 1): 193-204.

STEWART C S, DUNCAN S H, RICHARDSON A J, et al. 1992. The inhibition of fungal cellulolysis by cell-free preparations from ruminococci[J]. FEMS Microbiology Letters, 97: 83-88.

STRUCHTEMEYER C G, RANGANATHAN A, COUGER M B, et al., 2014. Survival of the anaerobic fungus *Orpinomyces* sp. strain C1A after prolonged air exposure[J]. Scientific Reports, 4(1): 6892.

SUBRAMANIAN A, TAMAYO P, MOOTHA V K, et al., 2005. Gene set enrichment analysis: a knowledge-based approach for interpreting genome-wide expression profiles[J]. Proceedings of the National Academy of Sciences of the United States of America, 102(43): 15545-15550.

SUN R, SUN X F, WANG S Q, et al., 2002. Ester and ether linkages between hydroxycinnamic acids and lignins from wheat, rice, rye, and barley straws, maize stems, and fast-growing poplar wood[J]. Industrial Crops and Products, 15(3): 179-188.

SWIFT C L, BROWN J L, SEPPALA S, et al., 2019. Co-cultivation of the anaerobic fungus *Anaeromyces robustus* with *Methanobacterium bryantii* enhances transcription of carbohydrate active enzymes[J]. Journal of Industrial Microbiology and Biotechnology, 46(9-10): 1427-1433.

SWIFT C L, LOUIE K B, BOWEN B P, et al., 2021. Anaerobic gut fungi are an untapped reservoir of natural products[J]. Proceedings of the National Academy of Sciences of the United States of America, 118(18): e2019855118.

TAHERZADEH M J, KARIMI K, 2008. Pretreatment of lignocellulosic wastes to improve ethanol and biogas production: a review[J]. International Journal of Molecular Sciences, 9(9): 1621-1651.

TAKIZAWA S, ASANO R, FUKUDA Y, et al., 2022. Shifts in xylanases and the microbial community associated with xylan biodegradation during treatment with rumen fluid[J]. Microbial Biotechnology, 15(6): 1729-1743.

TEDERSOO L, SANCHEZ-RAMÍREZ S, KOLJALGU, et al., 2018. High-level classification of the fungi and a tool for evolutionary ecological analyses[J]. Fungal Diversity, 90(1): 135-159.

TEUNISSEN M J, DEN CAMP H J O, ORPIN C G, et al., 1991. Comparison of growth characteristics of anaerobic fungi isolated from ruminant and non-ruminant herbivores during cultivation in a defined medium[J]. Journal of General Microbiology, 137(6): 1401-1408.

TEUNISSEN M J, KETS E P, OP DEN CAMP H J, et al., 1992. Effect of coculture of anaerobic fungi isolated from ruminants and non-ruminants with methanogenic bacteria on cellulolytic and xylanolytic enzyme activities[J]. Archives of Microbiology, 157(2): 176-182.

THAREJA A, PUNIYA A K, GOEL G, et al., 2006. *In vitro* degradation of wheat straw by anaerobic fungi from small ruminants[J]. Archives of Animal Nutrition, 60(5): 412-417.

THEODOROU M K, BROOKMAN J, TRINCI A P J, 2005. Anaerobic fungi. In: Makkar HPS, McSweeney CS, editors. Methods in gut microbial ecology for ruminants[D]. Dordrecht: Springer Netherlands, 55-66.

THEODOROU M K, ZHU W Y, RICKERS A, et al., 1996. Biochemistry and ecology of anaerobic fungi[M]. Berlin: Springer, 265-295.

TSENG C W, KO T P, GUO R T, et al., 2011. Substrate binding of a GH5 endoglucanase from the ruminal fungus *Piromyces rhizinflata*[J]. Acta crystallographica. Section F, Structural Biology and Crystallization Communications, 67(Pt10): 1189-1194.

TU Q, YU H, HE Z, et al., 2014. GeoChip 4: a functional gene - array - based high - throughput environmental technology for microbial community analysis[J]. Molecular Ecology Resources, 14(5): 914-928.

TUCKWELL D S, NICHOLSON M J, MCSWEENEY C S, et al., 2005. The rapid assignment of ruminal fungi to presumptive genera using ITS1 and ITS2 RNA secondary structures to produce group-specific fingerprints[J]. Microbiology,151(Pt 5): 1557-1567.

UNGERFELD E M, 2015. Limits to dihydrogen incorporation into electron sinks alternative to methanogenesis in ruminal fermentation[J]. Frontiers in Microbiology, 6: 1272.

USHIDA K, JOUANY J P, DEMEYER D I, 1991. Effects of presence or absence of rumen protozoa on the efficiency of utilization of concentrate and fibrous feeds[M]. New York: Academic Press, 625-654.

VAN MARIS A J, WINKLER A A, KUYPER M, et al., 2007. Development of efficient xylose fermentation in *Saccharomyces cerevisiae*: xylose isomerase as a key component[J]. Advances in Biochemical Engineering/Biotechnology, 108: 179-204.

VAN NIEL E W, CLAASSEN P A, STAMS A J, 2003. Substrate and product inhibition of hydrogen production by the extreme thermophile, *Caldicellulosiruptor saccharolyticus*[J]. Biotechnology and Bioengineering, 81(3): 255-262.

VERBRUGGEN M A, SPRONK B A, SCHOLS H A, et al., 1998. Structures of enzymically derived oligosaccharides from sorghum glucuronoarabinoxylan[J]. Carbohydrate Research, 306(1-2): 265-274.

VRIES R P D, VISSER J, 2001. *Aspergillus* enzymes involved in degradation of plant cell wall polysaccharides[J]. Microbiology and Molecular Biology Reviews, 65: 497-522.

WAGNER E G H, SIMONS R W, 1994. Antisense RNA control in bacteria, phages, and plasmids[J]. Annual

Review of Microbiology, 1: 713-742.

WALLACE R J, JOBLIN N J, 1985. Proteolytic activity of a rumen anaerobic fungus[J]. FEMS Microbiology Letters, 29: 19-25.

WANG C M, SHYU C L, HO S P, et al., 2008. Characterization of a novel thermophilic, cellulose-degrading bacterium *Paenibacillus* sp. strain B39[J]. Letters in Applied Microbiology, 47(1): 46-53.

WANG K, NAN X M, CHU K K, et al., 2018. Shifts of hydrogen metabolism from methanogenesis to propionate production in response to replacement of forage fiber with non-forage fiber sources in diets *in vitro*[J]. Frontiers in Microbiology, 9: 2764.

WANG L J, ZHANG G N, LI Y, et al., 2020. Effects of high forage/concentrate diet on volatile fatty acid production and the microorganisms involved in VFA production in cow rumen[J]. Animals, 10(2): 223.

WANG L, HATEM A, CATALYUREK U V, et al., 2013. Metagenomic insights into the carbohydrate-active enzymes carried by the microorganisms adhering to solid digesta in the rumen of cows[J]. PloS ONE, 8(11): e78507.

WANG T Y, CHEN H L, LU M J, et al., 2011. Functional characterization of cellulases identified from the cow rumen fungus *Neocallimastix patriciarum* W5 by transcriptomic and secretomic analyses[J]. Biotechnology Biofuels, 4: 24.

WANG X, HE Q, YANG Y, et al., 2018. Advances and prospects in metabolic engineering of *Zymomonas mobilis*[J]. Metabolic Engineering, 50: 57-73.

WANG X, LIU X, GROENEWALD J Z, 2017. Phylogeny of anaerobic fungi (phylum Neocallimastigomycota), with contributions from yak in China[J]. Antonie Van Leeuwenhoek, 110: 87-103.

WANG Y, YOUSSEF N H, COUGER M B, et al., 2019. Molecular dating of the emergence of anaerobic rumen fungi and the impact of laterally acquired genes[J]. mSystems, 4(4): e00247-19.

WARDMAN J F, BAINS R K, RAHFELD P, et al., 2022. Carbohydrate-active enzymes (CAZymes) in the gut microbiome[J]. Nature Reviews Microbiology, 20(9): 542-556.

WEBB J, THEODOROU M K, 1991. *Neocallimastix hurleyensis* sp. nov., an anaerobic fungus from the ovine rumen[J]. Canadian Journal of Botany, 69(6): 1220-1224.

WEI Y Q, LONG R J, YANG H, et al., 2016. Fiber degradation potential of natural co-cultures of *Neocallimastix frontalis* and *Methanobrevibacter ruminantium* isolated from yaks (*Bos grunniens*) grazing on the Qinghai Tibetan Plateau[J]. Anaerobe, 39: 158-164.

WEI Y Q, YANG H J, LUAN Y, et al., 2016. Isolation, identification and fibrolytic characteristics of rumen fungi grown with indigenous methanogen from yaks (*Bos grunniens*) grazing on the Qinghai - Tibetan Plateau[J]. Journal of Applied Microbiology, 120(3): 571-587.

WEIMER P J, RUSSELL J B, MUCK R E, 2009. Lessons from the cow: what the ruminant animal can teach us about consolidated bioprocessing of cellulosic biomass[J]. Bioresource Technology, 100(21): 5323-5331.

WEN S, WU G, WU H, 2021. Biochemical characterization of a GH10 xylanase from the anaerobic rumen fungus *Anaeromyces robustus* and application in bread making[J]. 3 Biotech, 11(9): 406.

WEST P T, PROBST A J, GRIGORIEV I V, et al., 2018. Genome-reconstruction for eukaryotes from complex natural microbial communities[J]. Genome research, 28(4): 569-580.

WHITING M F, CARPENTER J C, WHEELER Q D, et al., 1997. The Strepsiptera problem: phylogeny of the holometabolous insect orders inferred from 18S and 28S ribosomal DNA sequences and morphology[J]. Systematic biology, 46(1): 1-68.

WIBBERG D, STADLER M, LAMBERT C, et al., 2021. High quality genome sequences of thirteen Hypoxylaceae (Ascomycota) strengthen the phylogenetic family backbone and enable the discovery of new taxa[J]. Fungal Diversity, 106: 7-28.

WILKEN S E, MONK J M, LEGGIERI P A, et al., 2021. Experimentally validated reconstruction and analysis of a genome-scale metabolic model of an anaerobic Neocallimastigomycota fungus[J]. mSystems, 6(1): e00002-21.

WILLIAMS A G, ORPIN C G, 1987. Polysaccharide-degrading enzymes formed by three species of anaerobic rumen fungi grown on a range of carbohydrate substrates[J]. Canadian Journal of Microbiology, 33(5): 418-426.

WILLIAMS A G, WITHERS S E, JOBLIN K N, 1991. Xylanolysis by cocultures of the rumen fungus *Neocallimastix fronlalis* and ruminal bacteria[J]. Letters in Applied Microbiology, 12: 232-235.

WILLIMAS A G, JOBLIN K N, BUTLER R D, et al., 1993. Interactions bacteries-protistea dans le rumen[J]. Annee Biologique, 32: 13-30.

WILLIMAS A G, WITHERS S E, NAYLOR G E, et al., 1994. Effect of heterotrophic ruminal bacteria on xylan metabolism by the anaerobic fungus *Piromyces communis*[J]. Letters in Applied Microbiology, 19: 108-109.

WILLIMASA A G, COLEMAN G S, 1992. The rumen protozoa[M]. New York: Springer, 441.

WILSON C A, MCCRAE S I, WOOD T M, 1994. Characterisation of a β-D-glucosidase from the anaerobic rumen fungus *Neocallimastix frontalis* with particular reference to attack on cello-oligosaccharides[J]. Journal of Biotechnology, 37(3): 217-227.

WILSON C A, WOOD T M, 1992. The anaerobic fungus *Neocallimastix frontalis*: isolation and properties of a cellulosome-type enzyme fraction with the capacity to solubilize hydrogen-bond-ordered cellulose[J]. Applied Microbiology and Biotechnology, 37: 125-129.

WINDHAM W R, AKIN D E, 1984. Rumen fungi and forage fiber degradation[J]. Applied and Environmental Microbiology, 48(3): 473-476.

WOLF M, RUDERISCH B, DANDEKAR T, et al., 2008. ProfDistS:(profile-) distance based phylogeny on sequence-structure alignments[J]. Bioinformatics, 24(20): 2401-2402.

WOOD T M, WILSON C A, MCCRAE S I, et al., 1986. A highly active extracellular cellulase from the anaerobic rumen fungus *Neocallimastix frontalis*[J]. FEMS Microbiology Letters, 34(1): 37-40.

WUBAH D A, FULLER M S, AKIN D E, 1991. *Neocallimastix*: a comparative morphological study[J]. Canadian Journal of Botany, 69(4): 835-843.

WUBAH D A, KIM D S, 1996. Chemoattraction of anaerobic ruminal fungi zoospores to selected phenolic acids[J]. Microbiology Research, 151(3): 257-262.

XIMENES E A, CHEN H, KATAEVA I A, et al., 2005. A mannanase, ManA, of the polycentric anaerobic fungus *Orpinomyces* sp. strain PC-2 has carbohydrate binding and docking modules[J]. Canadian Journal of Microbiology, 51(7): 559–568.

XU Q, SINGH A, HIMMEL M E, 2009. Perspectives and new directions for the production of bioethanol using consolidated bioprocessing of lignocellulose[J]. Current Opinion in Biotechnology, 20(3): 364–371.

XUE Y H, SHEN R, LI Y Q, et al., 2022. Anaerobic fungi isolated from Bactrian camel rumen contents have strong lignocellulosic bioconversion potential[J]. Frontiers in Microbiology, 13: 888964.

YAN B, WANG Z, 2012. Long noncoding RNA: its physiological and pathological roles[J]. DNA and Cell Biology, S1: S34–S41.

YANG B, WYMAN C E, 2008. Pretreatment: the key to unlocking low - cost cellulosic ethanol[J]. Biofuels, Bioproducts and Biorefining: Innovation for a sustainable economy, 2(1): 26–40.

YANG S J, KANG I, CHO J C, 2016. Expansion of cultured bacterial diversity by large-scale dilution-to-extinction culturing from a single seawater sample[J]. Microbial Ecology, 71(1): 29–43.

YE X Y, NG T B, CHENG K J, 2001. Purification and characterization of a cellulase from the ruminal fungus *Orpinomyces joyonii* cloned in *Escherichia coli*[J]. International Journal of Biochemistry and Cell Biology, 33(1): 87–94.

YOON H S, PRICE D C, STEPANAUSKAS R, et al., 2011. Single-cell genomics reveals organismal interactions in uncultivated marine protists[J]. Science, 332(6030): 714–717.

YOUSSEF N H, COUGER M B, STRUCHTEMEYER C G, et al., 2013. The genome of the anaerobic fungus *Orpinomyces* sp. strain C1A reveals the unique evolutionary history of a remarkable plant biomass degrader[J]. Applied and Environmental Microbiology, 79(15): 4620–4634.

ZHANG K, MARTINY A C, REPPAS N B, et al., 2006. Sequencing genomes from single cells by polymerase cloning[J]. Nature Biotechnology, 24(6): 680–686.

ZHANG L, CUI X, SCHMITT K, et al., 1992. Whole genome amplification from a single cell: implications for genetic analysis[J]. Proceedings of the National Academy of Sciences, 89(13): 5847–5851.

后 记

犹记2003年,著者手拿样品袋,乘坐公交车穿梭于南京郊区寻找稻草和牛羊粪便,然后怀着激动的心情带着新鲜粪便赶回实验室,期盼这次真菌一定能活,最终却又失望到绝望的心路历程。整整一年,著者走遍南京郊区,情绪在希望和失望中跌宕起伏,最终,在历经400多个日夜后,看着血清瓶中浮起的稻草,激动到抱头痛哭。从此,著者与厌氧真菌一路相伴,走过了风风雨雨的二十多年。这期间,著者曾多次想要放弃,但都在导师朱伟云教授的再三劝说下坚持了下来。走到今天,即使想要放弃,也难以割舍了,因为它是我的青春,我总得为我的青春留点儿什么吧。

以前,大家都认为真菌是好氧的。现在,很多关于真菌的书籍,也避开了厌氧真菌这一类,只谈好氧真菌。这足以说明,厌氧真菌是一类多么特殊的微生物。目前为止,厌氧真菌只在草食动物肠道和粪便中发现,也是真菌界中唯一的厌氧微生物,它的存在可能跟草食动物特有的食草特性有关。二十年多来,著者一直关注并潜心研究厌氧真菌在草食动物中的生态作用,以期能发现点什么,为草食动物瘤胃功能与食草特性的解析添砖加瓦。由于厌氧真菌的特殊性,关注并研究它的团队并不多,著者能一直走到今天,离不开英国Aberystwyth大学Mike Theodorou教授(现就职于英国哈珀亚当斯大学)的支持,著者2007年有幸前往Theodorou教授团队系统学习厌氧真菌知识,Theodorou教授扎实的微生物学知识和系统的思维方式,让著者受益至今。此外,著者在厌氧真菌方面的研究也得到了英国女王大学Nigel Scollan教授与Sharon Huws教授、美国俄勒冈州立大学Thomas Sharpton教授、美国伊利诺伊大学香槟分校Rod Mackie教授与Isaac Cann教授、荷兰Joan Edwards博士等国际同行的大力支持,这些同行的肯定和支持是著者一直坚持到现在并愿意继续前行的最大动力。此外,著者也要特别感谢导师朱伟云教授,她带领著者走进了厌氧真菌研究领域,资助著者前往英国学习,且没有间断过对著者厌氧真菌研究的经费支持,更是在著者绝望想要放弃的时候不停地鼓励打气。著者是幸运的,在对未来一无所知的时候,在浑浑噩噩生活的时候,遇见了她,她是著者人生的灯塔,照亮著者科研的道路,让著者有勇气一直前行。著者还要特别感谢这些年来一直从事厌氧真菌研究的各位研究生以及正在团队从事厌氧真菌研究的李与琦、戴宏健、施其成、马菁、寇琳琳等,他们的付出是本书得以完成的保障。

希望本书的出版为瘤胃真菌与瘤胃微生物的研究提供一些参考,也希望瘤胃真菌及其高活性木质纤维素降解酶能为我国畜禽非常规饲料资源的开发与利用提供新的途径与解决方案。

著 者
2024年10月

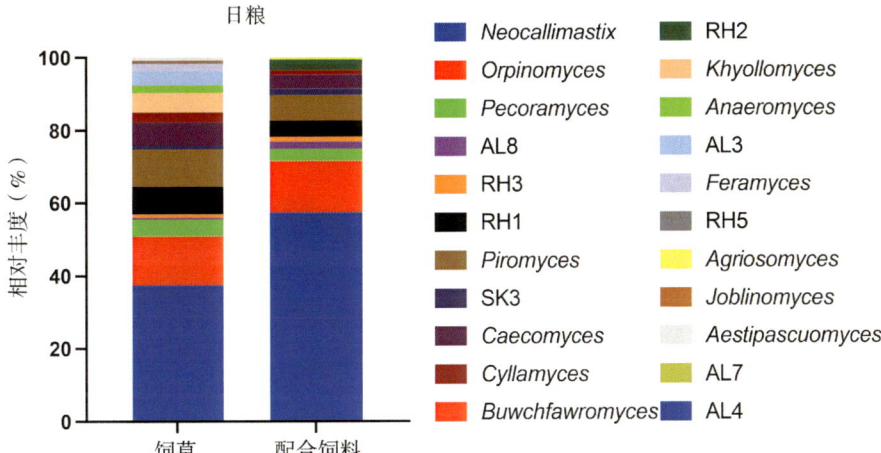

彩图 1 不同日粮条件下草食动物肠道厌氧真菌的相对丰度（薛义涵，2022）

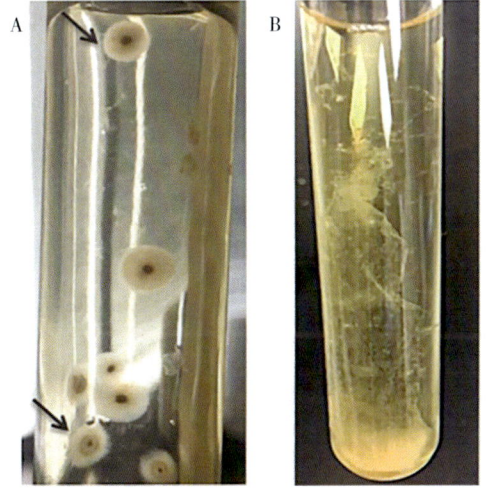

彩图 2 厌氧真菌在滚管壁上形成的单菌落（A）以及在液体培养基中长成的菌体（B）

注：顶端黑色箭头是培养 3 天形成的菌落，底端黑色箭头是培养 2 天形成的菌落。

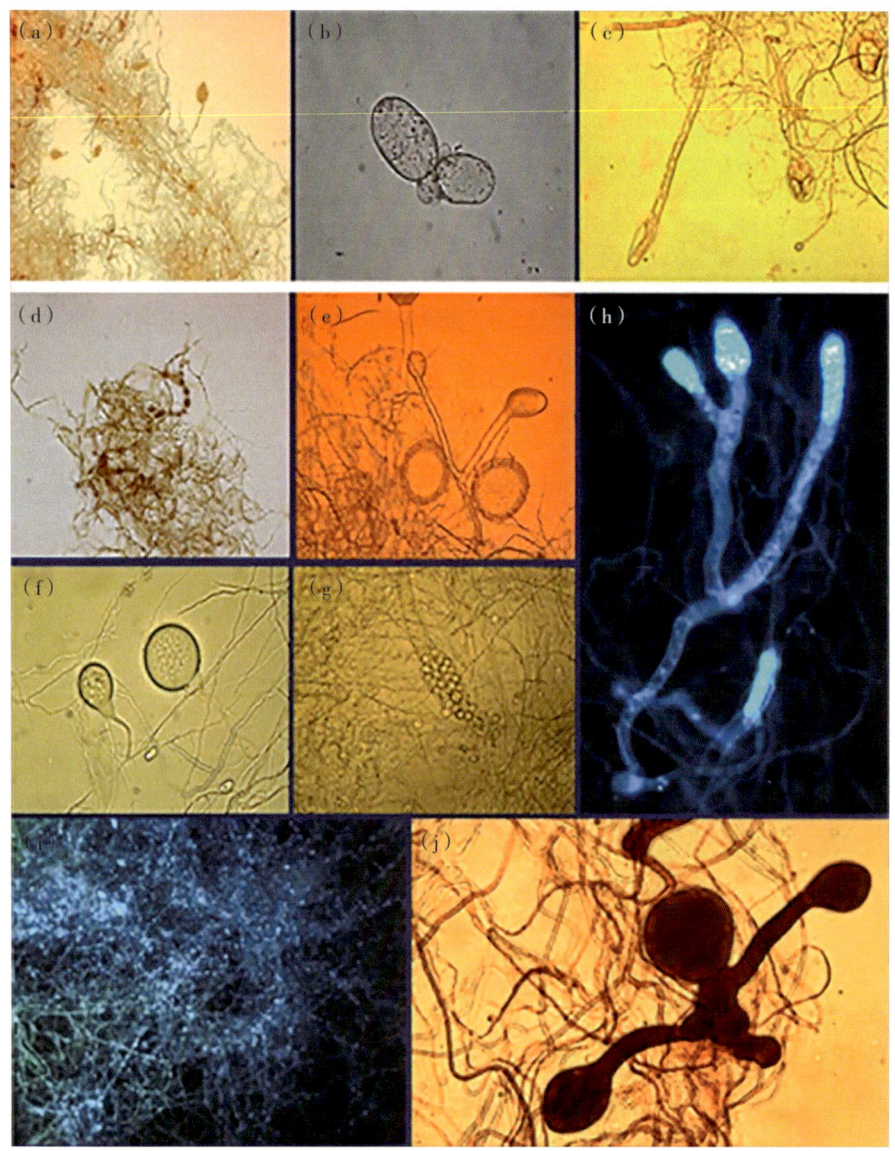

彩图 3　光镜下厌氧真菌的形态特征（成艳芬，2024）

（a）*Anaeromyces*：位于不分枝孢子囊柄的孢子囊具尖形（短尖形）的顶端。（b）*Caecomyces*：球根状的假根。（c）*Piromyces*：长的、无分枝的孢子囊柄。（d）*Anaeromyces*：具有大量缢缩的菌丝，呈香肠状或串珠状外观。（e）*Piromyces*：分叉的孢子囊柄。（f）*Piromyces*：在孢子囊下方的孢子囊柄形成一个卵杯状膨胀。（g）*Piromyces*：游动孢子从孢子囊释放。（h）*Piromyces*：分枝的孢子囊柄，细胞核集中在顶端（DAPI 染色）。（i）*Orpinomyces*：普遍分枝的菌丝上存在密集的多核根状菌丝体（DAPI 染色）。（j）*Piromyces*：孢子囊形状不规则（卢戈氏染色）。

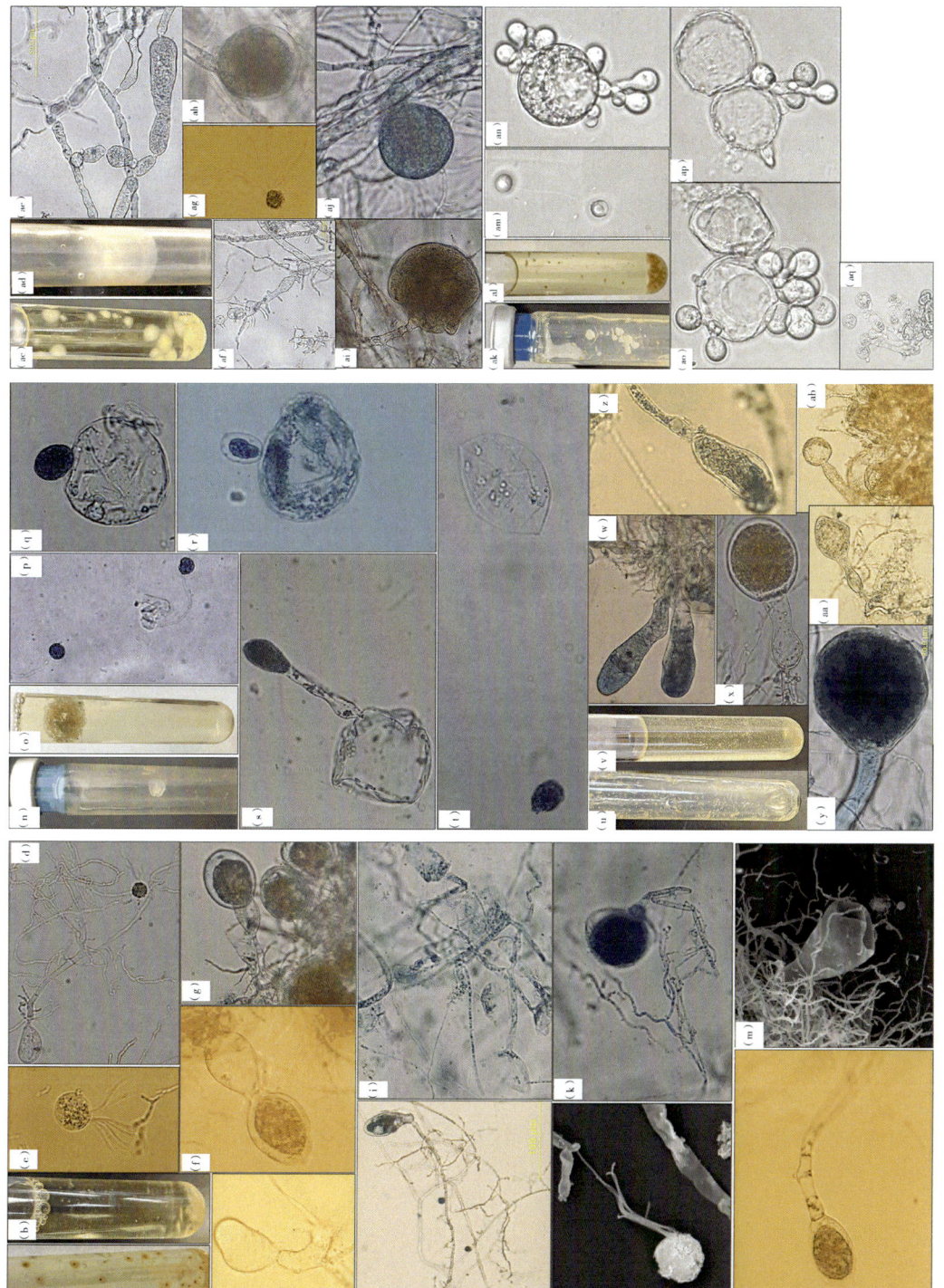

彩图 4　厌氧真菌 Neocallimastigomycota 㙢种的形态学（Hanafy 等，2022）

注：图注见正文

彩图 5 *Neocallimastix* 菌种 ITS1 基因序列的最大似然系统发育树（Hanafy 等，2022）

N. hurleyensis（紫色）与 *N. frontalis* 相同，以及 *N. californiae*、*N. lanate* 和 *N. cf. patriciarum*（红色）与 *N. cameronii* 相同。

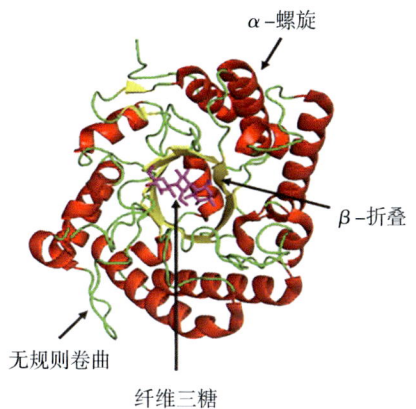

彩图6 厌氧真菌 *Piromyces rhizinflatus* 来源的 GH5_4（内切葡聚糖酶）与纤维三糖的复合物晶体结构（PDB ID: 3AYS）（Tseng 等，2011；PDB ID: 3AYS）

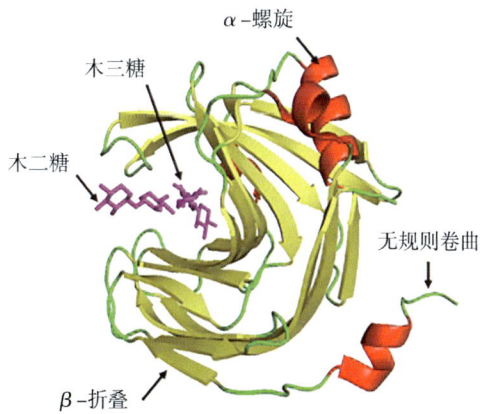

彩图7 厌氧真菌 *Neocallimastix patriciarum* 来源的 GH11（内切木聚糖酶）与木二糖、木三糖的复合物晶体结构（Cheng 等，2014；PDB ID: 3WP6）

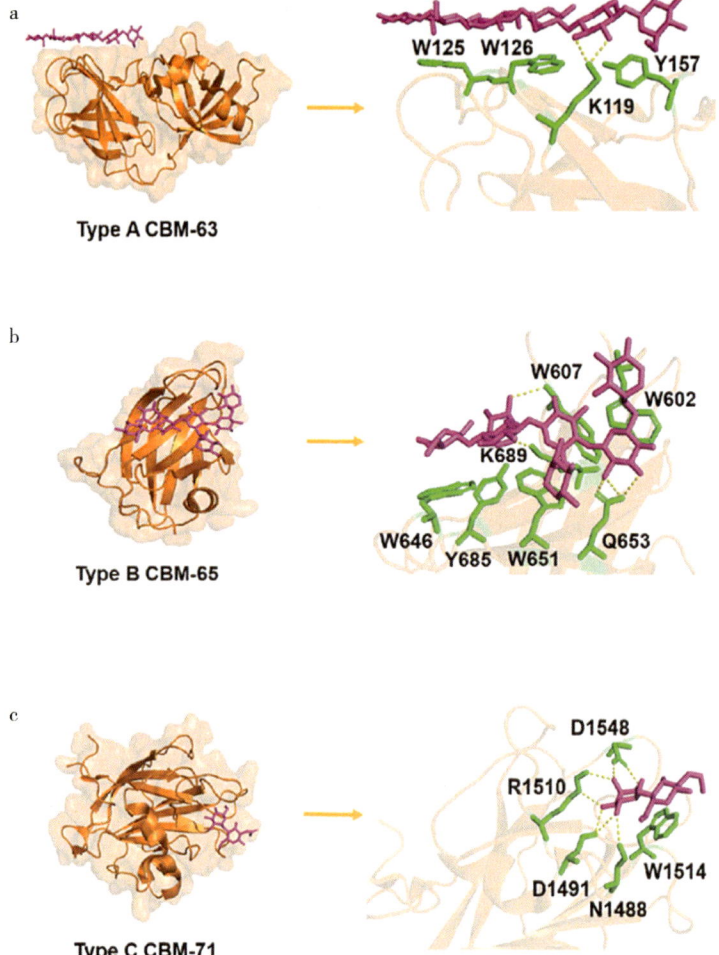

彩图8 厌氧真菌碳水化合物结合模块的三种不同构象及其底物结合口袋中的分子间相互作用（Shi 等，2023）